필터 해석 및 설계

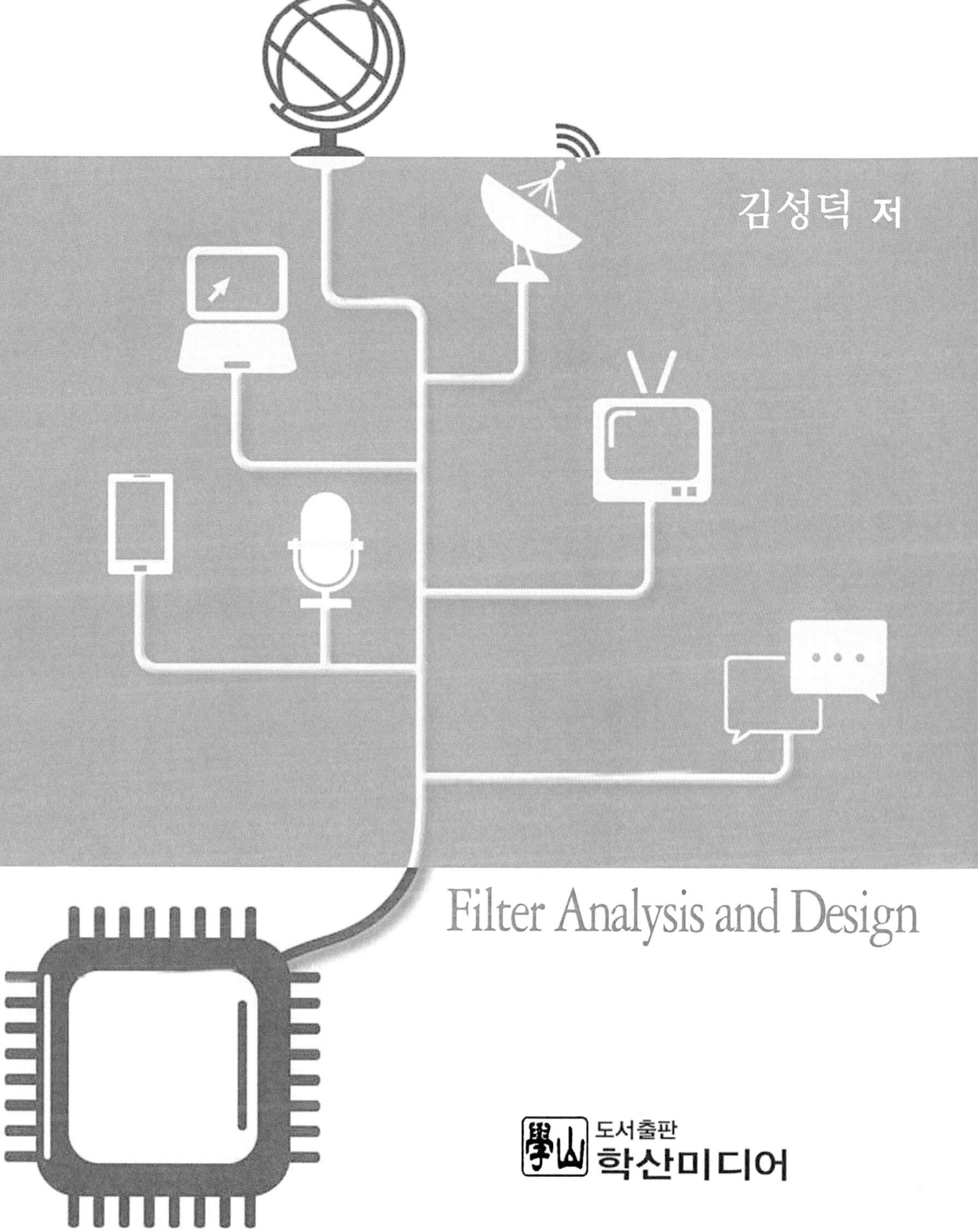

김성덕 저

Filter Analysis and Design

도서출판
학산미디어

머리말

필터(filter)란 본래 '특정한 성분을 걸러내는 장치'로 공학이나 물리학, 의학, 화학 분야 등에서 다양하게 응용된다. 특히 전기, 전자, 광학, 음향은 물론 통신, 계측이나 진단과 같은 신호처리(signal processing) 분야의 중요한 기법 중 하나이다. 모든 신호들은 직류와 무수한 주파수 성분의 정현파로 구성되어 있다. 따라서 신호를 구성한 주파수 모드로부터 필요한 성분을 가려내거나 걸러내는 것이 필터인 것이다. 즉, 필터는 주파수를 특성을 응용하는 용도로 사용한다.

필터는 신호로부터 불필요한 성분이나 특성을 제거하는 장치 혹은 프로세스이다. 이때, 필터링(filtering)은 신호로부터 일부 성분을 완전히 또는 부분적으로 분리해내는 과정이다. 이러한 의미는 일부 주파수 성분을 제거하거나 오염신호를 억제하거나 노이즈를 차단함을 의미하기도 한다. 필터는 주파수 영역(frequency domain)에서만 동작하는 것이 아니라 영상 분야와 같은 경우에는 필터링 목표가 상관계수 등 다른 파라미터들도 사용된다.

일반적으로 선형회로시스템은 신호처리분야에서 통상적인 필터들로 취급되며 회로와 필터란 단어가 동의어로 쓰이기도 한다. 이러한 회로는 특정 주파수 성분을 제거하고 다른 신호 성분은 통과하도록 설계된다. 선형회로는 선형 응답을 제공하는데 일반적으로 선형필터의 설계를 회로망 합성이라 한다.

필터의 근본적인 목적이 특정 신호를 통과시키거나 차단하는 것이므로 기본 필터로 저역통과(low pass), 고역통과(high pass), 대역통과(band pass) 및 대역차단 필터(band rejection/stop filter) 등 4가지가 중심이다. 필터는 입출력 신호 사이의 전달함수(transfer function)로 모델링된다. 따라서 구현 방법, 구조 설계, 고유 특성 등에 따라 다양한 종류가 있다. 일반적으로 Butterworth나 Chebyshev 필터를 많이 사용하지만 이들 이외에도 Bessel, Elliptic 필터 등 수 많은 응용필터들이 있다.

필터의 수학적 특성이 같더라도 물리적 특성은 다를 수 있다. 본 저서에서는 물리적 필터 중에서 능동회로(active filter)와 수동필터(passive filter)의 회로시스템을 국한하여 다룬다. 필터는 주로 저항, 인덕터 및 커패시터의 수동소자는 물론, Op amp와 같은 능동소자로 구성한다. 수동필터에 비하여 능동필터는 회로 설계가 쉽고 다양한 성능을 얻을 수 있다. 필터는 신호 종류에 따라 아날로그 필터(analog filter) 이외에 프로그램으로 코딩하여 사용하는 디지털 필터(digital filter)로 구분한다. 또한 기계적 필터, 광학 필터, 도파관, 크리스털 필터 등 다양하다. 실제로 필터는 매우 다양한 분야에서 취급되는 것이지만 본 저서에서는 전기, 전자, 전파 또는 통신과 같은 신호처리분야에서 사용하는 아날로그 필터의 해석 및 설계만 다룬다. 물론 관련분야에서도 디지털 신호처리에서의 디지털 필터, 통신 및 전파분야에서의 고주파 필터, 광학 필터 등을 학습하기도 한다. 하지만 우리는 기본적인 필터의 특성과 수동 및 능동회로 필터의 해석과 설계에만 초점을 맞춘다.

일반적으로 필터의 입력과 출력 사이의 관계를 수식적 모델로 나타낸 것이 복소수 영역(complex domain)에서 정의되는 전달함수이며 선형회로에서 정의되어 사용한다. 입출력 사이의 Laplace 변환 비로 나타낸 전달함수는 주파수 함수이다. 선형회로에서 입력주파수는 회로의 전압과 전류들의 주파수 특성을 결정한다. 이러한 특성 변화는 주파수에 의한 이득과 위상의 변화로 나타난다. 따라서 주파수응답(frequency response)을 구함으로써 특정 주파수 성분이나 주파수 대역에서의 이득 특성을 조절 또는 제어할 수 있다.

필터는 신호처리 분야에서 뿐만 아니라 대부분의 공학이나 물리학 등에서 광범위하게 응용되는 분야이다. 그러나 지금까지는 회로이론이나 신호와 시스템의 일부분으로 학습해왔다. 따라서 본 저자는 주파수영역 해석을 필터 분야로 구분하여 체계적인 학습이 이루어지도록 시도하였다. 주로 아날로그 필터인 수동소자 및 능동소자 필터의 해석을 다루었지만 선형회로의 모든 종류의 필터들조차 전부를 다루지는 못했다. 또한 디지털 필터가 아날로그 필터에 비해 설계 상 다양성, 용이성 및 장점들이 있음에도 불구하고 지면 상, 이 역시 포함하지 못했다. 다만, 본 저서가 필터회로를 중심으로 주파수 영역 해석법을 학습하고 그 특성을 응용하는 독자들에게 다소나마 도움이 되었으면 한다.

계룡산 자락 수통골에서

저자 김성덕

차　례

쪽

제 1 장
필터 해석 및 설계 개론

1.1 필터와 주파수 특성

일반적으로 선형회로는 회로를 구동하는 신호원의 성분에 따라 소자들의 전압, 전류나 전력의 특성이 결정된다. 즉, 전압, 전류의 주파수는 전원 주파수와 동일하나 크기나 위상은 변화된다. 모든 회로시스템은 신호처리분야에서 통상적인 필터로 취급할 수 있다. 전원은 직류(direct current: DC)와 교류(alternative current: AC)는 물론 펄스, 맥류 등 매우 다양한 신호원들로 주어지며 시간함수로 기술된다. 이때 회로는 전원의 성질뿐만 아니라 수동소자인, RLC 소자의 전기적 특성에 따라 미분이나 적분 동작을 나타내기도 한다. 회로해석은 소자와 신호원 사이의 관계를 수식모델로 표현하거나 회로방정식을 세우고 푸는 과정이라 할 수 있다. 모든 신호는 주파수 모드(frequency mode)로 표현되며 직류나 교류와 같이 기본적인 주파수특성을 가진 신호들을 사용한다. 그러므로 미분과 적분 또는 미분방정식 등 시간영역에서 직접 해석하지 않고 복소함수 등을 이용하여 푸는 방식이 흔히 이용되는 것이다. 이러한 해석법을 회로에서의 주파수영역 해석(frequency domain analysis) 또는 정현파의 정상상태 해석(sinusoidal steady-state analysis)이라 하며 교류 해석(AC analysis)이라고도 한다. 주로 극좌표 상에 회전벡터인 페이저(phasor)를 정의하여 해석하는데 페이저는 각주파수의 복소수를 포함하기 때문에 페이저 해석은 복소수영역 해석(complex number domain analysis) 또는 주파수영역 해석(frequency domain analysis)이라고도 한다.

사이뉴소이덜 신호(sinusoidal signal)이라 함은 사인(sine)이나 코사인(cosine) 함수를 함께 대표하여 부르는 용어이다. 흔히 sine wave를 정현파로, cosine wave를 여현파로 구분하여 사용하기도 한다. 주파수영역 해석은 정현파 해석(sinusoidal analysis)이라 하고 이때 해석 신호가 sine 함수만을 의미하는 것이 아님을 주목해야 한다. 모든 신호는 직류성분을 포함한 기본 주파수(fundamental frequency)와 고조파(harmonic frequency) 성분의 함수로 분해할 수 있다. 따라서 비선형 파형이나 비주기 파형들도 여러 주파수의 사인파나 코사인파 성분으로 구성되어 있으므로 주파수응답을 분석하여 응용할 수 있다. 일반적으로 회로해석에 대한 응답은 과도응답(transient response)과 정상상태 응답(steady-state response)으로 주어진다. 그렇지만 필터 해석 및 설계에는 정상상태 응답만을 다루게 된다.

필터(filter)란 특정 주파수 신호를 통과시키고 다른 주파수 신호들을 감쇠 또는 차단하도록 설계한다. 따라서 신호의 주파수 성분을 알아야 하며 이들 주파수들이 회로와 같은 필터시스템을 통해 변화되는 이득과 위상을 분석해야 한다. 실제로 필터 해석에서 정의되어 사용되는 통과(pass)나 차단(stop)의 의미는 주파수 성분에 의한 이득의 감쇠 정도를 정량적으로 표현하는 말이다. 이런 용어는 차단주파수(cutoff frequency 또는 break frequency)와 같은 기준 주파수에 대한 이득 값으로 구분한다. 이와 같이 주파수에 대한 이득의 감쇠 또는 차단 특성으로부터 필터는 저역통과(low pass), 고역통과(high pass), 대역통과(band pass) 및 대역차단 필터(band stop/rejection filter)로 분류된다.

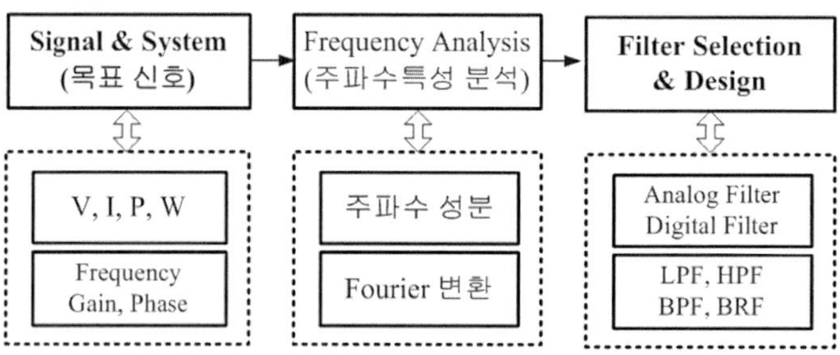

그림 1.1 필터의 해석과 설계

신호와 시스템은 연속시간 신호(continuous-time signal)인 아날로그 신호(analog signal)와 이산시간 신호(discrete-time signal)인 디지털 신호(digital signal)에 따라 특성 차가 존재하므로 해석과 설계 방식이 다르다. 물론 아날로그 신호를 샘플링(sampling)하여 디지털 신호로 변환하여 이용하기도 하지만 순수한 이산시간 신호(discrete-time signal) 시스템도 존재한다. 따라서 신호의 구분에 따라 필터의 종류를 아날로그 필터(analog filter) 및 디지털 필터(digital filter)로 구분한다. 이때 아날로그와 디지털 필터는 각각 고유한 장점들을 갖고 있다. 하지만 본 저서에서는 필터의 기본적인 특성 이해와 그 응용에 대한 학습을 목적으로 아날로그 필터 해석과 설계 분야로 제한한다.

필터가 아날로그 신호처리 시스템으로 해석이나 설계 또는 응용되는 과정에 그림 1.1과 같은 특징이 있다. 일정한 전압, 전류 또는 전력을 얻기 위하여 입력 에너지나 회로 요소들을 설계 목표로 한다. 물론 신호시스템에는 반드시 신호들을 이루는 주파수 모드가 있고 이들의 작용에 의해 신호들의 이득이나 위상이 변화된다. 따라서 신호시스템의 동작 특성을 분석하여 주파수 성분과 이 성분들이 신호시스템에 미치는 영향을 파악해야 한다. 신호의 주파수 특성은 Fourier 급수(Fourier series) 전개나 Fourier 변환(Fourier transform) 법을 이용해 분석할 수 있다.

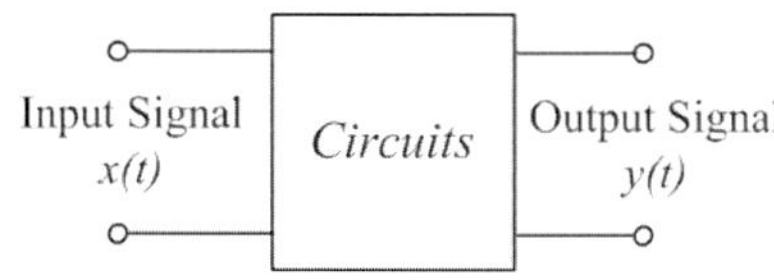

그림 1.2 필터회로의 구조

그림 1.3 필터 해석과 설계 분야

그림 1.2는 회로를 이용하는 필터의 구조를 나타낸다. 주파수 특성을 해석은 입출력 사이의 전달함수(transfer function)를 이용한다. 입력신호의 주파수에 대해 전달함수의 이득(gain)과 위상(phase)을 해석한다. 특히 주파수 변화에 대한 이득곡선(gain curve) 및 위상곡선(phase curve)을 구하여 필터 특성을 판단한다. 이와 같이 해석된 주파수응답(frequency response)을 토대로 이득 변화, 차단주파수, 절점주파수 등의 필터 특성을 얻는다. 일반적으로 선형회로로 설계하는 필터는 수동필터와 능동필터가 있다.

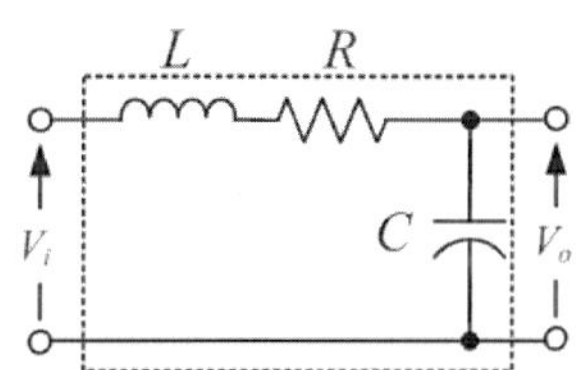

그림1.4 RLC 수동회로 필터

그림 1.4는 수동회로 필터의 한 예이다. 필터는 입력에 대한 출력신호의 이용이 목적이다. 다시 말해서, 입력신호의 주파수 성분이 회로시스템을 통해 출력의 이득이나 위상을 조절하는 것이다. 일반적으로 주파수 성분을 가진 모든 신호들은 페이저(phasor)로 표현 가능하다. Laplace 변환함수인 전달함수나 주파수 함수가 복소수 영역으로 주어진다. 따라서 필터 해석과 설계는 주로 복소수영역(complex domain) 또는 주파수영역(frequency domain)에서 이루어진다. 따라서 주파수를 포함하는 복소함수가 항상 실수부와 허수부가 존재하듯이 복소수는 반드시 크기(절대치)와 위상(편각)이 정의된다. 필터의 주파수 변화에 대한 이득 및 위상 특성을 해석하는 도식적인 방법으로 Bode 선도(Bode plot)가 주로 이용된다.

아날로그 필터는 R, L 및 C의 수동소자(passive element)와 Op amp와 같은 능동소자(active element)로 설계한다. 일반적으로 필터회로의 해석과 설계 과정은 그림 1.5와 같다. 우선, 필터가 요구되는 시스템의 신호를 모니터링 한다. 이 신호에 대한 주파수 특성을 분석하여 필요한 필터 구조를 선택한다. 필터의 전달함수를 결정하고 이 필터의 주파수응답을 구한다. 따라서 필터 해석에서는 전달함수 결정과 주파수 특성 해석, 즉, 복소수영역 해석이 요구된다. 필터의 주파수응답을 구하는 Bode 선도 또는 근사화 Bode 선도를 작도하고 필터를 설계한다.

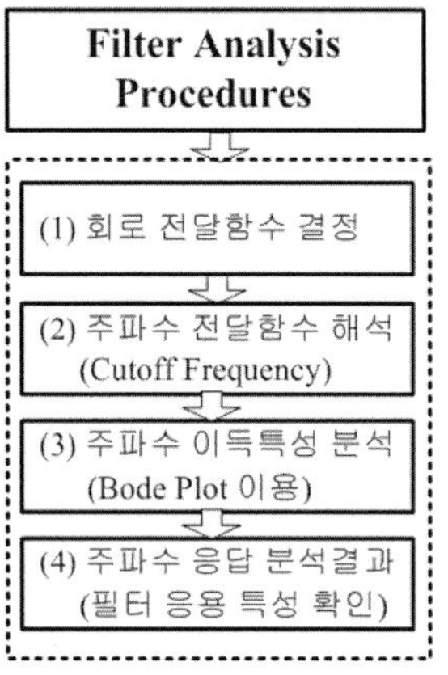

그림 1.5 필터의 해석 과정

1.2 필터의 응용예제

신호처리 회로들을 응용하는 분야는 매우 광범위하다. 그러므로 해석이나 설계기법을 이해하기 전에 그 응용 예를 살펴보는 것은 학습 동기를 유발하는데 매우 중요하다. 필터의 학습도 마찬가지이다. 필터가 청각의 음향분야나 시각적인 이미지분야에만 국한되어 적용되는 것은 아니지만 학습을 시작하는 이들에게는 시각이나 청각으로 확인하는 예로 주변에서 쉽게 발견할 수 있는 현상을 다루어 보는 것이 좋다.

※ 필터의 응용 예제

응용예제 1. 오염 음원의 필터링 문제

응용예제 2. 특정주파수 신호의 선별 또는 차단

응용예제 3. AC-DC 전원장치 설계

응용예제 4. FM Radio 주파수 선택

응용예제 5. 능동소음 제어

1.2절에서는 필터를 응용하는 몇 가지 예들을 보인다. 이러한 예들로부터 필터의 응용 분야와 필

터 설계의 필요성에 대해 알 수 있을 것이다. 필터를 해석, 설계하는데 필요한 주파수 특성이나 전달함수, 이득과 위상 등도 간단히 소개되었다. 주파수 대역에 따라 기본적인 필터인 저역통과 필터(low pass filter, 이하 LPF라 표기한다), 고역통과 필터(high pass filter, 이하 HPF라 표기한다), 대역통과 필터(band pass filter, 이하 BPF라 표기한다) 및 대역차단 필터(band reject/stop filter, 이하 BRF라 표기한다)의 응용 예도 보였다. 차단주파수나 스펙트럼 등의 개념들도 언급되었다. 이 절에서는 필터에 대한 회로 모델이나 구체적인 해석 과정은 소개되지 않았으나, 주어진 예들을 통하여 앞으로 이 책에서 다룰 필터에 관한 해석이나 설계, 그리고 그 응용분야 등을 미리 가늠할 수 있을 것이다. 따라서 독자는 필터의 개론이나 그 응용분야를 이해하는 정도로 1.2절을 가볍게 읽어보기 바란다.

[응용예제 1] 오염 음원의 필터링 문제

음원(sound source)은 가청주파수(audio frequency) 영역의 수많은 신호들이 합성되어 있다. 가청주파수는 보통 20[Hz]~20[㎑] 범위로 사람이 들을 수 있는 소리의 주파수 대역이다. 음원은 사람의 목소리, 동물 울음 등 자연음, 연주곡과 같은 인공적인 음 등 매우 다양하다. 음원마다 고유의 음역이 있고 동일 음역에도 다양한 주파수 성분들이 혼합되어 있다. 예컨대, 연주곡의 음원은 내부분각 악기마다 음역 영역이 다르며 넓은 음역의 피아노가 최대로 보통 5[㎑] 이하이다. 또한 성악가의 음역은 70~600[Hz] 정도로 낮은 가청주파수 대역을 나타낸다. 음원들 중, 듣기 좋은 음원도 있고 고주파 성분이 많은 음원도 있다. 경우에 따라서는 듣기 불편하거나 목표한 성능을 저하시키는 주파수 성분도 포함될 수 있다. 이러한 음원을 노이즈(noise)라 한다. 따라서 음원의 주파수 성분을 알 수 있으면 이 성분을 제거하거나 감쇠 또는 선별하는 필터를 설계할 수 있다.

분석 대상을 연주된 음원이라 가정한다. 재생 과정에서 중간 이후에 노이즈가 혼입되었다고 추측되었다. 음원에는 수많은 주파수 성분들로 구성되어 있으므로 이들 중 어느 것이 노이즈이고 원음인지 구별할 수 없다. 일반적으로 음원을 들어보고 노이즈의 성질을 예측해야 한다. 결국, 경험적 사실을 토대로 음에 섞인 노이즈 성분을 분석할 수 있어야 한다. 그림 1.7은 오염된 음원에 대한 노이즈 필터링 구조를 보여준다.

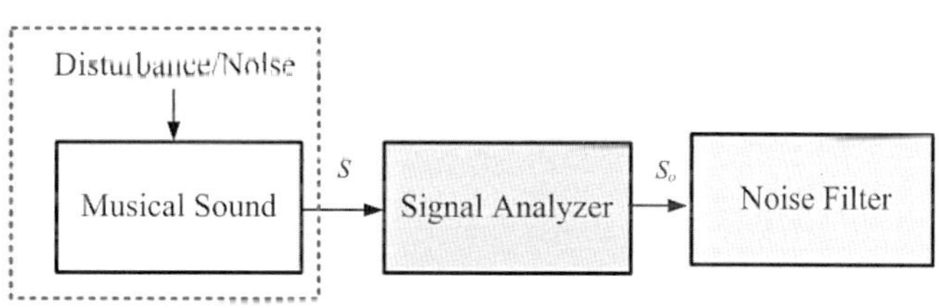

그림1.7 음악 신호 필터링 구조

그림 1.8은 오염 음원의 시간 특성을 나타낸다. 음원을 듣는 경우에는 고음의 비(bee) 소리가 혼재되어 있으나 그림 1.8과 같은 신호로부터 원음보다 높은 주파수로 나타나는 주파수 성분이 노이즈라 추정된다. 실제로 모든 신호(전기적 신호는 물론 음성신호, 영상신호 등을 포함)는 주기 파형이

든 아니든 직류 성분과 기본파를 중심으로 수많은 고조파 성분들로 분해할 수 있다. 따라서 다중 주파수(multi-frequency)에 대한 해석으로 그 특성을 해석할 수 있는 것이다. 다중 주파수응답인 진폭 스펙트럼(magnitude spectrum)이나 위상 스펙트럼(phase spectrum)은 Fourier 변환으로 구할 수 있다. 이러한 해석의 이론적 기반을 익히는 것은 많은 시간과 노력이 필요하나 현재 matlab 등 응용 프로그램으로 간단히 결과를 분석할 수 있다.

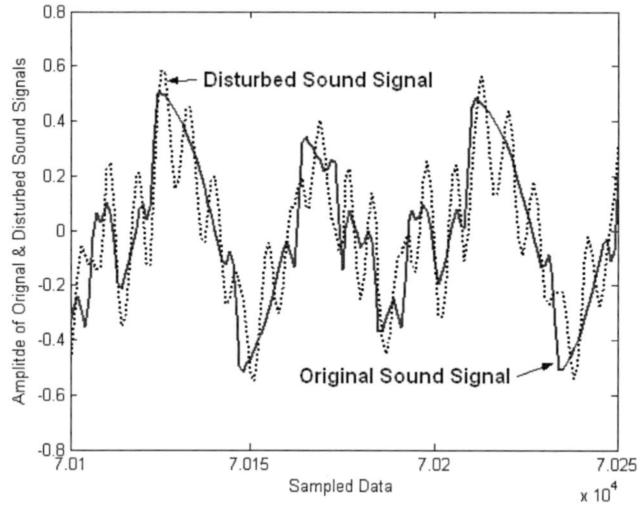

그림 1.8 오염 신호와 원 신호

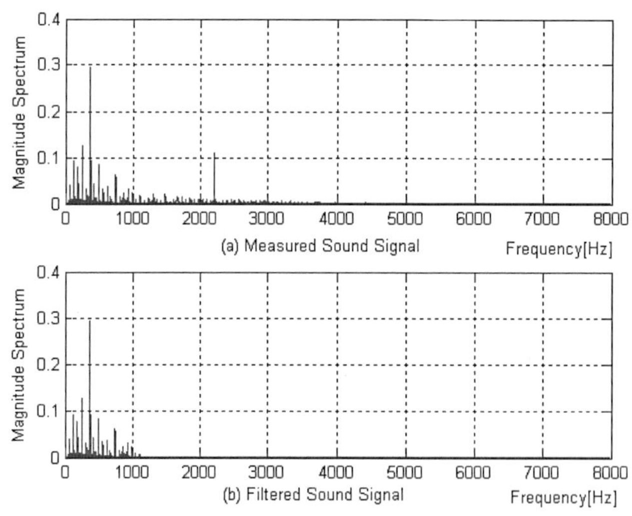

그림 1.9 오염 신호의 진폭 스펙트럼

FFT(Fast Fourier Transform)를 이용하여 분석 음원에 대한 진폭 스펙트럼을 그림 1.9에 보인다. 이 결과에서 보면 대부분의 주파수는 5[㎑] 이하의 영역에 분포되어 있다. 특이할 사항은 약 2.2[㎑] 부근에 다소 큰 스펙트럼이 나타나 있다. 따라서 이 주파를 포함하여 대략 1.2[㎑]의 주파수 성분의 신호들을 차단하는 필터를 설계했다고 가정한다. 즉, 필터는 차단주파수(cutoff/break frequency) 1.2[㎑]를 기준으로 그 이상의 고주파 성분을 차단, 또는 감쇠, 저지하는 차단주파수 이하의 주파수 성분을 통과시키는 필터인 LPF(low pass filter)이다.

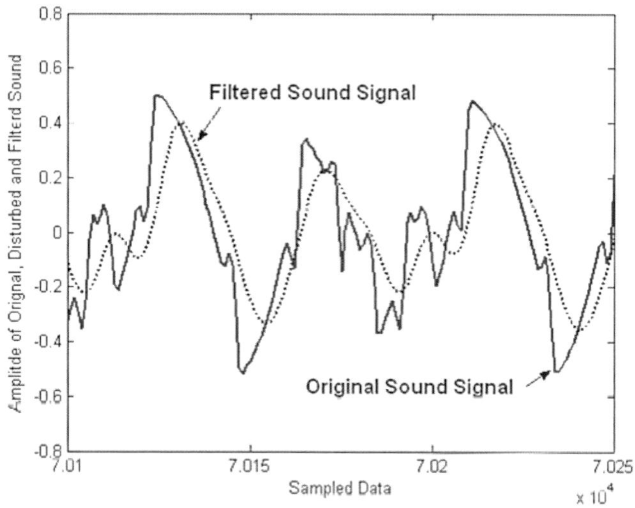

그림 1.10 원 신호와 필터링한 음원

그림 1.10은 그림 1.8의 오염신호에서 고주파 성분을 필터링 후의 신호를 나타낸다. 이 예는 음원의 노이즈 제거필터의 설계로 음의 재생 결과를 들어보면 이해하기 쉽다. 하지만 그림 1.10을 보면 필터링한 신호가 원 신호와 유사한 정도만 확인된다. 사실은 원 음원에서 고주파 성분도 제거되었지만 음원을 들어서는 그림 1.9의 주파수 특성을 정확하게 판단하지 못한다. 그러나 원 음원의 스펙트럼을 사전에 알고 있는 경우에는 측정 음원의 스펙트럼 중에서 노이즈 스펙트럼을 분리해 낼 수 있는 적당한 필터를 설계할 수 있다. 예컨대, 그림 1.9에서 2.2[㎑] 근방의 스펙트럼만 노이즈로 판명되어 이 성분만 제거할 목적이라면 이 주파수를 중심주파수로 하는 BRF를 설계, 적용하면 된다. 이 경우에 필터의 대역폭(band width: BW)에 이 작을수록 주파수 선택성은 높아지고 원음에 가까운 신호를 얻을 수 있다. 필터의 해석 및 설계는 이와 같이 주파수 신호처리에 응용될 수 있다.

[응용예제 2] 특정주파수 신호의 선별 또는 차단

입력주파수에 의해 회로망함수의 크기와 위상이 변화된다. 따라서 입력신호에 의한 출력신호 역시 크기와 위상이 변화된다. 필터는 주파수의 이러한 성질을 이용하여 특정한 주파수 성분의 신호를 분별, 분리 또는 추출해내거나 불필요한 성분을 제거 또는 차단이나 감쇠시키는데 이용된다. 정상신호(normal signal)를 다음과 같이 주파수, f_o=15[Hz]($\omega_o = 2\pi f_o [rad/\sec]$)의 정현파 신호로 가정해보자.

$$s_o(t) = 2\sin(\omega_o t) \tag{1.1}$$

이 신호가 사용된 시스템의 출력이 그림 1.11과 같이 외란(disturbance)으로 왜곡되어 그림 1.12와 같이 나타난다. 이 때 외란은 기준신호와 다른 주파수 성분을 갖는다.

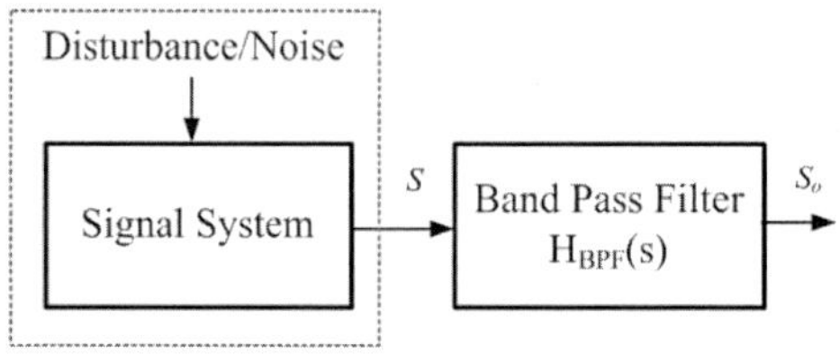

그림 1.11 특정 주파수만 선별하는 필터

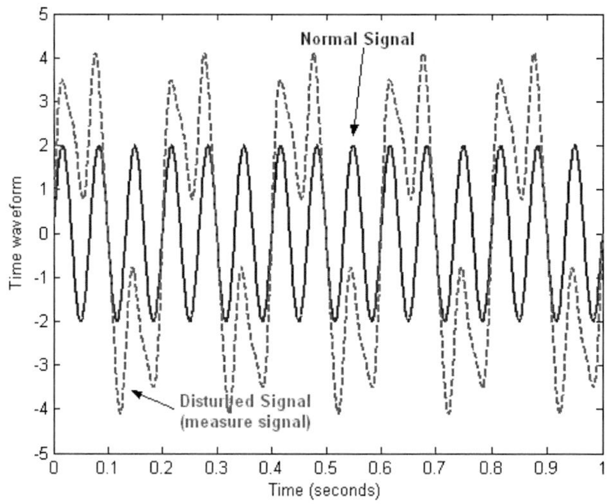

그림 1.12 외란으로 오염된 신호와 정상신호

측정된 신호로부터 본래의 정상신호를 분리할 수 있는 필터를 설계한다고 가정한다. 이때 설계는 다음과 같은 과정으로 수행한다.

※ 신호 분석과 필터 설계 과정

(1) 오염 신호 측정치로부터 주파수에 따른 진폭 스펙트럼 분석

(2) 제거할 신호 또는 선별할 신호의 주파수 대역 선택

(3) 필터 종류(여기서는 대역통과 필터(BPF))를 선택 적용

(4) 설계 필터를 적용하고 결과 및 성능 확인

원 신호의 주파수를 알고 있지만 측정신호는 심하게 왜곡되어 외란의 주파수 성분은 그림 1.12로 추정할 수 없다. 따라서 측정된 오염신호를 FFT로 진폭 스펙트럼 특성을 구하면 그림 1.13(a)와 같다. 이 결과로부터 식 (1.1)과 같은 정상신호의 주파수가 f_o=15[Hz]이고 주파수가 각각 f_{d1}=5[Hz] 및 f_{d2}=30[Hz]인 외란신호가 혼재되어 있음을 알 수 있다.

그림 1.13(a)에서 보면 외란의 주파수가 f_o=15[Hz]의 하한인 저주파 영역과 상한인 고주파 영역에 존재하므로 정상신호만 통과시키는 BPF가 설계되어야 한다. 따라서 그림 1.13(a)에서 정상신호의 주파수를 중심주파수로 ±10[Hz], 즉, 차단주파수가 f_c=10, 20[Hz]이고 대역폭이 20[Hz]인 필터를 설계한다고 가정한다.

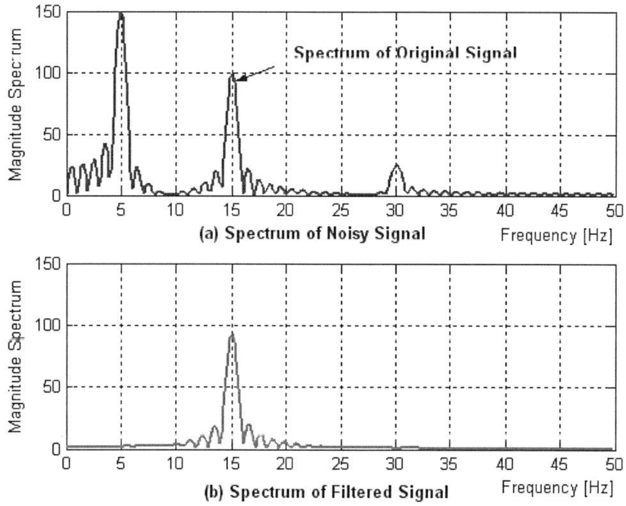

그림 1.13 측정신호와 복원신호의 진폭 스펙트럼 분석결과

(1) 디지털 필터의 설계

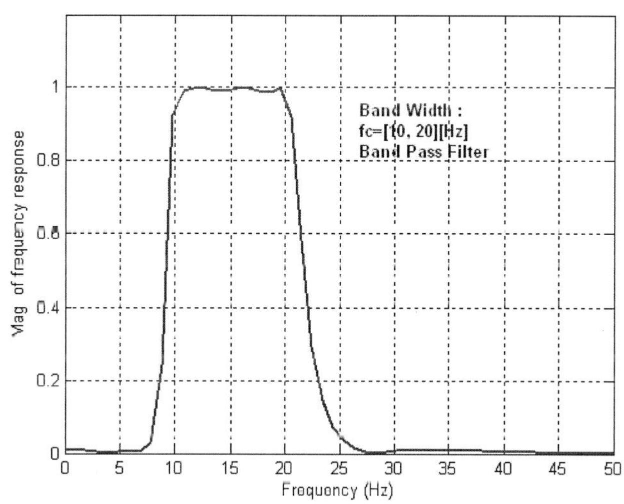

그림 1.14 f=15[Hz] 신호만 선별하기 위한 대역통과 필터

필터는 아날로그 필터와 디지털 필터로 구분되며 성능이나 구현(implementation) 등에 있어서 서로 유사성이 있다. 하지만 신호 성질에 따라 설계 방법이 각각 독특한 특성이 있다. 우선, 수치 상

구현이 쉬운 디지털 필터를 채용하는 경우로 생각해보자.

측정신호를 그림 1.14와 같은 Butterworth BPF로 원 신호 성분만 통과시키면 그림 1.15와 같다. 이 결과에서 보면 노이즈를 필터링한 신호는 원 신호와 유사하며 그 스펙트럼도 매우 양호하게 일치하는 것을 그림 1.13(b)에서 확인할 수 있다. 원 신호와 외란신호가 그림 1.12와 같이 구분이 뚜렷한 경우는 필터의 선택이나 설계 필터의 특성이 매우 양호한 결과를 제공해 준다. 특히, s_o의 진폭이 2이므로 주된 외란 신호는 다음과 같음을 알 수 있다.

$$d_1 = 3\sin(2\pi f_{d1} t) : f_{d1} = 5[Hz] \tag{1.2}$$

$$d_2 = 0.5\sin(2\pi f_{d2} t) : f_{d2} = 30[Hz] \tag{1.3}$$

이 예에서와 같이 외란이든 원 신호든 주파수 특성이 분명한 경우에는 측정신호에 원 정상신호보다 큰 진폭의 외란신호가 혼재되더라도 이 외란을 측정신호로부터 분리시킬 수 있다. 따라서 외란의 진폭은 문제가 되지 않음을 알 수 있다.

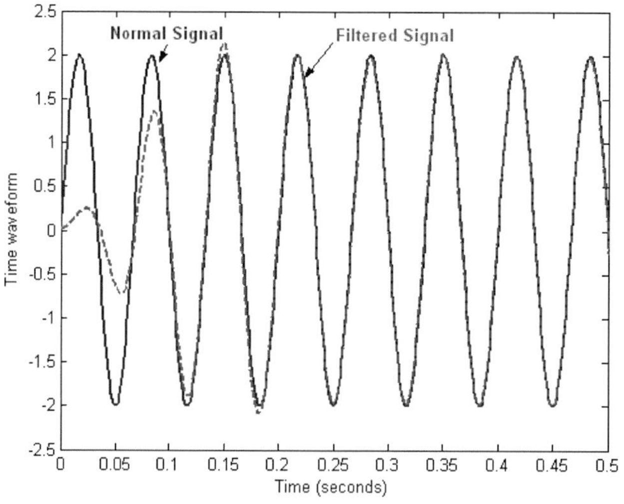

그림 1.15 오염신호로부터 복원된 신호

(2) 아날로그 필터의 설계

동일 목적을 달성하기 위하여 아날로그 필터를 사용한다고 가정해보자. 일반적으로 아날로그 필터는 수동소자를 기본으로 수동필터와 능동필터가 있다. 그림 1.13과 유사한 BPF를 설계하는 회로 중, 식 (1.4)와 같은 전달함수로 표현되는 직렬형 RLC 수동필터를 고려해보자.

$$H(s) = \frac{BWs}{s^2 + BWs + \omega_o^2} \tag{1.4}$$

여기서 BW는 대역폭(band width)이고 ω_o는 중심주파수(center frequency)이다. 전형적으로 아날로그 필터는 감쇠율(cutoff rate)이 작으므로 중심주파수 신호만 분리해 내는 경우에는 대역폭을 좁게 선택하는 것이 유리하다.

중심주파수가 $f_o = 10[\text{Hz}]$이므로 대역폭을 $BW = f_{c2} - f_{c1} = 4[\text{Hz}]$로 선택하여 노이즈 신호를 필터링 한 결과가 그림 1.16이다. 이 결과도 디지털 필터를 이용한 결과, 그림 1.15와 유사한 특성을 얻을 수 있다. 이와 같은 방법으로 적당한 수동필터를 설계함으로써 불필요한 신호 성분을 분리해낼 수 있음을 알 수 있다.

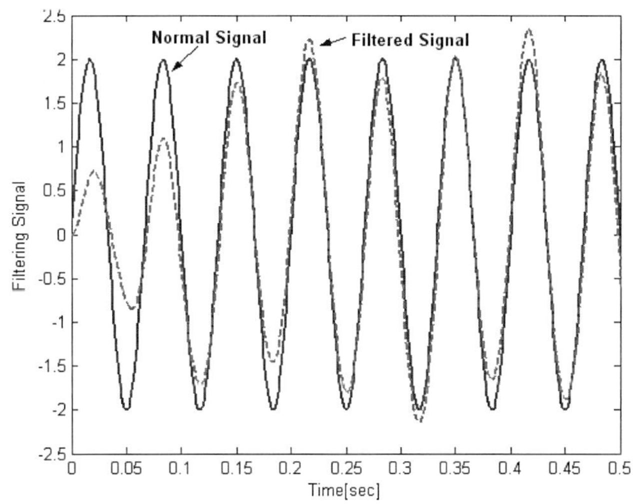

그림 1.16 수동필터로 필터링한 신호

(3) 필터 기법의 응용

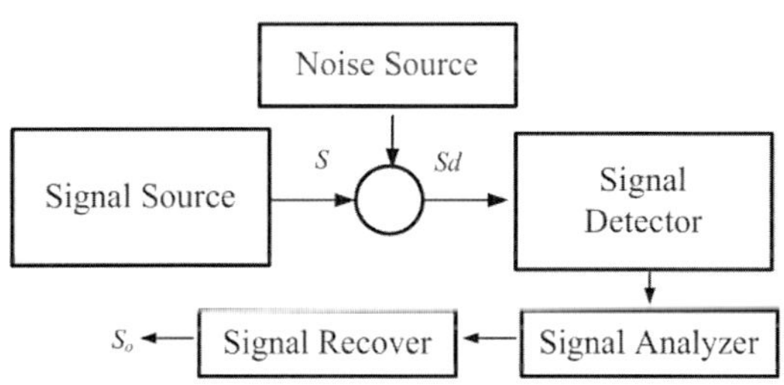

그림 1.17 신호 복원 시스템의 구조

이 응용예제에서는 오염된 측정신호로부터 원 신호만을 분리해내는 필터의 설계를 다루었다. 하지만 그림 1.17과 같이, 신호를 전송함에 있어서 제3자가 신호에 탑재된 정보를 알 수 없도록 신호를 일부러 위장시키는 기술로도 응용할 수 있다. 간단히 말해서 정상신호 s_o를 무선으로 전송한다고 가정해 보자. 이때 이 신호에 노이즈나 외란(주파수 스펙트럼을 사전에 정확하게 알고 있다)을 섞어 보내면 중간에서 감청되거나 도청되어도 그 신호 속에 원 신호 주파수를 모르면 감청신호의 정보를 정확하게 분석할 수 없다. 물론, 앞 예에서는 3개의 주파수가 분리될 수 있으나 많은 주파수 신호가 혼재되어 있으면 원 신호를 분리하는 것은 쉽지 않을 것이다. 필터는 이러한 경우에도 응용될 수 있다.

※ 필터의 기능과 그 응용

(1) 특정 주파수 신호의 분리, 통과, 또는 차단 기능

(2) 외란/노이즈로 오염된 신호의 검색, 분해, 분석

(3) 정보 보호용으로 임의의 주파수 신호를 첨가/삭제

(4) 신호처리 분야는 물론 다양한 시스템에 적용 가능

[응용예제 3] 반파브리지 정류와 평활 작용

전력을 생산, 공급하는 전력계통이나 상용전력을 사용하는 제조설비에는 단일주파수 전원(single frequency power source)을 사용하는 경우가 대다수이다. 하지만 반도체 소자나 프로세서 등을 응용하는 전자통신, 제어 또는 컴퓨터나 그 응용시스템에는 필요에 따라 다양한 주파수의 신호원들이 이용된다. 에너지원의 신호를 이용하기 위하여 휴대용 배터리 충전기나 보통의 기기들에는 전원장치들이 별도로 설계된다.

※ 필터 분석과 설계 과정

(1) 전자기기 등에 사용하는 DC 전원 장치(배터리 충전기 등)

(2) AC 전원을 변압기를 이용하여 전압을 낮춤

(3) 다이오드 정류회로를 이용하여 반파정류 신호를 출력

(4) 반파정류 신호를 평활하여 1[V] DC로 전압을 출력

AC-DC 변환장치의 한 예로써 그림 1.18과 같이 반파정류(half waveform rectification) 전압을 평활하는데 이용하는 커패시터의 설계에 대하여 알아보자. 반파나 전파정류 전압은 기본파의 2배가 되는 주파수 성분을 포함하고 있다. 따라서 DC 성분만 출력신호로 변환하기 위하여 정류회로 출력 측에 커패시터를 병렬로 설계한다. 이 경우에 간단히 RC 회로를 사용할 수 있는데 정류신호의 특성 때문에 리플(ripple)이 발생한다.

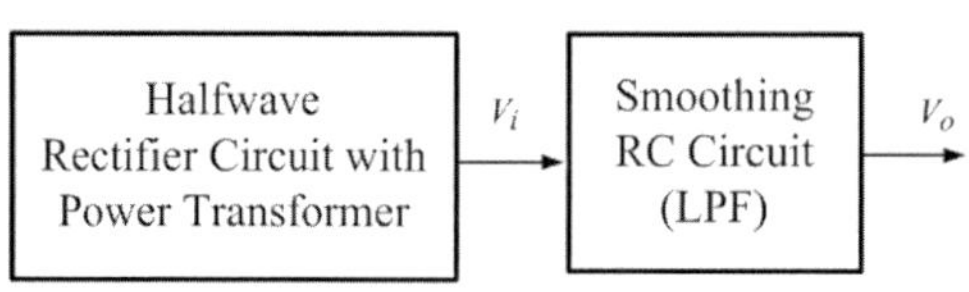

그림 1.18 정류 회로

출력전압을 DC 1[V]로 얻기 위해서는 반파정류 전압의 최대치를 $2\sqrt{2} \fallingdotseq 2.82$[V] 정도로 설계해야 한다. 그림 1.19의 반파정류 전압은 DC, 기본파(f_1=60[Hz]) 성분과 짝수 차의 고조파

(harmonics)로 구성되어 있다(그림 1.20(a) 참고). 따라서 순수한 DC 성분의 출력을 얻으려면 기본파를 포함한 고조파 성분을 제거해야 한다. 가장 쉬운 방법이 저주파 통과 필터 특성을 이용하는 것이다. 즉, 차단주파수를 $0 < f_c \ll f_1$을 가진 회로를 구성하면 된다. 차단주파수를 ω_c=0.01 및 0.02[rad/sec]인 경우에 출력전압 파형을 그림 1.19에 나타낸다. 출력전압은 약간의 리플이 남아 있으나 대체적으로 DC에 가까운 파형 특성을 보인다. 출력파형의 스펙트럼 특성은 그림 1.20(b)와 같이 DC 성분 이외의 대부분 고주파 성분은 제거된 것을 알 수 있다.

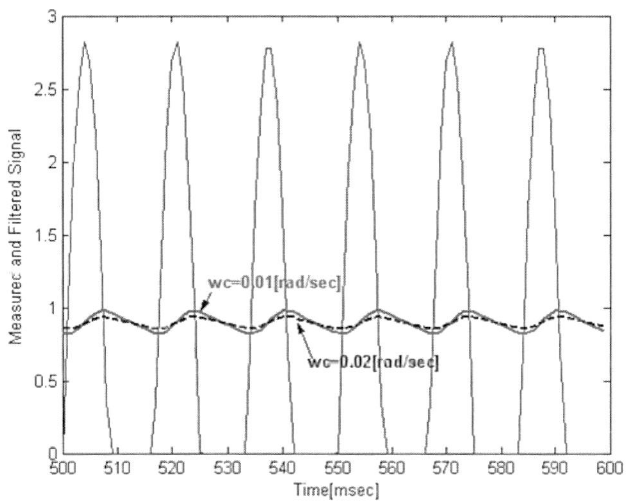

그림 1.19 반파정류 신호의 평활

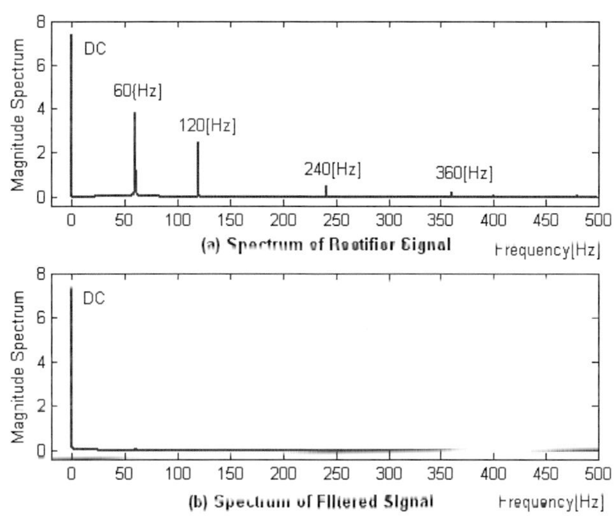

그림 1.20 반파정류전압과 출력전압의 진폭 스펙트럼

[응용예제 4] FM Radio 주파수 선택

공진(resonance)은 Radio나 TV와 같은 유무선 방송, 전파, 이동통신시스템에서 송수신 신호의 동조시스템에 이용되는 중요한 신호처리 기법이다. 이러한 공진은 커패시터와 인덕터가 결합된 회로에서 나타나는 독특한 주파수 특성이다. 공진현상은 순수한 LC 회로에서 나타나지만 저항, R을 포함하는 RLC 직렬공진 및 병렬공진이 있다. 물론 RLC 회로는 공진뿐만 아니라 필터로도 이용되는데 이것은 주파수에 따라 특성이 변하는 L 및 C의 성질 때문이다. 공진은 필터와 유사하게 해석되며 실제로는 BPF와 비슷한 특성을 나타낸다. 주파수응답인 RLC 회로의 공진현상이나 필터의 대역특성을 확인하기 위하여 FM Radio의 주파수 동조 과정을 살펴보자.

※ 공진회로의 주파수 특성 해석 및 설계 과정

(1) FM 라디오의 안테나 상용 주파수 범위 : 87.5~108[MHz]

(2) 공진회로에서 f_o=91.1[MHz]에서 최대이득을 갖는 C 결정

(3) 공진회로의 주파수 특성을 이용, 수신 대역 선택회로 설계

(4) RLC 병렬공진회로를 이용하고 LC 탱크회로에서 L=1[uH]

(5) 직렬공진은 물론 탱크회로나 고역통과 필터를 이용 가능

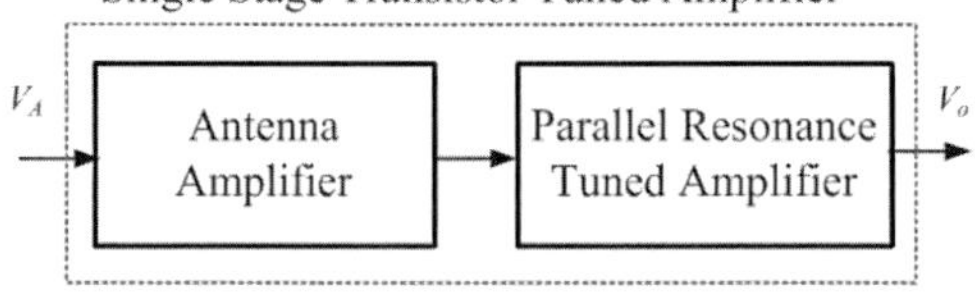

(a) 주파수 동조회로

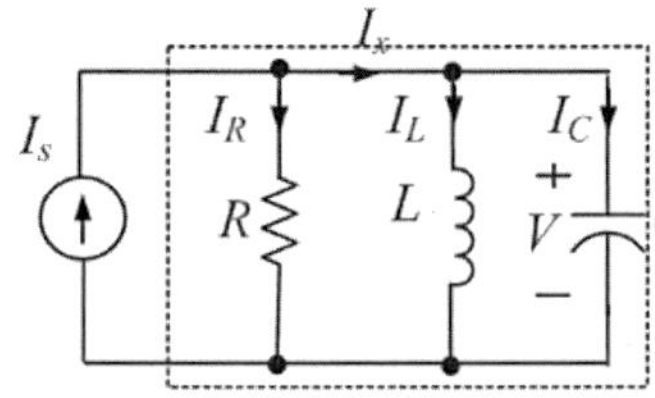

(b) 병렬공진회로

그림 1.21 FM Radio 수신

그림 1.21(b)와 같은 병렬공진회로에서 공진조건은 L 또는 C의 전류가 최대인 조건으로

$$\omega_o = \frac{1}{\sqrt{LC}}[rad/\sec] \quad \Leftrightarrow \quad f_o = \frac{1}{2\pi\sqrt{LC}}[Hz] \tag{1.4}$$

이다. 따라서 주어진 조건들을 사용하면 C=3.05[pF]가 된다. 이 때, L 및 C는 최대전류가 흐르며 에너지 또한 최대가 된다. 즉, 주파수 선택도, Q는 R이 주어지면 다음 관계가 만족한다.

$$Q_o = \frac{R}{\omega_o L} = \omega_o RC \tag{1.5}$$

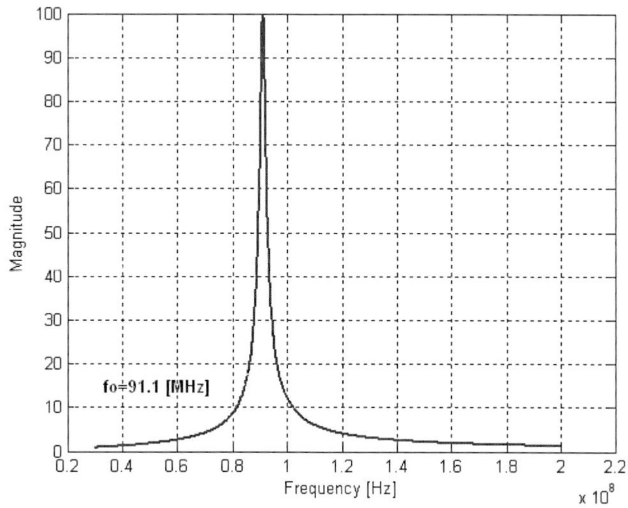

그림 1.22 주파수 신댁 득성

그림 1.22는 R=57.2[kΩ]인 경우에 주파수 변화에 대한 Q 특성을 나타낸다. 이 특성에서 보면 Q 값이 매우 큰 반면에 대역폭은 아주 좁다. 따라서 주파수 선택성은 양호하여 정밀한 주파수 선택이 가능하게 된다. 결국 이 특성은 주파수의 대역폭 특성을 이용하는 BPF로 확장 해석할 수 있다. 이와 같이 공진은 주파수의 선택성을 결정하는 요소로 주파수응답 특성을 이용하는 필터 설계분야로 취급할 수 있다. 다시 말해서 RLC 공진회로는 2차 BPF의 특수한 예라 할 수 있는 것이다.

[응용예제 5] 능동소음 제어

우리 주변에는 다양한 음원들이 존재한다. 이러한 음들은 음성이든 자연음이든 가청주파수이면 모두 듣게 된다. 예컨대 근무하는 작업실에 저음의 틱톡(ticktock) 소리를 내는 기기가 있다고 가정해보자. 이러한 음은 경우에 따라 매우 불안한 신경성 소음일 수 있다. 따라서 이런 잡음을 차단하거나 조절하는 것을 소음제어(noise control)라 한다. 여기에서는 필터 응용의 한 예로 틱톡 소리가 저주파 신호라 가정하고 이 신호만을 억제하는 BRP 설계 문제를 하나의 예로 든다. 기계에서 발생하는 틱톡거리는 잡음을 보청 장치로 제거한다고 가정한다. 따라서 다음과 같은 과정으로 노이즈 문제를 해결하고자 한다.

우선, 틱톡 소리를 포함한 음원을 측정하여 주파수 스펙트럼 분석을 통해 틱톡 소리가 60[Hz] 정도가 되는 것을 알았다. 이를 토대로 그림 1.23과 같은 구조의 필터를 설계한다고 가정한다. 일반적으로 음성이나 악기의 주파수 대역은 최대 4~5[kHz] 정도로 그 이상의 주파수는 식별하기 어렵고 또한 저주파도 수십 Hz 정도는 되어야 한다. 따라서 측정 음의 스펙트럼을 분석하여 틱톡 소리의 주파수가 60[Hz]에서 나타난다면 100[Hz] 이하를 차단할 수 있는 고역통과 필터(HPF)를 설계할 수도 있다. 이 경우에 60[Hz]의 틱톡 소리뿐만 아니라 유사 주파수 주위의 저주파 음도 제거될 것이다. 따라서 여기에서는 60[Hz]만 차단하는 BFP를 설계하기로 한다.

※ 틱톡 소음의 제어 필터 설계

(1) 기계에서 발생하는 낮은 주파수의 틱톡 소음 발생

(2) 틱톡 소음은 주파수가 $f_o = 60[\text{Hz}]$ 근처로 판명됨(FFT)

(3) 틱톡 소음만 제거하기 위한 적당한 BRF 설계

(4) Notch 필터(LC 필터)를 응용

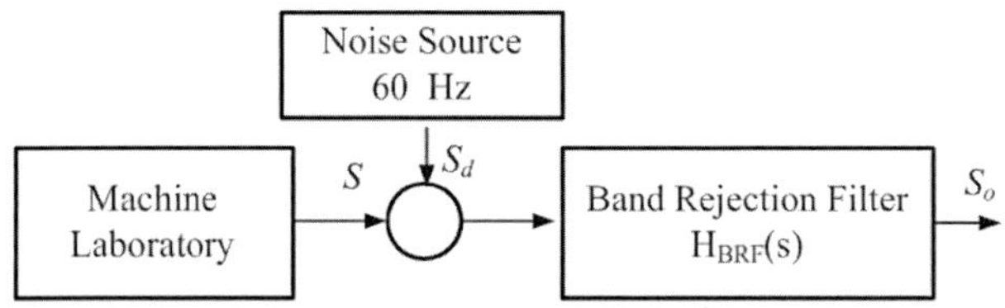

(a) 신호원

(b) 필터의 구성

그림 1.23 필터 설계 시스템

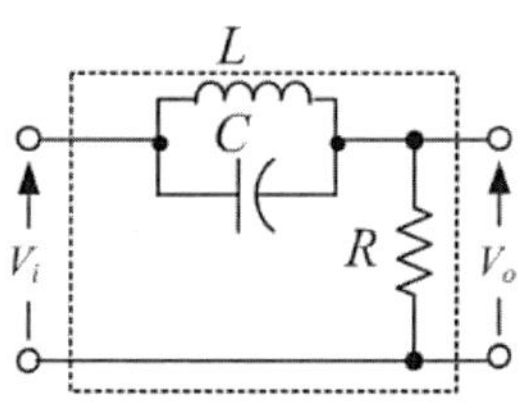

그림 1.24 LC 노치 필터

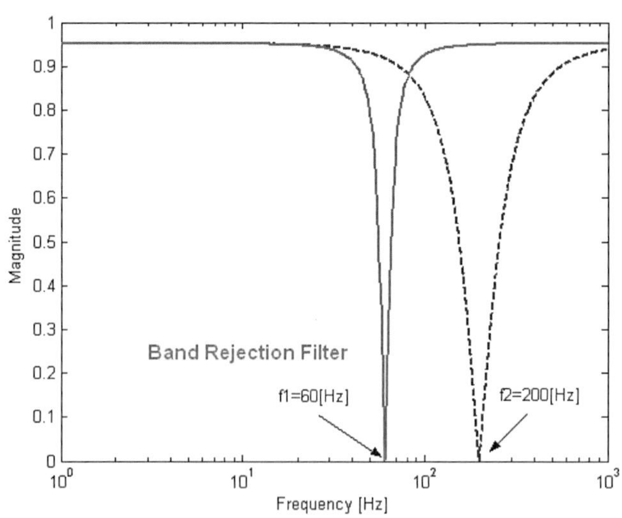

그림 1.25 f=60[Hz] 또는 200[Hz]제거하는 대역차단 필터의 특성

BRF는 사용 소자나 설계주파수 조건에 따라 다양하게 선택할 수 있다. 여기에서는 그림 1.24와 같은 노치 필터(notch filter)를 설계한다고 가정한다. 노치 필터는 수동소자, L과 C를 병렬로 구성된 회로로 특정 주파수 성분을 제거 또는 차단하는데 우수한 성능을 갖는 필터이다. 그림 1.25는 리시버의 입력저항을 50[Ω], 앰프의 입력저항, $R = 1[\text{k}\Omega]$이라 가정하고 필터의 $C = 10[\mu\text{F}]$, $L = 0.7[H]$인 경우에 중심주파수 $f_o = 60[\text{Hz}]$를 차단하는 특성을 보인다. 물론, 노이즈가 $f_2 = 200[\text{Hz}]$에서 발생한다면 적당한 소자 값을 설계하면 이 신호도 감소시킬 수 있다.

1.3 필터의 종류와 기본 특성

1.3.1 필터의 종류

1.2절의 응용 예에서 보았듯이, 필터는 시스템의 주파수 특성을 분석하고 그 특성을 이용하여 주파수와 이득을 조절하는 것이 중요 목적이다. 따라서 회로와 같은 신호시스템의 입력과 출력에 대한 전달관계를 적당하게 표현할 수 있어야 한다. 입출력 사이의 특성은 전달함수(transfer function)로 기술하고 이 함수로부터 신호시스템의 주파수 특성을 분석한다.

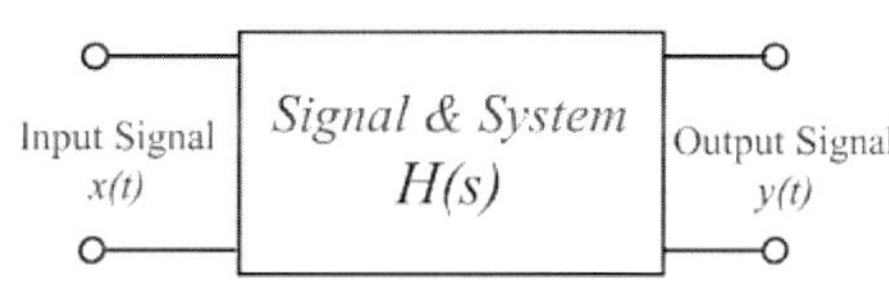

그림 1.26 신호시스템과 아날로그 필터

신호시스템이나 필터는 동작신호에 따라 연속시간 신호(continuous-time signal)와 이산시간 신호(discrete-time signal)로 분류된다. 이러한 신호들은 신호처리분야에서는 흔히 아날로그 신호(analog signal)와 디지털 신호(digital signal)라 호칭한다. 따라서 필터의 특성 또한 신호 종류에 따라 해석 및 설계 방법이 구분된다. 필터뿐만 아니라 모든 시스템은 신호 종류에 따라 그 해석 방법이 다르다. 따라서 특성의 표현, 전달함수, 특성 해석 또는 물리적인 실현이나 구현(physical implementation) 등에 특징이 다르다. 아날로그 필터의 동특성은 미분방정식(differential equation)으로 표현되며 Laplace 변환(Laplace transform)에 의한 s 영역(s domain)의 전달함수가 이용된다. 반면에 디지털신호의 필터에는 차분방정식(difference equation)이나 z 변환(z transform) 등이 사용한다. 표 1.1은 이들 신호 종류에 따른 필터의 특징을 나타낸다.

필터 해석과 설계에 접근하는 방법은 신호의 종류에 따라 달라질 수 있다. 본 저서에서는 필터의 기본 특성을 학습하고 수동회로 및 능동회로 소자를 이용하여 기본적인 아날로그 필터를 설계하는 방법을 학습하는데 국한한다. 디지털 필터는 단순히 아날로그 필터를 디지털화한 것뿐 아니라 신호처리 응용에 아주 다양한 기법을 제공한다. 디지털 필터는 하드웨어로 구현하기도 하지만 실제로는 소프트웨어 설계, 즉 수치 구현이 큰 장점이다. 따라서 아날로그 필터보다 다양한 해석, 설계 방법이 있으며 그 응용분야도 매우 다양하다. 그러나 본 저서에서는 디지털 필터의 설계는 다루지 않는다.

표 1.1 아날로그 필터와 디지털 필터의 비교

구분 종류	아날로그 필터	디지털 필터
입출력 관계식	미분 방정식(differential equation) $\sum_{k=0}^{p} a_k \frac{d^{p-k}y(t)}{dt^{p-k}} = \sum_{k=0}^{q} b_k \frac{d^{q-k}x(t)}{dt^{q-k}}$	차분 방정식(difference equation) $\sum_{k=0}^{p} a_k y(n-k) = \sum_{k=0}^{q} b_k x(n-k)$
수식 모델	Laplace 변환 $H(s) = \int_0^{\infty} h(t)e^{-st}dt$	z 변환 $H(z) = \sum_{k=0}^{\infty} h[k]z^{-k}$
전달 함수	$H(s) = \frac{Y(s)}{X(s)}$	$H(z) = \frac{Y(z)}{X(z)}$
주파수응답	$H(j\omega) = H(s)\|_{s=j\omega}$	$H(\Omega) = H(z)\|_{z=e^{j\Omega}}$
물리적 구현	하드웨어	하드웨어, 소프트웨어

※ 디지털 필터는 FIR 및 IIR 필터가 있으나 여기서는 IIR 필터 특성만 기술하였음.

아날로그 필터의 기본 특성은 RLC의 수동소자의 결합회로로부터 기술한다. 그림 1.27은 1차의 저역통과 수동필터의 한 예이며 전원회로 등에 자주 도입되는 회로이다. 그림 1.28은 RLC 직렬회로로 출력전압의 선택에 따라 기본적인 필터로 이용할 수 있다. 물론 이 회로는 출력주파수 특성을 이용하는 공진회로로 이용하기도 한다.

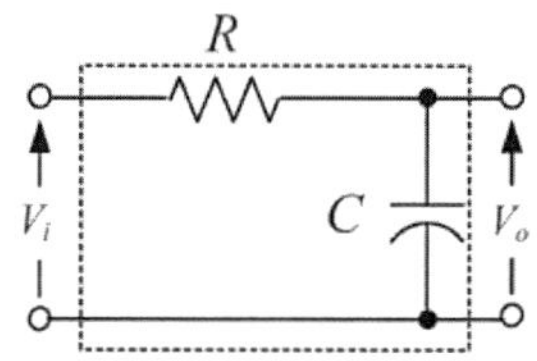

그림 1.27 기본적인 저역통과 필터

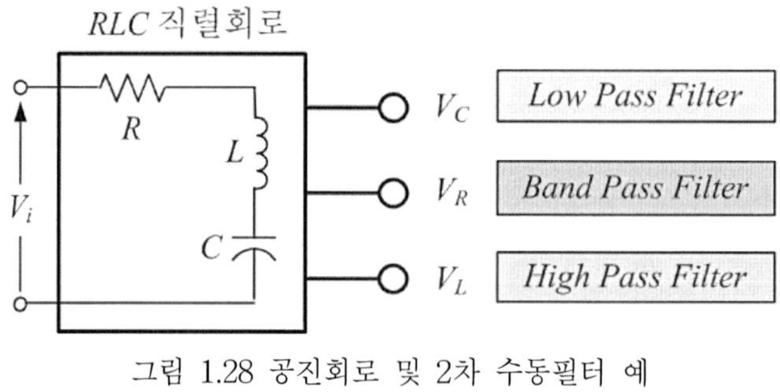

그림 1.28 공진회로 및 2차 수동필터 예

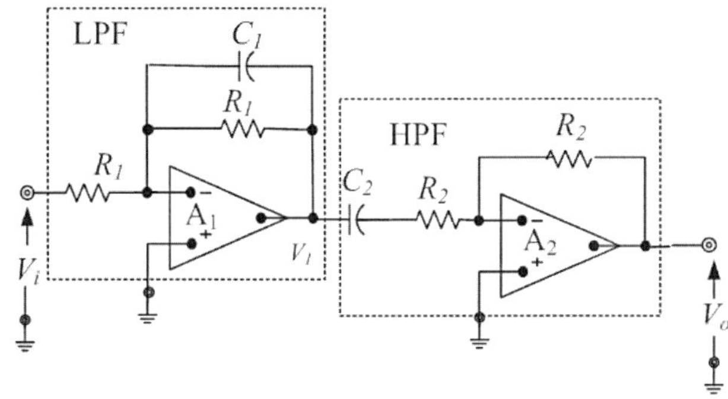

그림 1.29 2차 대역통과 능동필터

표 1.2 능동필터와 수동필터의 비교

특징	능동필터	수동필터
설계 요소	RLC 소자 및 Op amp	RLC
설계 방법	다양함	비교적 간단함
필터 성능	우수함	기본적이고 단순함
이득	증폭 가능	일반적으로 1(0 dB) 이하
주파수 대역	1 [MHz] 이하	1 [GHz] 이하

한편, 능동소자(주로 Op amp를 사용)와 RLC 수동소자를 이용한 그림 1.29와 같은 능동필터를 설계할 수 있다. 능동필터는 수동필터가 가진 몇 가지 설계 상 한계와 특성 상 단점을 극복할 수 있다. 표 1.2는 수동필터와 능동필터 특징을 나타낸다.

1.3.2 기본 필터의 분류와 용어

필터는 특정한 주파수 성분을 걸러내는 장치이다. 특정하다는 것은 주파수 대역이나 주파수가 정해졌다는 것을 의미하는 것이고 걸러낸다는 것은 정해진 대역의 주파수 성분을 구분하여 찾아낸다는 뜻이다. 그러므로 필터 설계란 찾아낸 영역의 주파수 특성인 이득이 감쇠되느냐 아니냐의 정도를 구분하는 일이다. 일반적으로 이러한 구분의 경계주파수를 차단주파수(cutoff/break frequency: ω_c [rad/sec] 또는 f_c[Hz])라 한다. 이 주파수를 기준으로 이득의 감쇠가 적은 영역을 통과대역(pass band)라 하고 신호 감쇠가 큰 영역을 차단대역(stop band)이라 한다. 필터는 차단주파수의 영역에 따라 표 1.3 및 그림 1.30과 같이 4가지 기본형으로 구분한다.

필터의 해석이나 설계 과정에 여러 가지 용어들이 정의되어 사용된다. 필터를 도입하여 해석하기 전에 간단히 그림 1.31과 같은 1차 저역통과 수동필터회로를 예로 든다. 필터는 일반적으로 시스템의 신호(필터링 대상 신호)를 입력신호로 가정하여 그 주파수응답 특성을 먼저 검토하게 된다.

표 1.3 선택 주파수영역에 따른 기본필터 분류

필터 종류	동작 주파수 대역
저역통과 필터 (Low Pass Filter : LPF)	차단주파수 이하의 신호만 통과
고역통과 필터 (High Pass Filter : HPF)	차단주파수 이상의 신호만 통과
대역통과 필터 (Band Pass Filter : BPF)	특정한 주파수 대역의 신호만 통과
대역차단 필터 (Band Stop/Rejection Filter : BRF)	특정한 주파수 대역의 신호만 차단

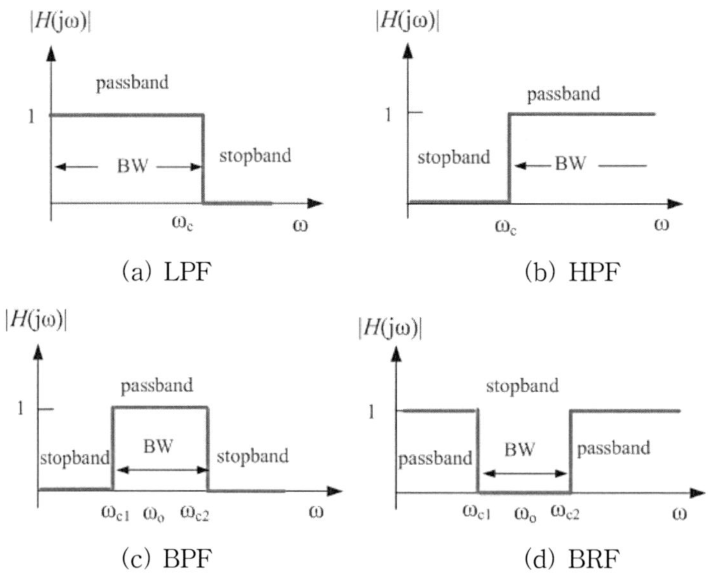

그림 1.30 기본적인 필터 특성

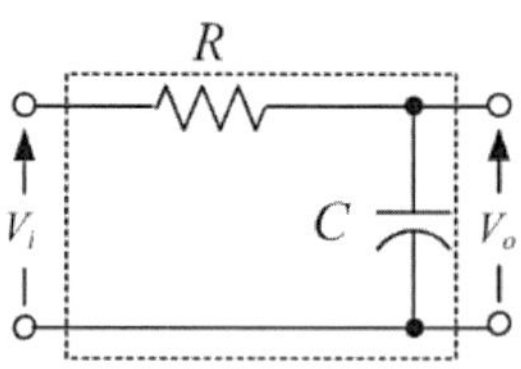

그림 1.31 RC 저역통과 필터

그림 1.31의 RC 회로의 입출력 사이의 전달함수 및 주파수 전달함수(frequency transfer function)는 다음과 같다.

$$H(s) = \frac{V_o(s)}{V_i(s)} = \frac{1/RC}{s+1/RC} = \frac{\omega_c}{s+\omega_c} \tag{1.6}$$

$$H(s)|_{s=j\omega} = H(j\omega) = \frac{\omega_c}{j\omega + \omega_c}$$
$$= |H(j\omega)| \angle \phi(\omega) \tag{1.7}$$

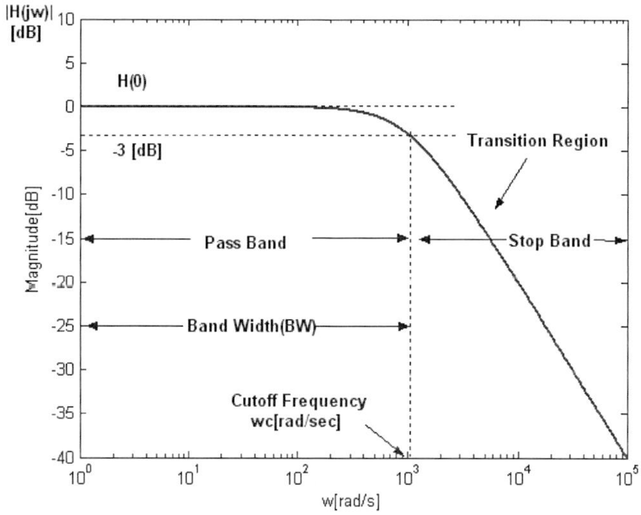

그림 1.32 저역통과 필터 특성

여기서 $\omega_c = 1/RC\ [rad/\sec]$는 차단주파수(cutoff frequency or break frequency) 또는 절점주파수(corner frequency)라 한다. 이때 이득(magnitude, gain) 및 위상(phase)은 다음과 같다.

$$|H(j\omega)| = \frac{\omega_c}{\sqrt{\omega^2 + \omega_c^2}} \tag{1.8}$$

$$\psi(\omega) = -\tan^{-1}(\omega_o/\omega) \tag{1.9}$$

그림 1.32는 $\omega_c = 10^3\,[rad/\sec]\,(RC = 1[msec])$인 경우에 식 (1.7)에 의하여 구한 주파수응답인 이득곡선(gain curve)의 한 예를 나타낸다. 이 결과는 전형적인 LPF 특성으로 앞으로 필터 해석에 사용되는 몇 가지 용어들을 정의한다.

※ 필터 특성에 관한 용어

(1) 전달함수(transfer function) : 입력과 출력신호의 라플라스 변환 비

$$H(s) = \frac{Y(s)}{X(s)} \quad : x(t) = 입력,\ y(t) = 출력 \tag{1.10}$$

(2) 주파수 전달함수(frequency transfer function): s=jω의 전달함수 H(jω)

(3) 직류이득(DC gain) : s=0(주파수, ω=0 또는 f=0)에서의 이득, H(0)

(4) 데시벨(decibel : dB) : 전압비, 전류비 또는 전력비를 나타내는 단위

(a) 전력비 : $g_p = 10\log_{10}\frac{P_2}{P_1}\ [dB]$

(1.11)

(b) 전압/전류비 : $g = 20\log_{10}\frac{|V_2|}{|V_1|}[dB] = 20\log_{10}\frac{|I_2|}{|I_1|}\ [dB]$ (1.12)

(5) 이득곡선(gain curve)과 위상곡선(phase curve) : 이득과 위상 특성

(6) Bode 선도(Bode plot): 대수 축을 이용한 주파수응답 곡선

※ 필터의 이득 특성에 관한 용어

(1) 주파수 대역(frequency band) : 저역, 고역, 대역통과 필터 및 대역차단 필터의 4가지 기본형

(2) 차단주파수(cutoff frequency: $\omega_c[rad/\sec]$) : 직류이득, H(0)나 통과대역 주파수보다 $1/\sqrt{2} \fallingdotseq 0.707$(70.7[%]) 또는 $20\log_{10}(1/\sqrt{2}) \fallingdotseq -3$ [dB]의 응답이 감쇠되는 주파수

(3) 절점주파수(corner frequency) : 감쇠 또는 증폭률이 변화되는 주파수로 극점(pole) 또는 영점(zero)인 주파수

(4) 대역폭(band width: BW) : 필터의 활성영역(active region)인 주파수 대역

(5) 통과대역(pass band) : 차단주파수 이득보다 큰 이득의 주파수영역, 필터의 활성영역

(6) 차단대역(stop band) : 차단주파수의 이득보다 작은 이득의 주파수영역, 필터의 비활성영역

(7) 천이대역(transition band) : 통과대역이 급격하게 감쇠되는 과도기적 특성의 주파수영역

제 2 장

필터와 주파수응답

2.1 주파수 전달함수

필터는 송수신 계통이나 회로시스템의 출력신호에 대한 주파수 특성을 개선할 목적으로 설계된다. 따라서 필터는 시스템의 신호 특성을 분석하여 특정한 주파수 대역에서 이득을 조절하는데 이용하는 것이다.

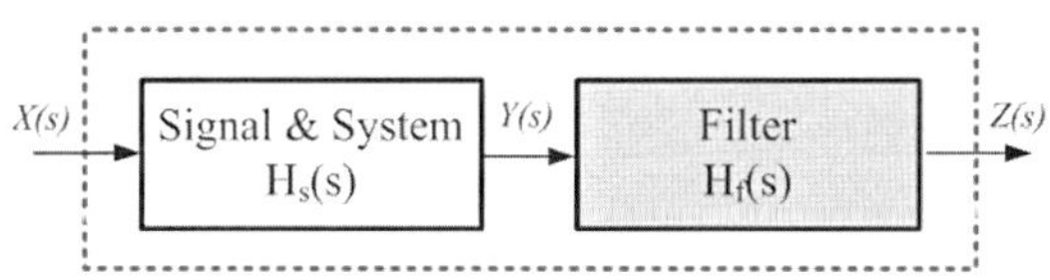

그림 2.1 신호시스템과 필터

일반적으로 필터시스템은 그림 2.1과 같은 구조를 갖는다. 신호시스템의 전달함수, $H_s(s)$의 주파수 특성의 분석 결과를 토대로 필요한 $H_f(s)$의 필터를 설계한다. 경우에 따라서는 신호시스템에 필터를 포함하여 설계하기도 한다. 이러한 과정에서는 신호시스템의 입출력 사이의 전달관계는 물론, 필터의 입출력 사이의 전달관계도 구해야 한다. 입출력 사이의 전달관계는 Laplace 변환비로 정의되는 전달함수(transfer function)로 기술된다. 결국 전달함수란 시스템의 입출력 사이의 전달 특성을 표현한 것이므로 입력은 물론 시스템 구성요소들 사이의 특성 변화를 나타낸다. 모든 주기신호(periodic signal)는 직류 성분(DC component)과 기본파(fundamental frequency) 그리고 고조파(harmonics) 성분을 가진 정현파 신호(sinusoidal signal)들로 구성된다. 또한 비주기 파형도

Fourier 변환(Fourier transform)으로 신호의 주파수 스펙트럼(frequency spectrum)을 분리해 낼 수 있다. 따라서 필터는 물론 회로시스템 설계에서는 전달함수에 대한 주파수응답을 해석하고 그 결과를 이용할 수 있어야 한다. 그러므로 입출력 사이의 전달함수를 결정하는 방법을 이해해야 하고 신호의 주파수 성분에 의한 전달함수의 응답, 그리고 주파수 함수 특성에 관한 정의와 그 응용 방법을 학습해야 한다. 그림 2.2는 필터 해석 및 설계에 대한 절차를 나타낸다.

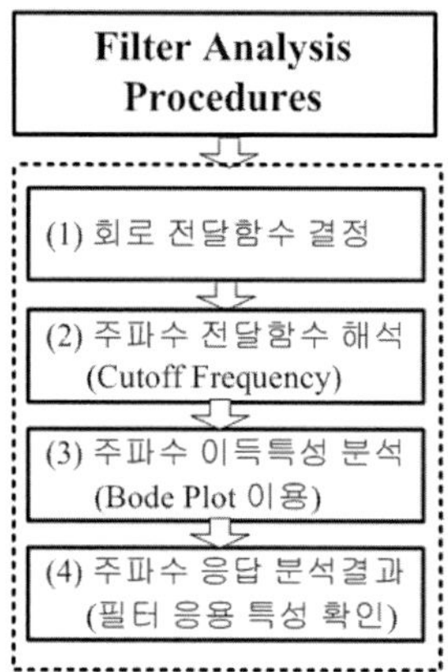

그림 2.2 필터 설계

(a) 신호시스템의 입출력　　　(b) 전달함수

그림 2.3 입력 및 출력 신호

신호시스템이나 회로, 또는 필터에서 그림 2.3(a)와 같이 입출력 신호를 가정하면 주파수영역에서 입출력 및 전달함수는 그림 2.3(b)와 같이 나타낼 수 있다. 일반적으로 시간함수 $f(t)$에 대한 Laplace 변환(Laplace transform)은 다음과 같이 정의된다.

$$\mathcal{L}\,[f(t)] = F(s) = \int_0^{\infty} f(t)e^{-st}\,dt \qquad (2.1)$$

Laplace 변환에 의해 시간영역 함수(time domain function), $f(t)$가 주파수영역 함수(frequency domain function), $F(s)$로 변환된다. 따라서 Laplace 연산자, $s=\sigma+j\omega$ 의 함수는 일종의 복소수 영역 함수(complex domain function)이다. 특히, 정상상태에서의 모든 신호들은 $s=j\omega$로 표현 가능하고 따라서 주파수영역 해석이 사용된다. 신호처리나 회로해석에서 사용되는 시간함수들은 매우 다양하지만 기본함수의 Laplace 변환은 표 2.1과 같다. 일반적으로 시간함수들을 다루는 필터회로에서도 Laplace 변환이나 역변환이 필요하지만, 주로 변환함수의 주파수 특성 등의 이해가 요구된다. 따라서 필요한 경우, 관련 서적을 참고하기 바란다.

표 2.1 기본적인 함수의 Laplace 변환 표

시간함수 $f(t)$		Laplace 변환함수 $\mathcal{L}[f(t)] = F(s)$
상수	$f(t) = C$	$F(s) = \dfrac{C}{s} \quad s > 0$
지수함수	$f(t) = e^{\pm at}$	$F(s) = \dfrac{1}{s \mp a} \quad s > 0$
선형함수	$f(t) = t^n$	$F(s) = \dfrac{n!}{s^{n+1}} \quad s > 0$
삼각함수	$f(t) = \sin \omega t$	$F(s) = \dfrac{\omega}{s^2 + \omega^2} \quad s > 0$
	$f(t) = \cos \omega t$	$F(s) = \dfrac{s}{s^2 + \omega^2} \quad s > 0$

아날로그 필터에서 회로요소들의 주파수영역으로의 변환 관계를 정리하면 표 2.2와 같다. 이때 몇 가지 회로요소들 사이의 관계식들은 표 2.3과 같이 표현할 수 있다.

표 2.2 회로요소의 주파수영역 변환

번호	시간영역 (Time Domain)	주파수영역(Frequency Domain)	
		$s = \sigma + j\omega$	$s = j\omega$
1	$v(t)$	$V(s)$	$V(j\omega)$
2	$i(t)$	$I(s)$	$I(j\omega)$
3	R	R	R
4	L	Ls	$j\omega L$
5	C	$\dfrac{1}{Cs}$	$\dfrac{1}{j\omega C}$

그림 2.4(a)는 시간영역 함수로 표기된 RLC 직렬회로로 이 회로를 주파수영역으로 변환하면 그림 2.4(b)와 같다. 이 회로에서 입력, $V_i(s)$에 대한 출력, $V_o(s)$ 사이의 전달관계는 회로법칙을 적용하면 다음과 같이 구해진다.

$$\frac{V_o(s)}{V_i(s)} = H_1(s) = \frac{1}{LCs^2 + RCs + 1} = \frac{\dfrac{1}{LC}}{s^2 + \dfrac{R}{L}s + \dfrac{1}{LC}} \qquad (2.2)$$

식 (2.2)는 2차 전달함수로 입력이 출력신호에 미치는 영향을 해석할 수 있다. 물론, s-평면에서의 극과 영점을 이용하여 신호 특성을 설명할 수 있고 과도 특성을 포함한 시간 특성도 해석할 수 있다. 또한 전달함수 형태로부터 이 회로가 2차 LPF의 특성을 나타냄을 알 수 있다.

표 2.3 회로요소의 주파수영역

특성	주파수영역(Frequency Domain)	
	$s=\sigma+j\omega$	$s=j\omega$
전압	$V(s)=Z(s)I(s)$	$V(j\omega)=Z(j\omega)I(j\omega)$
전류	$I(s)=Y(s)V(s)$	$I(j\omega)=Y(j\omega)V(j\omega)$
임피던스	$Z(s)=R+Ls+\frac{1}{Cs}$	$Z(jw)=R+j(\omega L-\frac{1}{\omega C})$
어드미턴스	$Y(s)=G(s)+jB(s)$	$Y(j\omega)=G(\omega)+jB(\omega)$

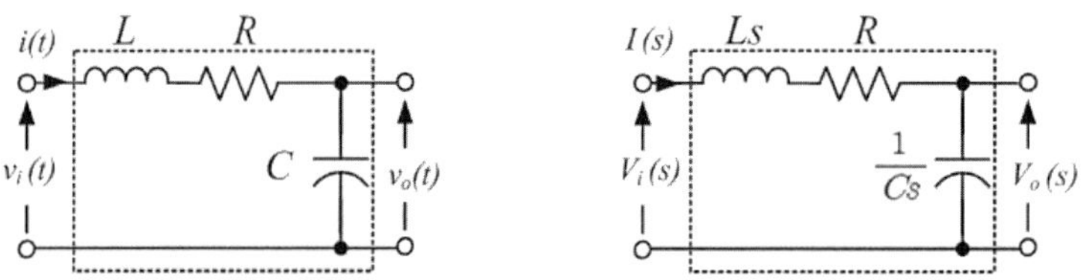

(a) 시간영역 (b) 주파수영역

그림 2.4 수동소자 2차 저역통과 필터

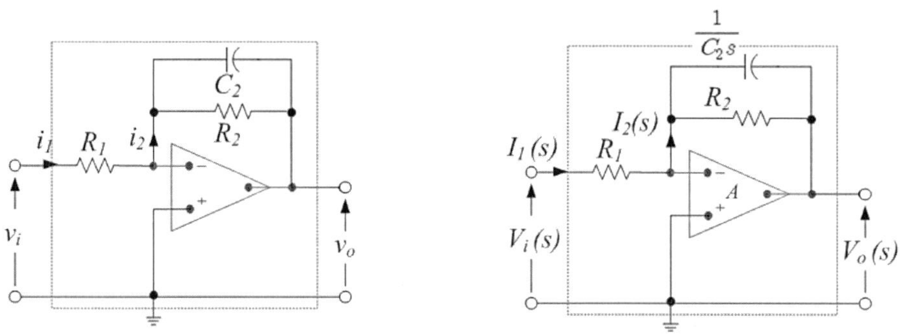

(a) 시간영역 (b) 주파수영역

그림 2.5 능동소자 비반전 증폭기 1차 저역통과 필터

한편, 그림 2.5는 능동필터의 한 예로 입출력 사이의 전달함수는

$$\frac{V_o(s)}{V_i(s)} = H_2(s) = -\frac{R_2}{R_1}\cdot\frac{1}{R_2C_2s+1} = -\frac{R_2}{R_1}\cdot\frac{1/R_2C_2}{s+1/R_2C_2} \tag{2.3}$$

이다. 이 회로는 전형적인 1차 저역통과 능동필터이다. 이와 같이 전달함수는 필터의 특성을 해석하는 기본 수식인 것이다.

2.2 전달함수와 주파수응답

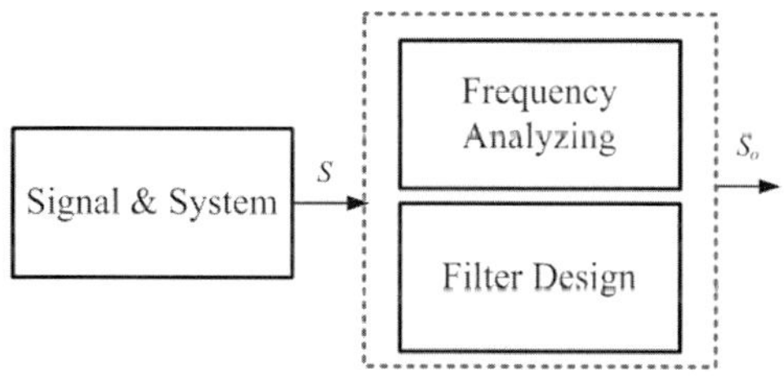

그림 2.6 필터 해석 및 설계

1장 및 2.1절에서 기술한 바와 같이, 신호시스템이나 필터회로의 설계는 입출력 사이의 관계식, 전달함수를 기본 식으로 사용한다. 일반적으로 신호와 시스템에서는 회로요소와 전압, 전류와 같은 신호원들 사이에 관계를 회로망함수로 기술한다. 실제로 회로망함수 중 하나가 전달함수이지만 전달함수가 모두 회로망함수는 아님을 주목해야 한다. 전달함수는 주파수영역에서 다음과 같이 정의된다.

※ 전달함수(Transfer Function) 정의

(1) 입력, $x(t)$의 라플라스 변환에 대한 출력, $y(t)$의 라플라스 변환의 비

$$H(s) = \frac{Y(s)}{X(s)} \quad : Y(s) = H(s)X(s)$$

(2.4)

(2) 회로, 제어, 통신, 기계 등 신호처리분야나 물리, 화학분야

(3) 모든 초기조건은 0으로 가정하여 결정

(4) 선형, 시불변시스템(linear time-invariant system)에만 적용

입출력과 전달함수 관계를 그림 2.7과 같이 나타내면 시스템의 입력과 출력 사이의 관계를 쉽게 알 수 있다. 전달함수는 식 (2.4)와 같이 반드시 입력과 출력이 지정되어야 하며 연속신호인 아날로그 신호이면 이들 사이의 관계가 Laplace 변환 식으로 기술되어야 한다. 따라서 전달함수는 주파수

영역 함수이며 복소영역 함수인 것이다. 결국 전달함수는 입력과 출력의 선택에 따라 결정되는 것이다. 일반적으로 선형회로와 같은 특성을 가진 시스템에서만 정의되어 사용되며 초기조건(initial condition)은 0으로 가정한다. 보통 필터회로에서는 입력과 출력을 전압이나 전류신호로 정의하여 사용한다.

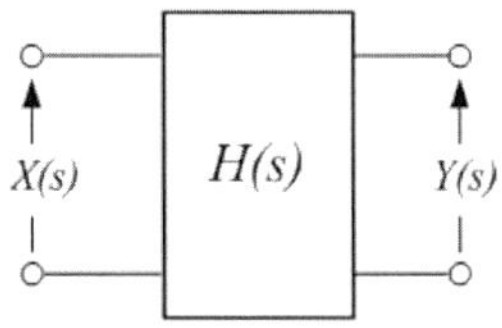

그림 2.7 입출력과 전달함수

※ Laplace 연산자(Laplace operator)

(1) $s = \sigma + j\omega$: $\omega = 2\pi f\,[rad/\sec]$

(2) $s = 0\,(\,\omega = 0 : f = 0)$: DC(직류 신호)

(3) $s = j\omega$ $(\sigma = 0)$: sinusoidal 신호(사인파/코사인파)

※ 회로망함수와 전달함수 관계

(1) $H(s)$는 입력 $X(s)$와 출력 $Y(s)$ 사이의 전달함수

(2) $X(s)$와 $Y(s)$가 회로 변수이면 $H(s)$는 회로망함수라 함

(3) 입력 $X(s)$와 출력 $Y(s)$는 전압, 전류, 전력 등으로 정의됨

(4) 입력 $X(s)$의 주파수 성분은 출력 $Y(s)$에 동일하게 나타남

(5) $H(j\omega)$의 주파수 특성에 의해 출력의 진폭과 위상이 변함

식 (2.4)와 같은 전달함수는 $s = \sigma + j\omega$이므로 복소함수이다. 여기서 σ는 네퍼 주파수(neper frequency)로 신호의 감쇠 특성을, ω는 고유주파수(natural frequency)로 신호의 진동특성을 나타낸다. $s = 0$이면 직류신호 특성을, $s = j\omega$이면 사이뉴소이덜 신호(sinusoidal signal)이다. 모든 신호들은 주파수 ω 성분의 신호들의 합성으로 표현할 수 있다. 따라서 $s = j\omega (= j2\pi f)$인 경우의 전달함수를 주파수 전달함수(frequency transfer function)라 정의한다. 즉, 모든 전달함수는 주파수영역에서 다음과 같이 표현할 수 있다.

$$H(s)|_{s = j\omega} = H(j\omega) \tag{2.5}$$

결국, 주파수 전달함수는 복소함수로 해석 및 연산 등이 복소수 영역에서 이루어진다. 회로망함수나 전달함수는 모두 복소함수이므로 복소수의 성질인 실수와 허수, 크기나 위상 등의 연산법과 특성들이 사용된다. 따라서 식 (2.5)는 다음과 같이 극좌표형식(polar form)으로 표현할 수 있다.

$$H(j\omega) = |H(j\omega)| \angle \phi(\omega) \tag{2.6}$$

여기서 $|H(j\omega)|$는 $H(j\omega)$의 절대치(absolute value)로 이득(gain), 진폭(amplitude), 크기(magnitude) 등으로 정의하고 $\phi(\omega)$는 편각(argument angle) 또는 위상각(phase angle)이라 한다. 결국, 필터를 해석하고 설계한다는 것은 복소함수로 기술된 주파수 전달함수의 특성을 해석하고 목적에 맞는 시스템을 구현한다는 것과 같은 의미이다.

한편, 필터를 설계하는 경우에 전달함수는 주로 입력전압과 출력전압 사이의 비로 정의하며 전달함수의 분모다항식의 최고 차수로 필터의 차수(degree)를 호칭한다. 예를 들면 다음과 같다.

(1) $H(s) = \dfrac{1/RC}{s + 1/RC}$: 1차 LPF

(2) $H(s) = \dfrac{10s}{s^2 + 10s + 100}$: 2차 BPF

(3) $H(s) = \dfrac{s}{s + \omega_c}$: 1차 HPF

(4) $H(s) = \dfrac{10000}{(s+10)^4}$: 4차 LPF

※ 필터의 차수

(1) 필터 전달함수의 분모다항식의 최고 차수로 필터를 호칭하기도 함

(2) 예 : 1차 LPF, 2차 BPF, n차 필터 등

※ 직류이득(DC gain)의 정의와 특성

(1) 직류로 동작하는 회로의 전달함수 이득

(2) 주파수응답 해석 시 $\omega = 0$(f=0)의 이득

(3) 정의 : $H(s)|_{s=0} = H(0)$

$H(j\omega)|_{\omega=0} = H(0)$

(4) 직류이득의 단위는 없거나 dB를 사용

식 (2.5)의 전달함수에서 $s = 0$ 또는 식 (2.6)의 주파수 전달함수에서 $\omega = 0 (f = 0)$이면

$$H(s)|_{s=0} = H(j\omega)|_{\omega=0} = H(0) \tag{2.7}$$

이때 $H(0)$를 직류이득(DC gain)이라 하며 입력신호가 DC인 경우, 필터의 이득을 말한다. 일반적으로 L과 C가 포함된 회로에서 입력전원이 DC이면 L의 임피던스는 0이나 C의 임피던스는 ∞가 된다. 따라서 L은 단락상태(short circuit)로, C는 개방상태(open circuit)로 해석한다. 결국 직류이득은 그림 2.4와 같은 RLC 회로에서는 $H(0) = 1$(식 (2.2) 참조)이고 그림 2.5와 같은 능동회로에서는

$H(0) = -R_2/R_1$(식 (2.3) 참조)이 된다.

예제 2.1 다음과 같은 전달함수로 주어지는 필터의 직류이득을 구하라. 이 직류이득을 dB로 표현하라.

(1) $H(s) = \dfrac{20}{s+10}$ (2) $H(j\omega) = \dfrac{100}{j\omega+10}$

[풀이] (1) $H(s)|_{s=0} = \left.\dfrac{20}{s+10}\right|_{s=0} = \dfrac{20}{10} = 2$ (a)

$H(0) = 2$ (b)

$= 20\log_{10}(H(0)) = 20\log_{10}(2) \fallingdotseq 6$ [dB]

(2) $H(j\omega)|_{\omega=0} = \left.\dfrac{100}{j\omega+10}\right|_{w=0} = \dfrac{100}{10} = 10$ (c)

$H(0) = 10$ (d)

$= 20\log_{10}(10) = 20$ [dB]

한편, 다중주파수 전원인 선형회로의 주파수응답은 단일주파수 경우의 해석결과를 중첩한 결과와 같다. 따라서 전달함수를 기반으로 하는 필터 해석은 다음과 같은 특징이 있다.

※ 주파수 전달함수와 필터 해석

(1) $|H(j\omega)| = g(\omega)$: 이득, 크기, 진폭

(2) $\angle|H(j\omega)| = \angle\phi(\omega)$: 위상

(3) 주파수응답 : 입력주파수에 의한 출력 값(크기와 위상)

(4) 복소수의 연산, 직각좌표계 및 극좌표계 이해

※ 필터회로 해석과 설계 과정

(1) 주파수 변화에 대한 신호의 주파수응답 특성을 분석

(2) 주파수 변화에 의한 이득이나 위상 특성을 분석함

(3) 신호의 주파수 성분을 분석하여 필요한 필터 선정

(3) 목표한 주파수 특성에 맞는 필터회로를 선정하여 설계

결론적으로 필터를 해석하고 설계하는 과정에는 입출력 사이의 전달함수를 구하고 이 전달함수의 주파수응답을 분석한 다음, 적당한 필터를 선정하고 구현하게 된다. 이때 필터회로의 전달함수는 KCL, KVL 등의 회로해석법으로 구하고 이득이나 위상과 같은 주파수응답은 복소수 연산을 이용한

다. 물론, 신호처리를 위한 Fourier 급수 전개나 Fourier 변환 등 해석법들이 필요할 수도 있다.

2.3 정현파 신호와 주파수 특성

필터는 주파수 성분에 의한 이득 특성 변화를 분석하여 주파수의 차단, 또는 필터링을 목적으로 한다. 모든 주기성 신호는 직류분과 기본파 그리고 고조파의 성분으로 분해할 수 있다. 즉, 어떤 신호이던 간에 그 신호에 기본주파수의 정현파(또는 여현파)를 중심으로 기본주파수의 정수배로 주어지는 무수한 고조파 성분으로 구성된다. 우선 그림 2.8과 같은 기본적인 정현파, 즉 사이뉴소이덜 신호를 가정해보자. 여기서 사이뉴소이덜 신호이란 정현파 및 여현파를 통칭한다. 정현파와 여현파 사이에는 90^o의 위상차만 있을 뿐 동일한 성질의 신호이므로 이러한 형태의 신호를 정현파로 호칭하기도 한다.

※ '주파수'란 용어의 사용

여기에서 주목할 것은 필터 해석과 설계를 다룬 본 저서에의 특징 상, 주로 아날로그 회로의 주파수 특성 해석이 다루어진다. 따라서 실제로 '주파수(frequency)'인 f보다 '각주파수(angular frequency)'인 ω를 주로 사용한다. 따라서 본 저서에서 f와 ω가 특별하게 혼동되는 경우를 제외하고는 이들 2개를 구분하지 않고 '주파수'라는 용어를 사용했음을 주목하라. 즉, 설명 중에 주파수는 이들 2개 중 하나인 것이다.

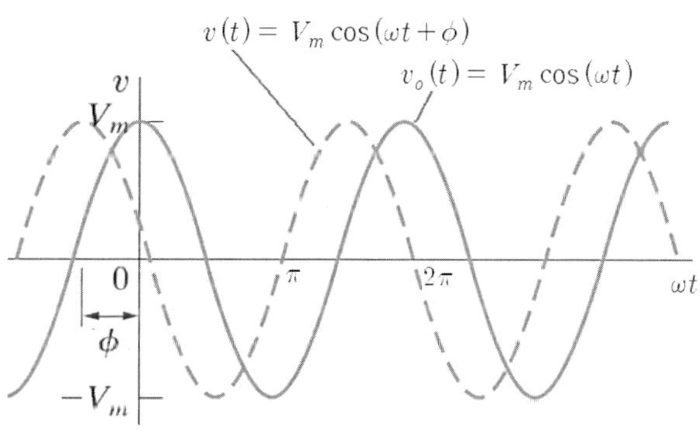

그림 2.8 사이뉴소이덜 신호

그림 2.8에서 순시전압(instantaneous voltage), $v_o(t)$는

$$v_o(t) = V_m \cos(\omega t) \tag{2.8}$$

여기서 V_m은 최대치(maximum value)이고 각주파수(angular frequency), ω[rad/sec]는

$$\omega = 2\pi f = \frac{2\pi}{T}\,[rad/\sec] \tag{2.9}$$

이때 $f\,[Hz]$는 주파수(frequency)이고 T[sec]는 주기(period)로 $f = 1/T$이다. 또한 ωt 및 ϕ는 단위가 라디안(radian)으로, 라디안, $\theta\,[rad]$과 각도, $\phi[^o]$사이에는 $\theta = (180/\pi)\times\phi$의 관계가 있다. 물론, 설명 중에서는 $-\pi/3$, π 등은 단위 [rad]을 생략해 쓰기도 하나 각도의 표현은 -60° 또는 180^o로 표기한다.

한편 전압 v는 v_o보다 위상이 ϕ만큼 앞선 신호로 다음과 같이 표현된다.

$$v(t) = V_m \cos(\omega t + \phi) \tag{2.10}$$

이때 신호들의 최대치, V_m에 대해 전기기기나 회로시스템에서는 공칭전압(nominal/rated voltage)을 실효치(effective value, rms(root-mean-square) value)로 호칭한다. 순시전압, $v(t)$에 대한 실효치는 다음과 같이 정의된다.

$$V = \sqrt{\frac{1}{T}\int_0^T v^2(t)\,dt} \tag{2.11}$$

식 (2.8)이나 (2.10)의 여현파는 물론 정현파 신호에 대해

$$V = \frac{V_m}{\sqrt{2}} \tag{2.12}$$

로 주어진다. 여기서 $\sqrt{2}$는 정현파의 파고율(peak factor or crest factor)로, 예컨대, 삼각파는 $\sqrt{3}$이고 구형파는 1.0이다. 이때 파고율은 다음 식으로 정의된다.

$$\text{파고률} = \frac{\text{최대치}}{\text{실효치}} \tag{2.13}$$

한편, 파형률(form factor)은

$$\text{파형률} = \frac{\text{실효치}}{\text{평균치}} \tag{2.14}$$

로 정현파는 $\pi/(2\sqrt{2}) \fallingdotseq 1.11$이고 반파정류는 $\pi/2 \fallingdotseq 1.57$이다. 이때 평균치(average value)는 다음 식으로 정의한다.

$$V_{av} = \frac{1}{T}\int_0^T |v(t)|\,dt \tag{2.15}$$

물론, 정현파의 평균치는

$$V_{av} = \frac{\pi}{2\sqrt{2}} V_m \fallingdotseq 0.632 V_m \tag{2.16}$$

전력계통이나 발·변전 계통에는 주로 단일주파수 전원을 사용한다. 하지만 전기 계통이나 전력전자시스템의 신호들은 고조파를 포함한 왜형파(distortion wave)가 발생할 수 있다. 일반적으로 주기(period), T인 주기함수(periodic function)는 다음과 같다.

$$f(t+nT) = f(t),\ n = 1,2,\cdots \tag{2.17}$$

임의의 함수, $f(t)$가 주기함수라면 다음과 같이 정현파와 여현파의 합으로 표현되는 Fourier 급수(Fourier series)로 전개할 수 있다.

$$f(t) = a_o + \sum_{n=1}^{\infty} [a_n \cos(n\omega t) + b_n \sin(n\omega t)] \tag{2.18}$$

$$a_o = \frac{1}{T}\int_0^T f(t)\,dt = 0$$

$$a_n = \frac{2}{T}\int_0^T f(t)\cos(n\omega t)dt$$

$$b_n = \frac{2}{T}\int_0^T f(t)\sin(n\omega t)dt$$

여기서

$$\omega = \frac{2\pi}{T} = 2\pi f[\text{rad/sec}] \tag{2.19}$$

는 기본파의 각주파수로 f는 기본주파수(fundamental frequency)이고 $n\omega$, $n = 2,3,\cdots$은 n차 고조파(harmonic frequency)이다. 또한, a_o, a_n, b_n는 Fourier 계수(Fourier coefficients)로, a_n 및 b_n은 고조파수의 진폭(amplitude)을 나타낸다. a_o는 직류성분(DC component)이다.

예제 2.2 그림 2.9와 같은 구형파 신호가 있다. 이 신호를 Fourier 급수로 전개하고 진폭 스펙트럼을 구하라. 또한, 기본파와 10차까지의 파형을 구하라.

[풀이] 그림 2.9의 주기 및 주파수는

$$T = 10[msec],\ f = \frac{1}{T} = \frac{1}{0.01} = 100[\text{Hz}] \tag{a}$$

신호의 Fourier 급수는

$$f(t) = a_o + \sum_{n=1}^{\infty} [a_n \cos(\frac{2n\pi}{T}) + b_n \sin(\frac{2n\pi}{T}t)] \tag{b}$$

이고 그림 2.9을 참고하여 Fourier 계수를 구하면

$$a_o = \frac{1}{T}\int_0^T f(t)\,dt = \frac{1}{2} \qquad \text{(c)}$$

$$a_n = \frac{2}{T}\int_0^T f(t)\cos(\frac{2n\pi}{T}t)dt = 0 \qquad \text{(d)}$$

$$b_n = \frac{2}{T}\int_0^T f(t)\sin(\frac{2n\pi}{T}t)dt = \frac{1-\cos n\pi}{n\pi} \qquad \text{(e)}$$

따라서 식 (b)는 다음과 같다.

$$f(t) = \frac{1}{2} + \sum_{n=1}^{\infty} \frac{1-\cos n\pi}{n\pi}\sin(200n\pi t) \qquad \text{(f)}$$

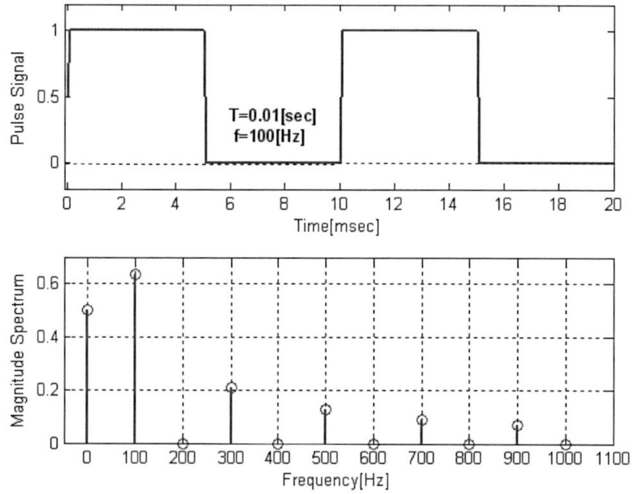

그림 2.9 구형파 신호와 진폭 스펙트럼

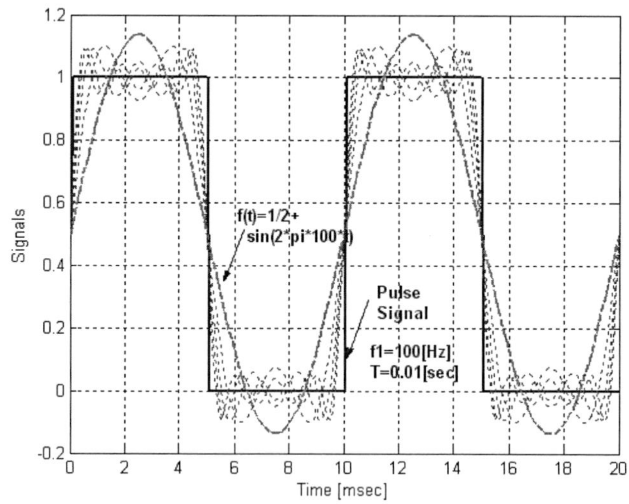

그림 2.10 원 함수인 펄스신호 및 10차까지의 Fourier 급수

한편, Fourier 계수인 진폭 스펙트럼을 10차 고조파까지 나타내면 그림 2.9(b)와 같다. 이때 기본파는 주파수가 $f=100[Hz]$로

$$f_1(t)=0.64\sin(200\pi t) \tag{g}$$

이고 예컨대, 제3 고조파는 다음과 같다.

$$f_3(t)=0.21\sin(3\times 200\pi t) \tag{h}$$

그림 2.10은 10차까지의 각 차수의 신호들과 10차까지 합산된 고조파 신호들을 나타낸다. 이 결과로부터 차수를 증가시키면 시킬수록 구형파 신호인 그림 2.9(a)에 근접해감을 알 수 있다.

예제 2.2에서 알 수 있는 바와 같이 주기파 신호는 정현파 및 여현파로 분해함으로써 신호의 기본주파수와 고조파 진폭 등 주파수 성분에 대한 특성을 알 수 있다. 따라서 그림 2.10(b)와 같은 주파수 특성을 토대로 어떤 특정주파수만 제거하거나 또는 일부 대역주파수들만 통과시키는 필터를 설계할 수 있는 것이다.

Fourier 급수는 전형적으로 비정현파 주기함수들에 대해 진폭 및 위상 스펙트럼을 분해하는 것이다. 하지만 유한시간이나 과도기에 발생하는 왜형파 신호들은 이들의 주파수 특성과 진폭 및 위상 특성을 알아야 신호의 전달, 변환 또는 응용이 가능해지는 것이다. 이러한 과도 특성 등은 주기 $T\rightarrow\infty$로 확장하여 Fourier 급수로 구할 수 있다. 이러한 비주기 파형의 주파수 해석이 Fourier 변환(Fourier Transform)이다. Fourier 변환으로 얻어지는 신호의 진폭과 위상은 연속스펙트럼(continuous spectrum)이다. 함수 $f(t)$의 Fourier 변환, $F(\omega)$는 다음과 같이 정의된다.

$$F(\omega)=\mathscr{F}[f(t)]=\frac{1}{2\pi}\int_{-\infty}^{\infty}f(t)e^{-j\omega t}\,dt \tag{2.20}$$

또한 역 변환은 다음과 같이 주어진다.

$$f(t)=\mathscr{F}^{-1}[F(\omega)]=\int_{\infty}^{\infty}F(\omega)e^{j\omega t}\,d\omega \tag{2.21}$$

신호처리 분야에 있어서 Fourier 급수 전개나 Fourier 변환은 매우 유용하게 사용되는 수학적 도구이다. 하지만 주파수 특성을 해석 설계에 이들의 수학적 기법은 아주 광범위하여 이해하는데 많은 노력이 필요하다. 다행히 matlab과 같은 수치해석 프로그램을 이용하면 학습에 도움이 될 것이다. 본 저서에서는 수동회로 필터를 설계하는데 응용될 기본적인 개념만 설명했으므로, Fourier 급수 전개나 변환에 관한 구체적인 내용이나 응용은 관련서적을 참고하기 바란다.

2.4 주파수응답과 복소수 연산

필터 해석에서는 주파수 전달함수를 기본 식으로 사용한다. 필터는 신호를 구성하고 있는 특정 주파수 성분의 신호를 선별하여 차단하거나 통과시키는 역할을 하기 때문이다. 따라서 입출력신호는 물론 전달함수, 필터 구현 등에 주파수 해석이 반드시 필요하다. 또한 전달함수는 물론 모든 신호들의 주파수 성분들을 알아내고 이에 대한 적용 방안을 찾아내는데 복소수 연산이 항상 필요하다. 이 절에서는 필터와 관련하여 나타나는 복소수 함수의 처리 방법을 간단히 정리한다. 일반적으로 복소수 해석(complex analysis)은 신호처리나 필터회로 등을 배우는 학과에서 선형대수학과 같은 기초수학에서 학습하므로 여기에서는 필터해석에 초점을 맞추어 중요한 연산법을 정리하여 소개한다.

다음은 주파수 전달함수로 극좌표 형식(polar form), 지수형식(exponential form), 그리고 직각좌표 형식(rectangular form)으로 표현한 것이다.

※ 주파수 전달함수의 표현

(a) $H(j\omega) = |H(j\omega)| \angle \phi(\omega) = g(\omega) \angle \phi(\omega)$: 극좌표 형식

(b) $H(j\omega) = g(\omega) e^{j\phi(\omega)} = g(\omega) \epsilon^{j\phi(\omega)}$: 지수 형식

(c) $H(j\omega) = g(\omega)[\cos\phi(\omega) + j\sin\phi(\omega)]$: 직각좌표 형식

복소수 $p(a, b)$에 대해 그림 2.9와 같은 복소평면(complex plane)을 가정한다. 여기서 $j = \sqrt{-1}$로 허수를 나타낸다.

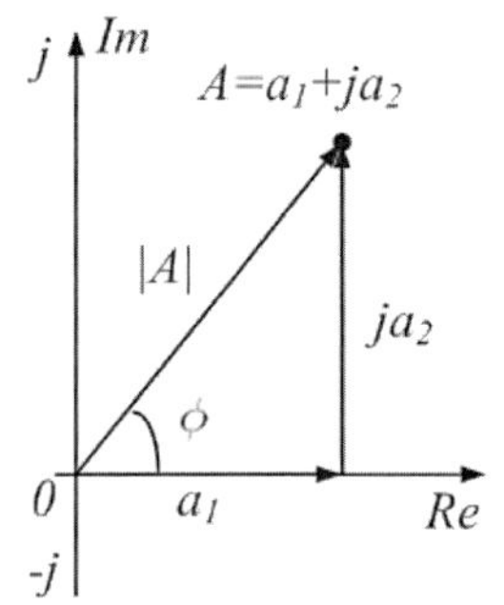

그림 2.11 복소평면과 벡터

※ 복소수의 기본 개념

(1) 복소수(complex number)

$$\begin{aligned} A &= a_1 + ja_2 \\ &= |A| \angle \phi \\ &= Ae^{j\phi} \\ &= A(\cos\phi + j\sin\phi) = A\cos\phi + jA\sin\phi \end{aligned} \quad (2.22)$$

① $a_1 = A\cos\phi$: 실수부(real part) (2.23)

② $a_2 = A\sin\phi$: 허수부(imaginary part) (2.24)

(2) 크기/진폭/이득(magnitude/amplitude/gain)

$$|A| = A = \sqrt{a_1^2 + a_2^2} \tag{2.25}$$
$$= \sqrt{(\text{실수부})^2 + (\text{허수부})^2}$$

(3) 편각(argument), 위상(phase)

$$\phi = \tan^{-1}\left(\frac{a_2}{a_1}\right) = \tan^{-1}\left(\frac{\text{허수부}}{\text{실수부}}\right) \tag{2.26}$$

$$\cos\phi = \frac{a_1}{|A|},\ \sin\phi = \frac{a_2}{|A|},\ \tan\phi - \frac{a_2}{a_1}$$

※ 복소수의 기본 연산

주파수 함수들을 처리하는 경우에는 복소수의 기본 연산과정을 다음과 같은 3가지 복소수를 사용하여 소개한다.

$$A = a_1 + ja_2 = |A| \angle \phi_A = |A| e^{j\phi_A}$$
$$B = b_1 + jb_2 = |B| \angle \phi_B = |B| e^{j\phi_B}$$
$$C = c_1 + jc_2 = |C| \angle \phi_C = |C| e^{j\phi_C}$$

(1) $$\frac{C}{AB} = \frac{|C|}{|A||B|} \angle (\phi_C - (\phi_A + \phi_B)) \tag{2.27}$$

(2) $$A \times A^* = (a_1 + ja_2)(a_1 - ja_2) = a_1^2 + a_2^2 \tag{2.28}$$

A^* : 공액복소수(*complex conjugate*)

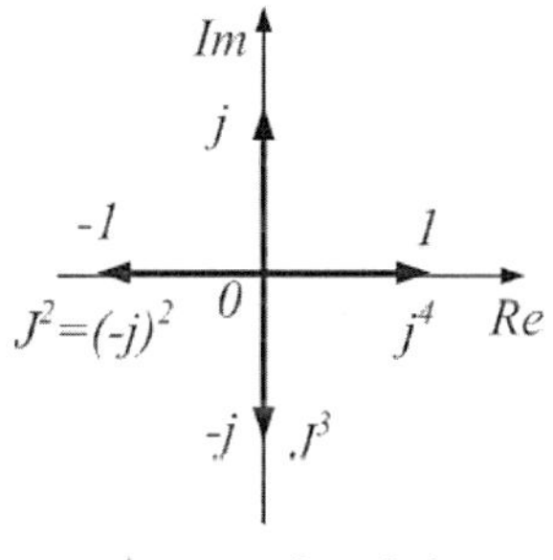

그림 2.12 복소평면(2)

※ 오일러 공식 및 j의 성질

(1) 오일러공식(Euler Formula) :

$$e^{\pm j\phi} = \epsilon^{\pm j\phi} = 1 \angle \pm\phi = \cos\phi \pm j\sin\phi \tag{2.29}$$

(2) $j = \sqrt{-1}$: 복소수에서 허수 성분을 나타냄

$$1 = e^{j0^o} = e^{\pm j2\pi} = 1\angle 0^o = 1\angle \pm 2\pi = \cos(0^o) + j\sin(0^o) = 1$$

$$j = e^{j90^o} = e^{j\frac{\pi}{2}} = 1\angle 90^o = 1\angle \frac{\pi}{2} = \cos(90^o) + j\sin(90^o) = j$$

$$-j = e^{-j90^o} = e^{-j\frac{\pi}{2}} = 1\angle -90^o = 1\angle -\frac{\pi}{2} = \cos(90^o) - j\sin(90^o) = -j$$

$$-1 = e^{\pm j90^o} = e^{\pm j\frac{\pi}{2}} = 1\angle \pm 180^o = 1\angle \pm\frac{\pi}{2} = \cos(90^o) \pm j\sin(90^o) = -1$$

$$j \ = 1\angle 90^o = 1\angle \frac{\pi}{2}$$

$$j^2 = 1\angle \pm 180^o = -1$$

$$j^3 = 1\angle -90^o \text{ or } 270^o = -j$$

$$j^4 = 1\angle 0^o \text{ or } 360^o = 1$$

예제 2.3 다음 예는 복소수나 복소함수에 대한 연산결과들(표현형식 변화 등)을 예시한 것이다.

(1) 일반 연산

$$h_1(j\omega) = 3 + j4 = \sqrt{3^2+4^2}\angle \tan^{-1}(\frac{4}{3}) = 5\angle 53^o \tag{a}$$

$$h_2(j\omega) = \frac{10}{j\omega} = -j\frac{10}{\omega} = \frac{10}{\omega}\angle -90^o \tag{b}$$

$$z_1(j\omega) = \frac{j\omega}{20} = \frac{\omega}{20}\angle +90^o \tag{c}$$

$$z_2(j\omega) = \frac{10}{(j\omega)^2} = -\frac{10}{\omega^2} = \frac{10}{\omega^2}\angle \pm 180^o \tag{d}$$

$$y_1(j\omega) = -\frac{10}{j\omega} = j\frac{10}{\omega} = \frac{10}{\omega}\angle 90^o, -270^o \tag{e}$$

(2) 근사화 Bode 선도

다음 식 (f)~(h)는 주파수응답 곡선을 근사치로 구하여 작도하는 과정에서 나타나는 연산들이다. 이 식들은 3장에서 유용하게 사용될 것이다.

$$H_a(j\omega) = \left.\frac{100}{\underset{o}{j\omega}+\underset{x}{10}}\right|_{\omega \gg 10} \fallingdotseq \frac{100}{j\omega} = \frac{100}{\omega}\angle -90^o \tag{f}$$

$$H_b(j\omega) = \frac{100}{\underset{o\quad x}{(j\omega+1)}\underset{o\quad x}{(j\omega+10)}}\Bigg|_{\omega \gg 10} \fallingdotseq \frac{100}{(j\omega)^2} = \frac{100}{\omega^2} \angle -180^o \tag{g}$$

$$H(j\omega) = \frac{\overset{x\quad o}{j\omega+100}}{\underset{o\quad x}{j\omega+10}}\Bigg|_{\omega=50} \fallingdotseq \frac{100}{j\omega} = \frac{100}{\omega} \angle -90^o \tag{h}$$

※ 식 (f)~(h)의 $H(j\omega)$의 분모 및 분자 다항식의 상하에 작은 (o, x)는 주어진 조건에 시 큰 깃을 o, 작은 것을 x로 하여 큰 것으로 근사치를 추성하는 과성을 나타낸 것이다. 예컨대, $H_a(j\omega)$에서 분모다항식 $j\omega+10$은 $\omega \gg 10$인 조건에서 $\omega(j\omega$항)는 10보다 상대적으로 크므로 이 값($j\omega$)은 취하고 10이란 항은 무시한다는 의미에서 작은 (o, x)를 사용한 것이다. 이와 같은 식 (f)~(h와 같은 예시 과정을 익히면 제3장의 근사화 이득곡선을 추정하는 경우에 점근선을 구하기가 편리하다.

일반적으로 회로해석, 신호처리나 필터설계에서는 시간함수들을 연산하는 경우가 종종 발생한다

$$y_1(t) = 3\cos(\omega t) \tag{2.30}$$

$$y_2(t) = 4\cos(\omega t + 90^o) \tag{2.31}$$

예제 2.4 정현파 신호가 식 (2.30) 및 (2.31)과 같이 주어진 경우에 $y_o = y_1 + y_2$를 구하라.

[풀이] (1) 직접 계산

$$\begin{aligned} y_o &= 3\cos(\omega t) + 4[\cos(\omega t)\cos(90^o) - \sin(\omega t)\sin(90^o)] \\ &= 3\cos(\omega t) - 4\sin(\omega t) \\ &= \sqrt{3^2+4^2}\left[\frac{3}{5}\cos(\omega t) - \frac{4}{5}\sin(\omega t)\right] \\ &= 5[\cos\phi\cos(\omega t) - \sin\phi\sin(\omega t)] \\ &\therefore y_o = 5\cos(\omega t + \phi) \quad \phi = \tan^{-1}(4/3) \fallingdotseq 53^o \end{aligned} \tag{a}$$

(2) 페이저 연산

주어진 식들은 다음과 같은 페이저로 나타낼 수 있다.

$$y_1 = 3\cos(\omega t) \quad \Leftrightarrow \quad Y_1 = 3\angle 0^o = 3e^{j0^o} = 3 \tag{b}$$

$$y_1 = 4\cos(\omega t + 90^o) \quad \Leftrightarrow \quad Y_2 = 4\angle 90^o = 4e^{j90^o} \tag{c}$$

따라서

$$\begin{aligned} Y_o &= Y_1 + Y_2 \\ &= 3 + 4(\cos 90^o + j\sin 90^o) \\ &= 3 + j4 \end{aligned}$$

$$\therefore Y_o = \sqrt{3^2+4^2}\ \angle \tan^{-1}(4/3) = 5\angle 53^o \qquad \text{(d)}$$

식 (d)의 역 페이저를 구하면 다음과 같다.

$$y_o = 5\cos(\omega t + 53^o) \qquad \text{(e)}$$

이 예제 2.3에서 시간함수를 직접 풀기 위해서는 삼각함수의 공식을 알고 있어야 하고 알고 있더라도 그 풀이 과정이 풀이(1)처럼 매우 지루하고 복잡하다. 따라서 회로해석이나 신호처리 분야에서는 이러한 시간함수들을 직접 연산하지 않고 복소수로 변환하여 처리하는 것이 일반적이다. 이것이 페이저 해석(phasor analysis)이다. 풀이 (2)는 페이저를 이용한 해석이다. 페이저는 복소평면에서 벡터를 나타낸다. 즉, 주파수가 ω인 시간함수, $v(t)$와 이 함수의 페이저 변환(phasor transform) 또는 역 페이저 변환(inverse phasor transform)은 다음과 같은 관계로 정의한다.

$$v(t) = V_m \cos(\omega t + \phi) \iff V = V_m e^{j\phi} = V_m \epsilon^{j\phi} = V_m \angle \phi \qquad (2.32)$$

여기서 V는 $v(t)$의 페이저로 크기가 V_m이고 위상이 ϕ인 벡터이다. 따라서 극좌표 형식으로 표현된 V는 일종의 복소수로 정의된다. 이와 같이 정의된 경우에 역 페이저로 V는 $v(t)$로 표현한다. 예컨대,

(1) $v(t) = 100\cos(\omega t + 30^o) \Leftrightarrow$ 페이저변환 $\Leftrightarrow V = 100 e^{j30^o} = 100\angle 30^o$ (2.33)

(2) $I = 20 e^{-j50^o} = 20\angle -50^o \Leftrightarrow$ 역페이저변환 $\Leftrightarrow i(t) = 20\cos(\omega t - 50^o)$ (2.34)

일반적으로 페이저는 고딕체, V나 $\dot{A}$ 등으로 표기하기도 한다. 또한 전압벡터, V라 읽기도 한다.

한편, 동일한 $v(t)$에 대해 페이저를 다음 식들처럼 정의하여 사용하기도 한다.

$$v(t) = V_m \cos(\omega t + \phi) \iff V = V_r e^{j\phi} = V_r \angle \phi \qquad (2.35)$$

$$v(t) = V_m \sin(\omega t + \phi) \iff V = V_m e^{j\phi} = V_m \angle \phi \qquad (2.36)$$

$$v(t) = V_m \sin(\omega t + \phi) \iff V = V_r e^{j\phi} = V_r \angle \phi \qquad (2.37)$$

이 식에서 V_r은 $V_m/\sqrt{2}$로 전압의 실효치(root-mean-square value)로 전기, 전자분야에서 공칭전압(nominal voltage, rated voltage)을 의미한다. 따라서 식 (2.32), (2.35)~(2.37)의 정의와 그 적용에 대해 분명히 구별할 줄 알아야 한다. 사실 이러한 문제는 초기해석에 정의를 잘 기억하면 그다지 어렵지도 않으며 혼동할 것도 아니다. 다음 예를 들어 보자.

예제 2.5 어떤 회로에 전원전압, $v = 100\sqrt{2}\sin(4t + 23^o)$을 저항, $R = 3[\Omega]$과 인덕터 $L = 1[H]$가 직렬로 연결된 회로에 인가하였다. 이 회로의 전류, $i(t)$를 구하라.

[풀이] 이 회로 전원에서 주파수는 $\omega=4\,[rad/\mathrm{sec}]$이고 따라서 임피던스는

$$\begin{aligned} Z &= R+j\omega L = 3+j4 \\ &= \sqrt{3^2+4^2}\ \angle \tan^{-1}(4/3) \\ &= 5\angle 53^o \qquad \text{(a)} \end{aligned}$$

한편 v에 대하여 실효치 전압페이저를 다음과 같이 정의하면

$$V=100\angle 23^o \qquad \text{(b)}$$

옴의 법칙에 의해 전류 페이저를 구하면 다음과 같다.

$$I=\frac{V}{Z}=\frac{100\angle 23^o}{5\angle 53^o}=20\angle -30^o \qquad \text{(c)}$$

결국, I의 역 페이저를 구하면 전류의 순시치 $i(t)$는 다음과 같이 구해진다.

$$i(t)=20\sqrt{2}\,\sin(4t-30^o) \qquad \text{(d)}$$

이 풀이과정에서 알 수 있는 것과 같이 식 (2.32), (2.35)~(2.37) 중 어떤 정의를 이용하던 그 결과는 동일하다.

정현파 회로해석에도 복소수 연산이 많이 사용된다. 이 경우에 전압, 전류 페이저(V, I)와 임피던스, 어드미턴스(Z, Y)는 모두 복소수 함수이나 임피던스, 어드미턴스는 페이저는 아니다. 즉, 페이저는 신호의 벡터 표현법임을 주목해야 한다.

※ 임피던스	※ 어드미턴스
$Z=R+j\omega L+\frac{1}{j\omega C}$ $=R+j(\omega L-\frac{1}{\omega C})$ $=R+jX\ [\Omega]$ $Z[\Omega]$: 임피던스(*impedance*) $R[\Omega]$: 저항(*resistance*) $X[\Omega]$: 리액턴스(*reactance*)	$Y=\frac{1}{R}+j\omega C+\frac{1}{j\omega L}$ $=\frac{1}{R}+j(\omega C-\frac{1}{\omega L})$ $=G+jB\ [S]$ $Y\,[S]$: 어드미턴스(*admittance*) $G\,[S]$: 콘덕턴스(*conductance*) $B\,[S]$: 서셉턴스(*susceptance*)

예제 2.6 그림 2.13과 같은 회로에 대하여 다음 물음에 답하라.

(1) $v_i(t)=100\cos(\omega t)$, $\omega=2[rad/\mathrm{sec}]$이고 $R=20[\Omega]$, $L=2[H]$, $C=10[F]$인 경우에 전류 $i(t)$를 구하라.

(2) C를 변화시켜 리액턴스를 $X=0$으로 하여 공진상태로 하였다. 이 경우 임피던스 Z와 전류, $I(s)$를 구하라.

(3) $LC=1$, $RC=2$인 경우에 $\dfrac{V_o(j\omega)}{V_i(j\omega)}=H(j\omega)$와 이득 및 위상을 구하라.

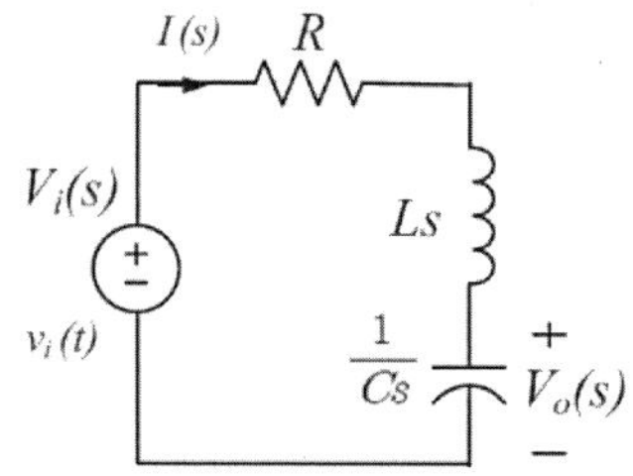

그림 2.13 RLC 회로

[풀이] (1) 전류의 순시치는 전압 페이저, V_i와 임피던스, Z를 이용하면 쉽게 구해진다. 최대치 전압페이저는

$$V_i = 100\angle 0^o \tag{a}$$

전원주파수 ω인 경우에 인덕턴스는

$$\begin{aligned} Z &= R+j(\omega L-\frac{1}{\omega C}) = 20+j(2\times 10-\frac{1}{2\times 0.1}) \\ &= 20+j15 = \sqrt{20^2+15^2}\ \angle\tan^{-1}(15/20) = 25\angle 36.8^o \end{aligned} \tag{b}$$

결국 최대치 전류페이저와 순시치 전류는 다음과 같다.

$$I=\frac{V_i}{Z}=\frac{100\angle 0^o}{25\angle 36.8^o}=4\angle -36.8^o \tag{c}$$

$$\therefore i(t) = 4\cos(\omega t-36.8^o) \tag{d}$$

(2) 공진주파수에서 리액턴스는 0으로 순 저항 회로가 된다. 즉, 회로 임피던스는

$$Z(s)=R=20[\Omega] \tag{e}$$

여기서 $v_i(t)$의 Laplace 변환인 $V_i(s)$는

$$V_i(s)=\frac{100s}{s+2^2} \tag{f}$$

이고 전류는 다음과 같다.

$$I(s)=\frac{V(s)}{Z(s)}=\frac{5s}{s+2^2} \tag{g}$$

(3) 전달함수는 분압법칙(voltage divider)을 적용하면 다음과 같이 구해진다.

$$\frac{V_o(s)}{V_i(s)}=H(s)=\frac{\frac{1}{Cs}}{R+Ls+\frac{1}{Cs}}=\frac{\frac{1}{LC}}{s^2+\frac{R}{L}s+\frac{1}{LC}} \tag{h}$$

여기서 $LC=1$이고 $RC/LC=2$이므로

$$H(j\omega)=\frac{1}{(j\omega)^2+j2\omega+1}=\frac{1}{(1-\omega^2)+j2\omega}\bigg|_{\omega=2}=-\frac{1}{3-j4} \qquad \text{(i)}$$

이때 이득과 위상은 다음과 같이 구해진다.

$$|H(j\omega)|=\frac{1}{\sqrt{3^2+4^2}}=0.2 \qquad \text{(j)}$$

$$\phi(\omega)=-180^o+\tan^{-1}(4/3)=-180^o+53^o=-127^o \qquad \text{(k)}$$

2.5 주파수응답과 시간응답

필터 해석의 궁극적인 목표는 전압, 전류의 크기나 주파수응답 등이 될 수 있다. 필터 특성은 그림 2.14와 같이 입출력 사이의 전달함수로 주어진다. 전달함수는 선택된 입력과 출력신호 사이의 관계로 식 (2.38) 또는 입출력을 전압으로 선택할 경우에는 식 (2.39)와 같이 표현된다. 이때 전달함수는 입력의 주파수 성분에 의해 크기와 위상이 결정되고 그 값들에 의해 출력이 결정된다.

$$H(s)\equiv\frac{Y(s)}{X(s)} \quad : Y(s)=H(s)X(s) \qquad (2.38)$$

$$H(s)\equiv\frac{V_o(s)}{V_i(s)} \quad : V_o(s)=H(s)V_i(s) \qquad (2.39)$$

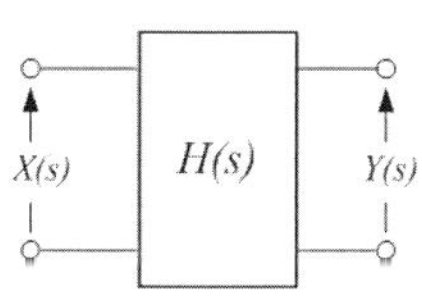

그림 2.14 필터 구조

이제 식 (2.38)로 표현된 전달관계식에 대하여 정상상태의 시간응답(time response)과 주파수응답(frequency response)을 구해보자. 예컨대, 단일주파수(single frequency), ω_1를 가진 입력신호를 다음과 같은 시간함수로 가정해보자.

$$x_1(t)=A_1\cos(\omega_1 t+\theta_1) \qquad (2.40)$$

이때 식 (2.40)과 같은 입력신호에 대한 최대치 페이저는

$$X_1=A_1\angle\theta_1 \qquad (2.41)$$

또한 입력주파수, ω_1에 대한 주파수 전달함수는

$$H(j\omega_1) = |H(j\omega_1)| \angle \phi(\omega_1) \tag{2.42}$$

한편, 식 (2.38)의 주파수응답은 다음과 같다.

$$Y(j\omega_1) = H(j\omega_1)X(j\omega_1) \tag{2.43}$$

식 (2.43)에 식 (2.41) 및 (2.42)를 적용하여 정리하면

$$\begin{aligned} Y(j\omega_1) &= |H(j\omega_1)| \angle \phi(\omega_1) \times A_1 \angle \theta_1 \\ &= |H(j\omega_1)| \times A_1 \angle (\theta_1 + \phi(\omega_1)) \end{aligned} \tag{2.44}$$

결국, 식 (2.44)의 역 페이저(inverse phasor)가 식 (2.38)의 출력신호인 $y_1(t)$이다. 즉,

$$y_1(t) = |H(j\omega_1)| \times A_1 \cos(\omega_1 t + \theta_1 + \phi(\omega_1)) \tag{2.45}$$

여기서 $|H(j\omega_1)|$ 및 $\phi(\omega_1)$은 주파수($s = j\omega_1$)에 대한 전달함수의 크기와 위상으로 식(2.42)로 주어진다.

만약 입력을 다중주파수(multi-frequency), ω_1, ω_2의 신호로 다음과 같다고 가정해보자.

$$\begin{aligned} x_0(t) &= x_1(t) + x_2(t) \\ &= A_1 \cos(\omega_1 t + \theta_1) + A_2 \sin(\omega_2 t + \theta_2) \end{aligned} \tag{2.46}$$

이 경우에 입력, $x_1(t)$ 및 $x_2(t)$ 각각에 대한 출력, $y_1(t)$ 및 $y_2(t)$를 식 (2.40)~(2.45)와 같은 주파수 해석 방법으로 구하여 중첩시키면 된다. 따라서 이 신호시스템의 출력신호는 다음과 같다.

$$\begin{aligned} & y_0(t) = y_1(t) + y_2(t) \\ & = |H(j\omega_1)| \times A_1 \cos(\omega_1 t + \theta_1 + \phi(\omega_1)) + |H(j\omega_2)| \times A_2 \sin(\omega_2 t + \theta_2 + \phi(\omega_2)) \end{aligned} \tag{2.47}$$

여기서 $|H(j\omega_2)|$ 및 $\phi(\omega_2)$은 주파수($s = j\omega_2$)에 대한 주파수 전달함수의 크기와 위상이다.

선형시스템에서 입력주파수 성분은 출력신호에 그대로 천이되며 전달함수에 의해 이득 및 위상이 변하게 된다. 필터는 이러한 주파수응답 특성을 이용하여 해석 및 설계하는 것이다. 식 (2.38)~식 (2.47)과 같은 정상상태에서의 주파수응답은 신호의 주파수 모드의 천이 특성에 의해 결정된다.

예제 2.7 (1) 그림 2.15와 같은 회로에서 전달함수, $H(s) = V_o(s)/V_i(s)$와 (2) 주파수 전달함수, $H(j\omega)$를 구하라. (3) $L = 2[H]$, $R = 8[\Omega]$인 경우에 $Z(s)$ 및 ω =3[rad/sec]인 경우에 $Z(j\omega)$의 크기와 위상, (4) $v_i = 100\cos(\omega t + 30^o)$인 경우에 정상상태에서 v_o를 구하라.

[풀이] (1) 회로에 분압법칙을 적용하면

$$V_o(s) = \frac{R}{Ls+R} V_i(s) \tag{a}$$

따라서 전달함수는 $V_o(s)/V_i(s) = H(s)$는 다음과 같다.

$$H(s) = \frac{R/L}{s+R/L} \tag{b}$$

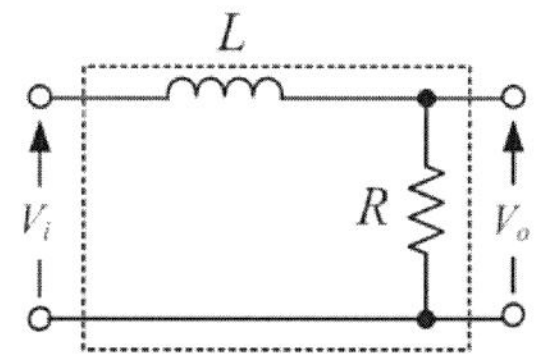

그림 2.15 *RL* 저역통과 필터

(2) 주파수 전달함수 및 이득과 위상은

$$H(j\omega) = \frac{R/L}{j\omega + R/L} \tag{c}$$

$$|H(j\omega)| = \frac{R/L}{\sqrt{\omega^2 + (R/L)^2}} \tag{d}$$

$$\phi(\omega) = -\tan^{-1}\left(\frac{\omega}{R/L}\right) \tag{e}$$

(3) 임피던스 함수는

$$Z(s) = Ls + R = 2s + 8 \tag{f}$$

$$Z(j\omega) = j\omega L + R = j3 \times 2 + 8 = 8 + j6 \tag{g}$$

$$Z(j\omega) = \sqrt{8^2 + 6^2} \angle \tan^{-1}(6/8) = 5 \angle 37^o \tag{h}$$

(4) 주파수 전달함수에 의한 출력은 다음과 같다.

$$H(j\omega) = \frac{R}{j\omega L + R} = \frac{8}{j6+8} = \frac{8}{10\angle 37^o} = 0.8\angle -37^o \tag{i}$$

$$\begin{aligned} v_o(t) &= |H(j\omega)| \times 100\cos(3t + 30 + \phi(\omega)) \\ &= 0.8 \times 100\cos(3t + 30 - 37^o) \\ &= 80\cos(3t - 7^o) \end{aligned} \tag{j}$$

예제 2.8 (1) 그림 2.16과 같은 회로에서 전달함수, $H(s) = V_o(s)/V_i(s)$와 (2) 주파수 전달함수, $H(j\omega)$를 구하라. (3) $R=2[\Omega]$, $C=1/8[F]$인 경우에 $Z(s)$ 및 ω =3[rad/sec]인 경우에 $Z(j\omega)$의 크기와 위상, (4) $v_i = 100\cos(\omega t + 30^o)$인 경우에 정상상태에서 v_o를 구하라.

[풀이] (1) 전달함수는 분압법칙에 의해

$$\frac{V_o(s)}{V_i(s)} = H(s) = \frac{1/Cs}{R+1/Cs} = \frac{1/RC}{s+1/RC} \qquad \text{(a)}$$

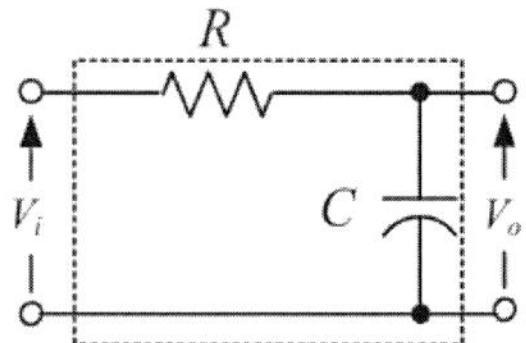

그림 2.16 RC 저역통과 필터

(2) 주파수 전달함수와 이득 및 위상은 다음과 같다.

$$H(j\omega) = \frac{1/RC}{j\omega+1/RC} \qquad \text{(b)}$$

$$|H(j\omega)| = \frac{1/RC}{\sqrt{\omega^2+(1/RC)^2}} \qquad \text{(c)}$$

$$\phi(\omega) = -\tan^{-1}(\omega RC) \qquad \text{(d)}$$

(3) $R=2[\Omega]$, $C=1/8[F]$인 경우에 임피던스 함수, $Z(s)$와 주파수 임피던스 함수, $Z(j\omega)$는

$$Z(s) = R+\frac{1}{Cs} = 2+\frac{8}{s} \qquad \text{(e)}$$

$$Z(j\omega) = 2+\frac{8}{j\omega}\bigg|_{\omega=3} = 2-j\frac{8}{3}$$

(f)

$$|Z(j\omega)| = \sqrt{2^2+(8/3)^2} = \frac{10}{3}$$

(g)

$$\phi(\omega) = -\tan^{-1}(\frac{8/3}{2}) = -53^o \qquad \text{(h)}$$

(4) 출력신호의 순시치는 다음과 같이 구해진다.

$$H(j\omega) = |H(j\omega)| \angle \phi(\omega) = 5\angle -37^o \qquad \text{(i)}$$

$$v_o(t) = |H(j\omega)| \times 100\cos(3t+30^o-\phi(\omega))$$

$$= 500\cos(3t-7^o) \qquad \text{(j)}$$

예제 2.7 및 2.8의 회로는 RL 및 RC 소자로 구성된 전형적인 1차 LPF이다. 이 예에서는 주파수응답 해석을 보이기 위해 전달함수 결정, 주파수 전달함수 및 단일주파수 입력에 의한 시간응답 계산 과정을 보였다. 필터의 주파수응답 해석은 이 예와 같은 기본적인 주파수 특성 연산을 이용한다.

필터로 이용되는 아날로그 회로의 주파수응답은 입력과 출력신호에 대한 전달함수를 토대로 해석된다. 이때 입출력은 전압, 전류 또는 전력이나 에너지 등으로 선택할 수 있으나 주로 전압으로 선

택한다. 그림 2.17의 필터회로의 전달함수는 간단히 분압법칙(voltage divider)을 적용하여 구할 수 있다. 즉,

$$H(s) = \frac{V_o(s)}{V_i(s)} = \frac{Z_2(s)}{Z_1(s) + Z_2(s)} \tag{2.48}$$

물론, 그림 2.18에서처럼 입력을 전류로 하고 출력을 전압으로 선택하는 필터도 설계할 수 있다. 이 경우에 전달함수는 다음과 같이 임피던스 함수로 주어진다.

$$H(s) = \frac{V_o(s)}{I_s(s)} = Z_2(s) \tag{2.49}$$

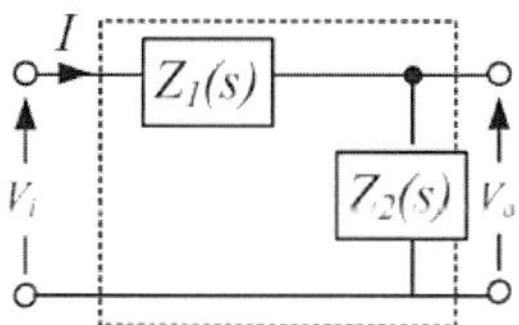

그림 2.17 전달함수

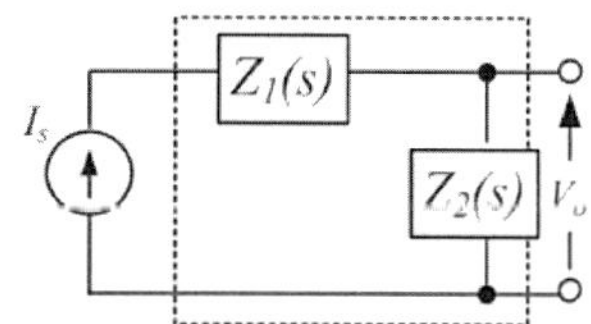

그림 2.18 임피던스 함수

필터는 수동소자인 RLC를 결합하여 구성할 수 있다. 특히, 선형 Op amp와 함께 수동소자로 구성하면 다양한 특성의 필터를 설계할 수 있다. Op amp의 필터회로는 기본적으로 그림 2.19와 같은 반전형 증폭기(inverting amplifier)가 주로 사용되나 그림 2.20과 같은 비반전형 증폭기(non-inverting or feedback amplifier) 회로도 이용된다.

$$H_1(s) = \frac{V_o(s)}{V_i(s)} = -\frac{Z_2(s)}{Z_1(s)} \tag{2.50}$$

$$H_2(s) = \frac{V_o(s)}{V_i(s)} = 1 + \frac{Z_2(s)}{Z_1(s)} \tag{2.51}$$

그림 2.19 및 2.20과 같은 필터회로에 대한 전달함수를 구하면 식 (2.50) 및 식(2.51)과 같다. 이러한 능동필터의 해석 및 설계는 6장에서 자세히 다룰 것이다. 여기에서는 한 예로 그림 2.21과 같은 능동필터회로의 전달함수를 구해보자.

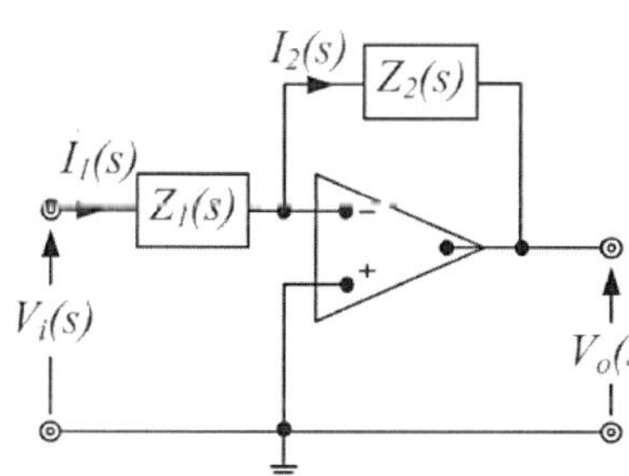

그림 2.19 반전 증폭기형 필터

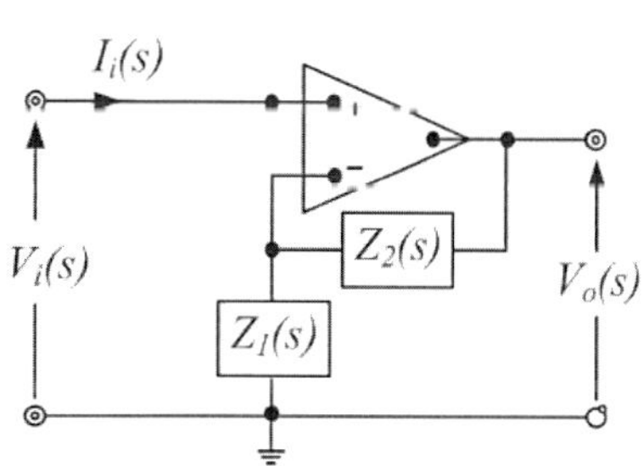

그림 2.20 비반전 증폭기형 필터

반전증폭기 회로이므로 식 (2.50)을 적용하기 위하여

$$Z_1(s) = R_1 \tag{2.52}$$

$$Z_2(s) = R_2 \| \frac{1}{C_2 s} = \frac{R_2}{R_2 C_2 s + 1} \tag{2.53}$$

따라서 전달함수는 다음과 같이 구해진다.

$$H(s) = -\frac{Z_2(s)}{Z_1(s)} = -\frac{R_2}{R_1} \cdot \frac{1}{R_2 C_2 s + 1} \tag{254}$$

이 회로는 1차 LPF의 특성을 나타낸다. 여기서 $R_1 \| R_2 \| R_3$는 병렬 결합된 R_1, R_2와 R_3의 합성용량을 나타낸다. 예컨대 $R_o = R_1 \| R_2$의 의미는 R_o가

$$R_o = R_1 \| R_2 = \frac{1}{\dfrac{1}{R_1} + \dfrac{1}{R_2}} = \frac{R_1 R_2}{R_1 + R_2} \tag{2.55}$$

이라는 것을 표기한 것이다.

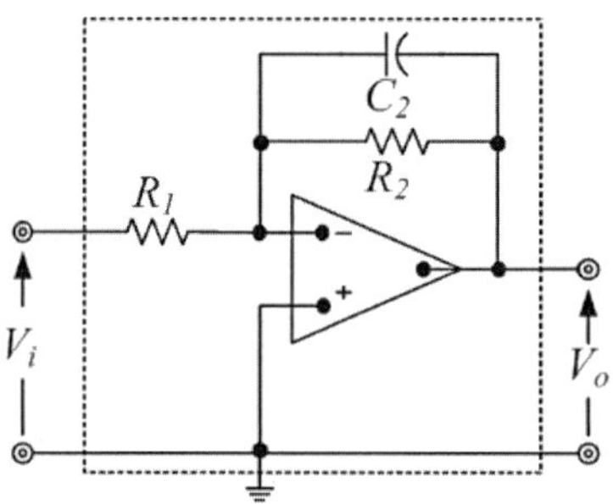

그림 2.21 능동소자 1차 저역통과 필터

예제 2.9 그림 2.22와 같이 정상신호 $s_o(t)$ 중에 노이즈 신호, $s_n(t)$가 혼입되었다. 측정신호는 다음과 같다.

$$\begin{aligned} s(t) &= s_o(t) + s_n(t) \\ &= 20\sin(16\pi t) + 5\sin(320\pi t) \end{aligned} \tag{a}$$

그림 2.23과 같은 LPF를 써서 노이즈 신호를 감쇠시켜라. LPF의 차단주파수를 (1) $\omega_c = 20[rad/\sec]$ 및 (2) $\omega_c = 200[rad/\sec]$으로 설계하는 경우에 RC 값을 구하고 차단주파수에 의한 필터 특성을 설명하라.

[풀이] 주어진 RC회로의 전달함수와 주파수응답을 구하면

$$H(s) = \frac{V_o(s)}{V_i(s)} = \frac{1/Cs}{R+1/Cs} = \frac{1/RC}{s+1/RC} \qquad \text{(b)}$$

$$H(j\omega) = \frac{\omega_c}{j\omega+\omega_c} = \frac{\omega_c}{\sqrt{\omega^2+\omega_c^2}} \angle -\tan^{-1}\left(\frac{\omega}{\omega_c}\right) \qquad \text{(c)}$$

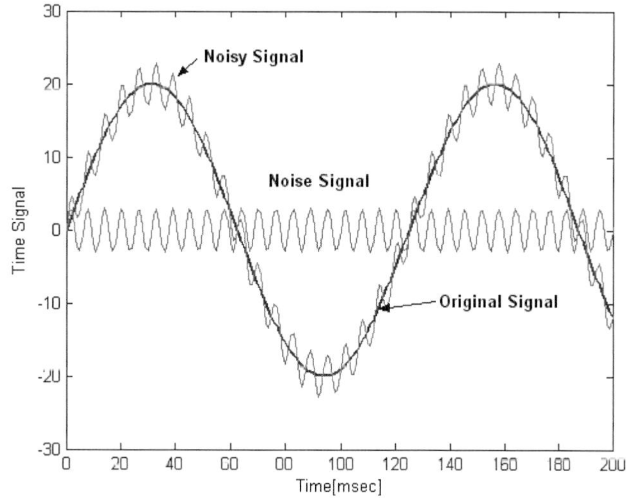

그림 2.22 노이즈 혼합신호

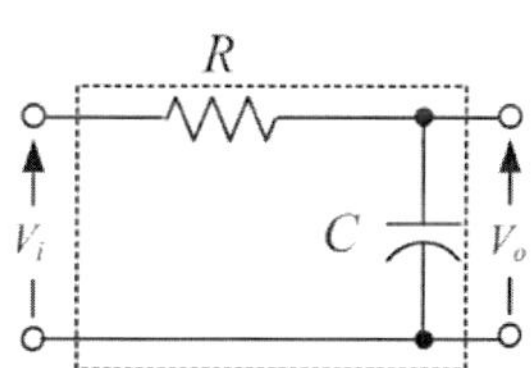

그림 2.23 저역통과 필터

차단주파수는 $\omega_c = 1/RC\,[rad/\sec]$이므로 설계 차단주파수에 대해 RC 값은 다음과 같이 구해진다.

$$(1)\ \omega_c = 20[rad/\sec] \Leftrightarrow RC = 0.05[\sec] \qquad \text{(d)}$$

$$(2)\ \omega_c = 200[rad/\sec] \Leftrightarrow RC = 0.005[\sec] \qquad \text{(e)}$$

각 차단주파수에 대한 주파수응답(Bode 선도) 중 이득을 구하면 그림 2.24와 같다. 이 필터로 주어진 신호를 필터링하면 그림 2.25와 같이 얻어진다. 노이즈이 진폭이 원 신호의 1/4이고 노이즈 주파수도 20배 정도이다. 그림 2.24(a)와 그림 2.25(a)에서 알 수 있는 바와 같이 차단주파수를 $\omega_c = 20[rad/\sec]$로 설계한 경우에는 원 신호 및 노이즈 신호의 주파수보다 저주파이므로 노이즈 성분은 거의 대부분 차단시키는 반면에 원 신호의 이득도 감쇠되는 것을 알 수 있다. 만약 차단주파수를 원 신호와 노이즈 주파수의 중간 값인 $\omega_c = 200[rad/\sec]$로 설계하면 노이즈가 앞의 경우처럼 거의 차단되고 있을 뿐만 아니라 원 신호에 가까운 필터링 신호를 얻을 수 있다. 그렇지만 $\omega_c = 200[rad/\sec]$인 경우에도 이득은 작은 값이지만 일부 감소되는 것을 알 수 있다. 다시 말해서 그림 2.24와 같은 LPF는 $\omega = 0$인 경우에 감소율이 0이나 통과대역에서도 이득은 0[dB] 미만이 됨을 명심해야 한다. 결론적으로 수동필터의 설계에서는 이러한 주파수 특성을 정확하게 파악, 적용해야 한다.

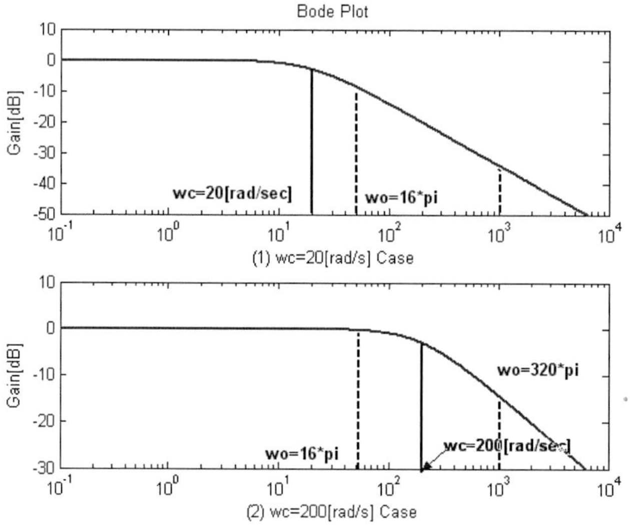

그림 2.24 주파수응답

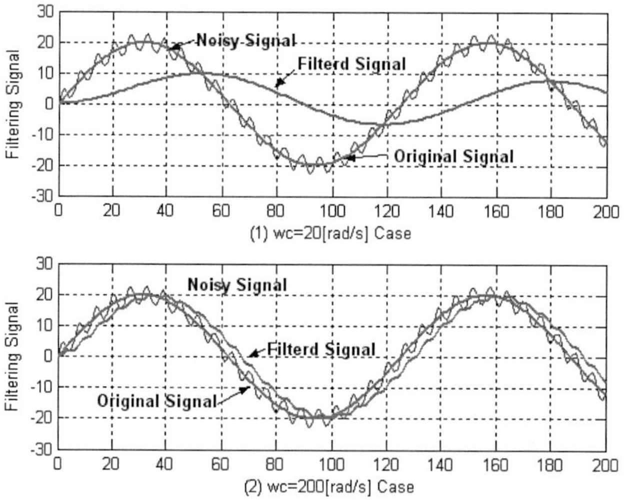

그림 2.25 노이즈 필터링 결과

제2장 연습문제

[문제 2.1] 다음과 같은 회로가 있다. 입력을 V_i, 출력을 V_o라 하는 경우에 다음 물음에 답하라.

(1) 전달함수, $H(s) = V_o(s)/V_i(s)$를 구하라.

(2) 주파수 전달함수, $H(j\omega)$와 이득 및 위상을 구하라.

(3) 그림 P2.1~2.4에 대하여, $RC = 0.25$ 또는 $R/L = 4$이라 가정(구성된 소자)하고 ω =3[rad/sec]인 경우에 주파수 전달함수를 이득과 위상으로 표현하라. 각 경우에 입력을 $v_i(t) = 20\sin(3t + 15^o)$로 인가하면 $v_o(t)$를 페이저 해석으로 구하라.

(4) 그림 P2.5~2.10에 대해 $L = 1[H]$, $R = 5[\Omega]$, $C = 1/6[F]$인 경우, 전달함수와 직류이득을 dB로 구하라.

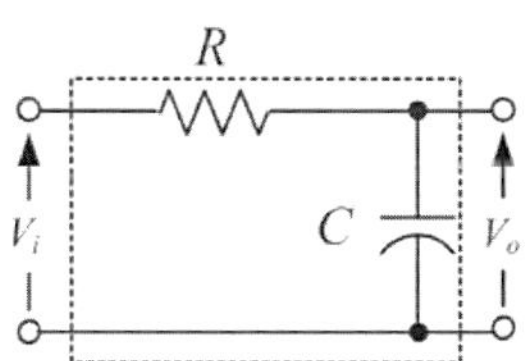

그림 P2.1 RC LPF

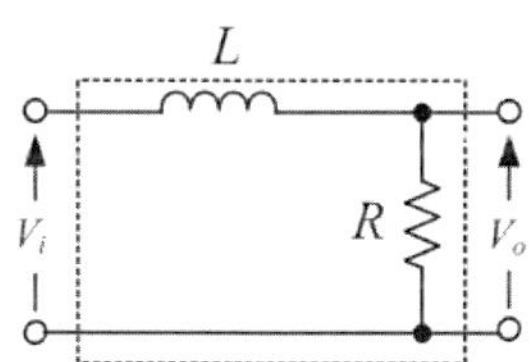

그림 P2.2 RL LPF

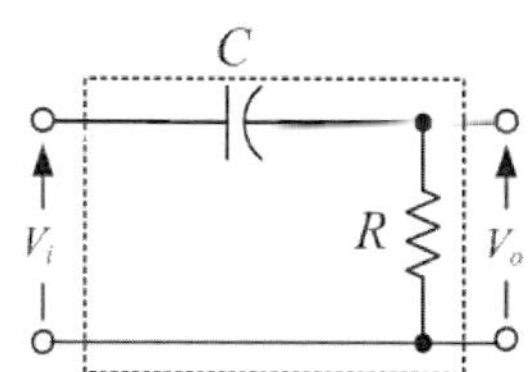

그림 P2.3 RC HPF

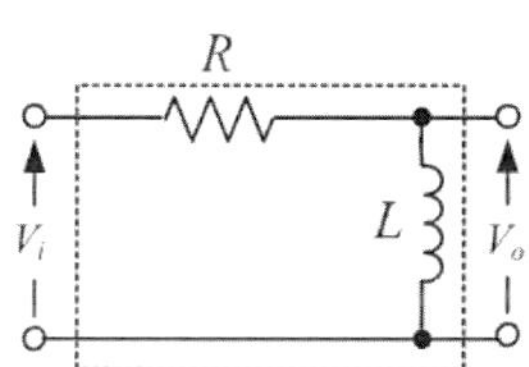

그림 P2.4 RL LPF

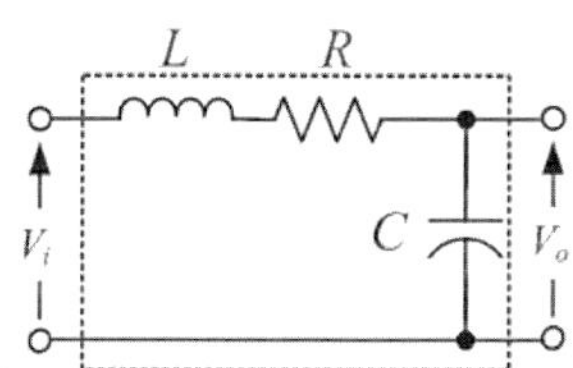

그림 P2.5 RLC LPF

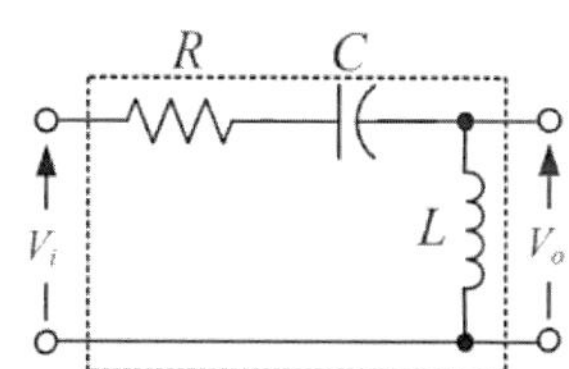

그림 P2.6 RLC HPF

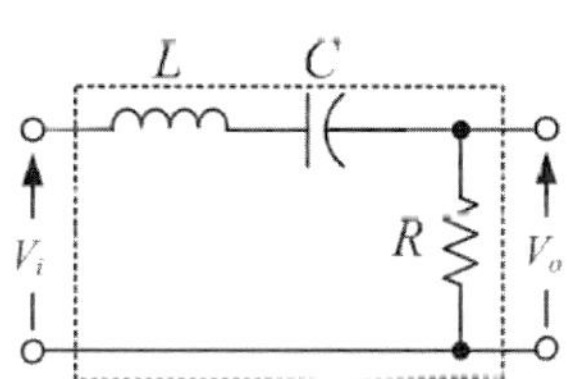

그림 P2.7 직렬 RLC BPF

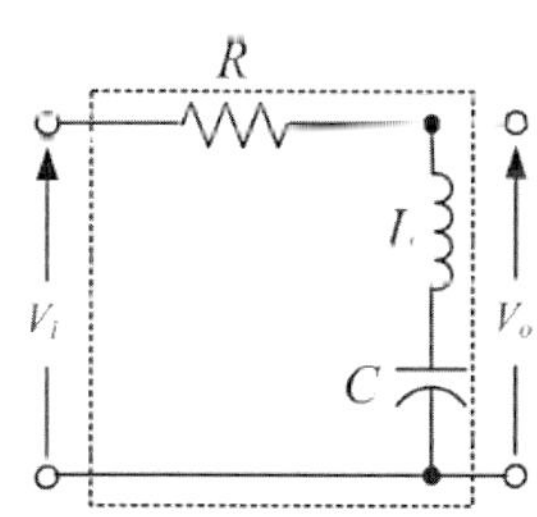

그림 P2.8 직렬 RLC BRF

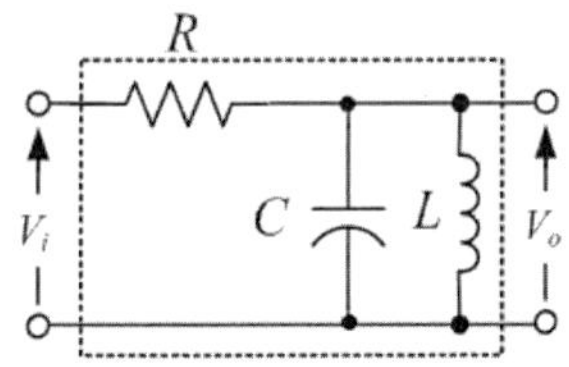

그림 P2.9 병렬 RLC BPF

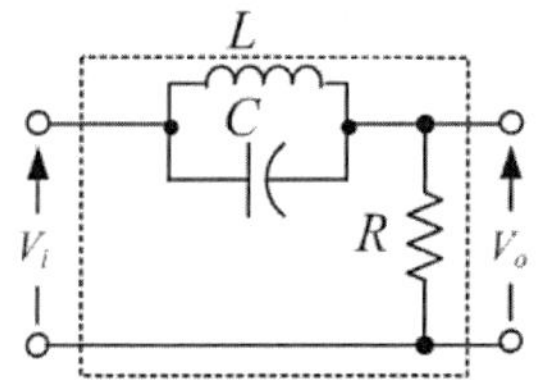

그림 P2.10 병렬 RLC BRF

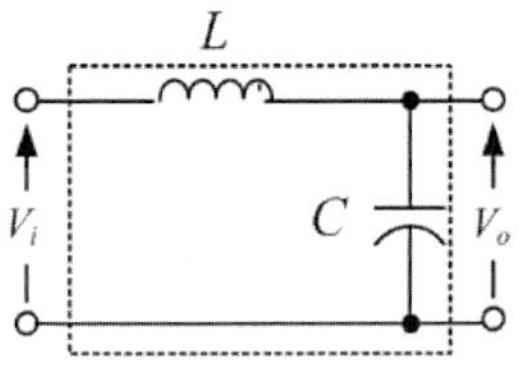

그림 P2.11 정 K형 LPF

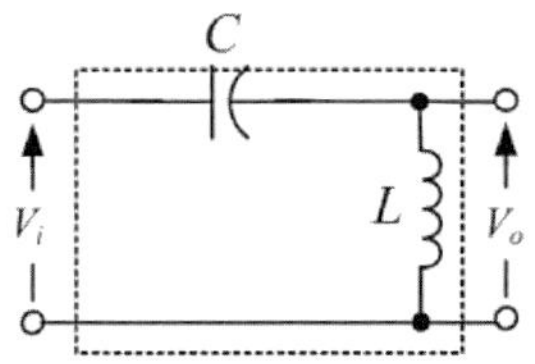

그림 P2.12 정 K형 HPF

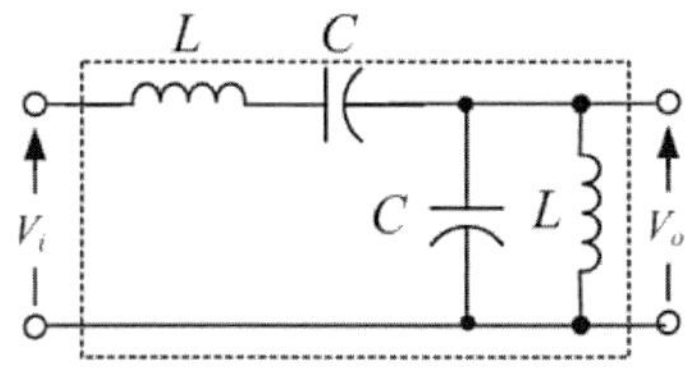

그림 P2.13 정 K형 BPF

제 3 장
주파수응답과 Bode 선도

3.1 주파수응답과 Bode 선도

필터의 입출력을 그림 3.1과 같이 전압으로 가정해 보자. 이때, 선형회로망으로 설계된 필터의 전달함수, $H(s)$는 식 (3.1)과 같이 정의되며 일종의 전압, 전류에 관계된 회로망함수 중 하나이다. 입력의 주파수 모드(frequency mode)는 회로소자들을 통하여 출력으로 나타난다. 이 경우에 출력은 입력주파수 성분을 그대로 포함하고 있지만 입력신호 주파수에 의해 크기와 위상이 변화된다. 이렇게 입력주파수에 따른 시스템의 특성은 전달함수의 주파수 특성 변화로 해석할 수 있다. 이러한 관계식이 주파수 전달함수인 식 (3.2)인 것이다. 결국, 필터 해석이나 설계는 주파수응답을 조사, 분석하여 이득이나 위상을 조절하는데 주파수 특성을 이용하는 것이 목적이다.

$$\frac{V_o(s)}{V_i(s)} = H(s) \tag{3.1}$$

$$\frac{V_o(j\omega)}{V_i(j\omega)} = H(j\omega) \tag{3.2}$$

주파수를 선택하거나 차단 또는 이득의 증폭이나 감쇠 등에 요구되는 목표신호를 얻기 위한 시스템이나 회로를 설계한다는 것은 신호의 주파수응답을 분석하여 이득과 위상에 미치는 특정한 주파수 성분이나 활성대역을 결정하는 일이다. 이와 같이 어떤 목표가 정해지면 그 특성을 얻을 수 있는 적당한 필터를 설계할 수 있어야 한다. 그러므로 신호시스템이나 필터회로의 전달함수를 구하거나 주파수응답(이득과 위상)을 정확하게 해석해야 한다.

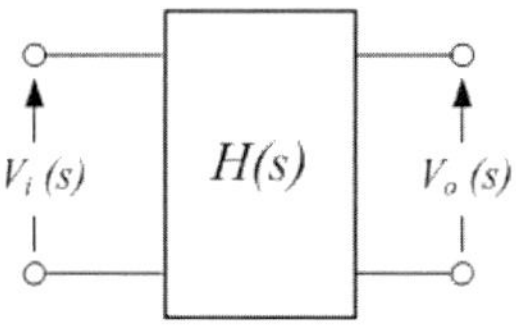

그림 3.1 필터와 신호시스템

그림 3.2는 수동소자로 설계한 전형적인 LPF의 주파수응답 중, 이득 특성을 나타낸다. 일반적으로 LPF는 차단주파수를 중심으로 그 이하의 주파수 대역을 통과시키고(pass band) 그 이상의 주파수 성분을 차단하도록(stop band) 설계된다. 여기서 '통과시킨다'라는 것은 이 범위의 주파수영역에서 이득이 특정 값, 즉, -3[dB] 이상이라는 것을 의미한다. 사실 차단주파수에서 이득은 직류이득에 대해 30[%] 정도 감쇠되고(직류이득의 $1/\sqrt{2} \fallingdotseq 0.707$, 70.7[%] 되는 이득) 이 주파수로부터 이득이 일정하게 감쇠되는 것이다. 이 영역을 차단영역(stop band)이라 정의하는 것이다.

LPF의 이상적인 특성은 차단주파수에서 이득곡선이 수직이어야 한다. 여기서 이상적인 특성이란 차단주파수 이하의 주파수에서의 이득이 직류이득과 같고 차단주파수 이후 주파수에서는 이득이 0이어야 함을 의미한다. 하지만 필터의 설계방식이나 구현하는 소자에 따라 차이가 있긴 하지만 실용회로로 그런 이상적인 특성을 얻기는 불가능하다. 그림 3.2는 실제의 수동소자로 설계한 LPF 특성의 한 예로 차단주파수 이후의 주파수영역에서는 감쇠가 완만한 천이 특성(transition characteristic)을 나타낸다. 따라서 실용회로에서 감쇠 영역의 기준 주파수를 직류이득에 대해 3[dB]($1/\sqrt{2} = 0.707$)로 감쇠되는 주파수를 차단주파수로 정의하여 사용한다. 차단주파수를 경계로 하여 감쇠 또는 증가율은 필터의 차수에 비례한다.

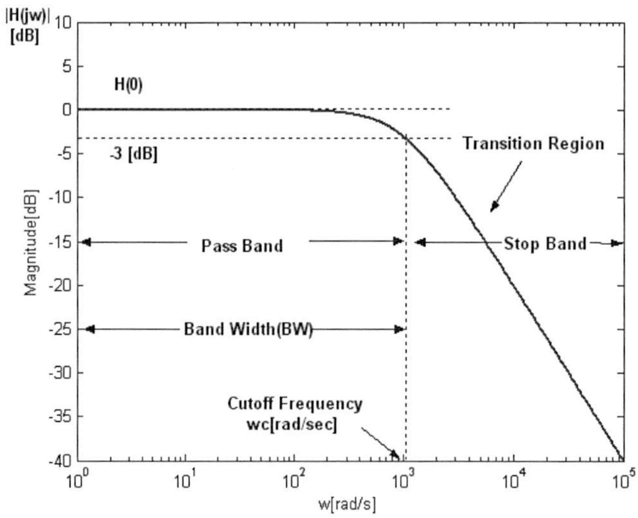

그림 3.2 전형적인 저역통과 필터의 이득곡선

결국, 필터 설계란 대상 신호의 주파수 특성을 분석하여 필요한 신호의 선별 또는 차단하는 방법을 찾아내는 프로세스이다. 또한 기본 필터의 특성을 이해하여 설계신호의 목표에 합당한 필터를 선택하여 적용하는 일인 것이다. 따라서 신호시스템이나 필터 상호간의 주파수 특성을 정확하게 해석하는 것이 기본이다.

한편, 필터 설계에서 자주 사용되는 용어 중, 주파수 차단(stop/reject/cutoff)이나 통과(pass)란 실제로 어떤 의미인지 정확하게 정의해둘 필요가 있다. 다음 예를 통해 차단 또는 통과의 의미를 검토해보자. 기본주파수가 $\omega_o = 20\pi(f_o\text{=}10[\text{Hz}])$로 주어지는 다음과 같은 신호를 가정한다.

$$\begin{aligned} s(t) &= s_1 + s_3 + s_5 + s_7 \\ &= 5\sin(\omega_o t) + 2\sin(3\omega_o t) + 0.5\sin(5\omega_o t) + 0.2\sin(7\omega_o t) \end{aligned} \qquad (3.3)$$

그림 3.3은 측정신호를 나타낸다. 이 신호를 Fourier 변환으로 진폭 스펙트럼을 구하면 그림 3.4(a)와 같다. 이와 같은 분석결과를 토대로 측정신호 성분 중에서 기본주파수 신호만 얻을 수 있도록 $\omega_o = 20\pi(f_o\text{=}10[\text{Hz}])$이므로 $\omega_c = 40\pi(f_c = 20[\text{Hz}])$의 차단주파수를 가진 LPF를 설계한다고 가정한다. 이때 필터는 기본주파수 신호, s_1을 통과시키고, 고조파인 $s_3 \sim s_7$의 주파수 성분은 차단되도록 설계한다.

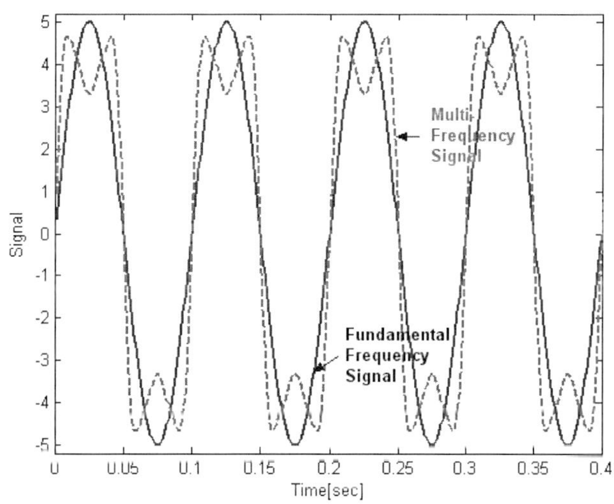

그림 3.3 측정신호와 기본파 신호

필터링 후 이득은 직류이득의 96[%](대략 -0.4[dB])로 크게 감소하지 않고 유지되어 전달되는 양호한 특성을 나타낸다. 즉, 기본주파수 성분은 거의 감쇠 없이 필터의 출력으로 나타난다고 할 수 있다. 하지만 제3, 5 및 7차 고조파는 필터에서 차단(cutoff) 되는데 이것은 이 주파수 성분의 신호는 이득 감쇠가 매우 커서 필터의 출력으로 나타나지 않는다는 것을 의미하는 것이다. 이 결과를 그림 3.4(b)로 확인할 수 있다.

필터의 주파수응답은 주파수 성분 각각에 대한 이득의 감쇠 특성을 나타낸다. 따라서 다중주파수

신호들(multi-frequency signal)이 혼합된 신호에 대하여, LPF를 적용하면 차단주파수 이상의 모든 주파수 신호들은 감쇠가 크게 된다. 이때 차단되는 대역의 신호들 진폭들의 평균치만큼 필터 출력의 전체 평균치도 감소된다. 이러한 감쇠 정도는 그림 3.2의 대역의 이득 특성과는 직접적인 관계가 없다는 것을 주목해야 한다.

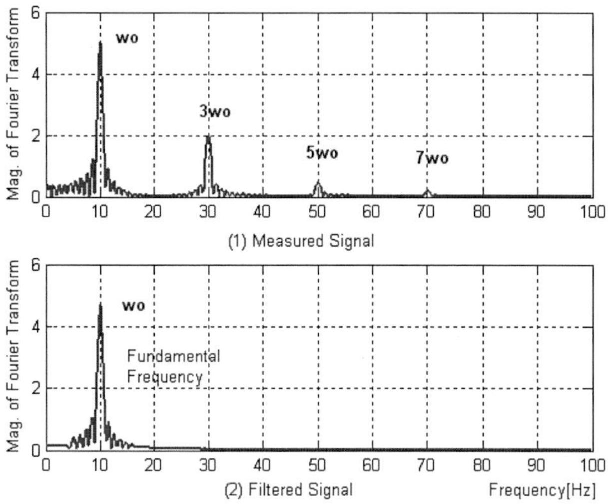

그림 3.4 진폭 스펙트럼 특성

※ Bode 선도의 특징

정현파 입력으로 동작하는 시스템의 응답은 전달함수의 주파수 특성에 의해 지배된다. 모든 신호들은 기본파와 무수한 고조파 성분의 신호들로 구성되어 있으므로 2.5절의 주파수영역 해석법을 이용하여 주파수 특성을 분석할 수 있다. 전달함수는 주파수 성분에 종속된 복소함수이므로 어느 함수나 주파수 성분에 따라 크기와 위상이 변화된다. 주파수 전달함수가 $H(j\omega)$라 하면

$$H(j\omega) = g(\omega) \angle \phi(\omega) \tag{3.4}$$

여기서 $g(\omega) = |H(j\omega)|$는 $H(j\omega)$의 절대치, 즉, 이득(gain/magnitude/amplitude)이고 $\phi(\omega)$는 $H(j\omega)$의 편각(argument), 즉 위상(phase)을 나타낸다. 일반적으로 입력주파수에 대한 이득과 위상 변화를 나타낸 것을 이득곡선(gain/magnitude curve) 및 위상곡선(phase curve)이라 한다.

※ 전달함수의 주파수응답

(1) 주파수 전달함수 : 전달함수의 주파수 특성($s = j\omega$)

$$H(j\omega) = |H(j\omega)| \angle H(j\omega) = g(\omega) \angle \phi(\omega)$$

(2) 이득곡선(Gain/Magnitude Curve) :

주파수 변화에 대한 이득 변화 특성 : $\omega - g(\omega)$ 곡선

(3) 위상곡선(Phase Curve) :

주파수 변화에 대한 위상 변화 특성 : $\omega - \phi(\omega)$ 곡선

주파수 변화에 대하여 이득과 위상곡선을 별도의 그래프로 작도한 것을 Bode 선도(Bode plot or diagram, 보드선도)이라 한다. 물론 주파수 함수인 $H(j\omega)$의 주파수 변화 특성을 복소평면에 나타낸 Nyquist 선도(Nyquist plot)나 다른 도식적 방법을 이용할 수도 있으나, 본 저서에서는 Bode 선도에 의한 해석법만 다룬다. 일반적으로 도식적 해석방법은 주파수 변화에 대한 전달함수의 이득과 위상 변화를 시각적으로 이해하기 쉬우므로 학습하는데 도움을 준다.

신호처리시스템이나 필터에 있어서 낮은 주파수 대역이나 일정 주파수영역에서의 이득이나 위상 변화를 해석하는 경우에는 주파수 축을 선형눈금(linear scale)으로 사용하기도 한다. 하지만 주파수 특성을 응용하는 시스템의 설계에서는 낮은 주파수로부터 고주파 영역까지 아주 광범위한 주파수에 대한 특성 해석이 필요한 경우가 많다. 따라서 선형눈금을 사용하는 일반 응답곡선에 비해 주파수 축을 대수눈금(log scale)으로 하는 응답곡선을 이용하는 것이 광대역 주파수 특성을 해석하는데 편리하다. 주파수 축을 대수눈금으로 나타낸 그래프를 일명 Bode 선도이라 한다. 이때 이득곡선을 $\log_{10}\omega - g(\omega)$ 또는 $\log_{10}\omega - 20\log_{10} g(\omega)$[dB]로, 위상곡선은 $\log_{10}\omega - \phi(\omega)$로 직각좌표 상에 나타내는 방식을 사용한다. (참고로 상용대수, $\log_{10} x$와 $\log x$로 표기를 혼용하고 자연대수, $\log_e x$는 $\ln x$로 표기한다.)

Bode 선도는 다음과 같은 특징이 있다.

① 주어진 전달함수에 대한 이득곡선과 위상곡선을 알면 안정한 시스템에 대하여 주어진 입력에 의한 출력의 크기와 위상변화를 쉽게 해독할 수 있다. 물론, 주파수응답 특성, 즉 이득, 위상, 대역폭(band width), 공진첨두치(peak resonance value), 차단주파수 등을 간단히 측정할 수 있을 뿐만 아니라 필터의 성질도 쉽게 파악할 수 있다.

② 신호시스템을 모델링하는 경우에 직접 미분방정식이나 전달함수를 구하는 것에 비하여 주파수응답은 간단한 계측장비(주파수응답 측정 장치 또는 신호발생기와 오실로스코프)에 의해 용이하게 얻을 수 있다. 이렇게 얻어진 Bode 선도를 이용하면 주파수 전달함수를 추정할 수 있다.

③ 주파수 전달함수의 이득이 곱셈으로 표시된 여러 개의 요소들이 대수 좌표 상에서는 각 성분이 합 또는 차로 표기되므로, 계산 상 취급이 용이하다. 또한, 점근선으로 실제 선도에 근사화시킬 수 있으므로 복잡한 주파수 전달함수도 기본형의 결합으로 쉽게 작도할 수 있다.

3.2 Bode 선도의 도입

필터를 설계하는 경우에 주파수응답의 해석과 이득 및 위상 특성을 나타내는 Bode 선도의 작도

과정을 살펴보자. 일종의 LPF로 그림 3.5와 같은 간단한 RL 직렬회로를 예($L=2[H]$, $R=20[\Omega]$로 가정)로 들어, (1) 필터회로의 전달함수 유도, (2) 주파수 전달함수와 주파수응답, (3) 주파수응답의 계산과 응답의 도식적 표현, (4) Bode 선도의 결과로부터 필터의 특징을 설명한다. 이 예를 통하여 주파수응답 해석에 사용되는 Bode 선도의 특징을 이해할 수 있을 것이다.

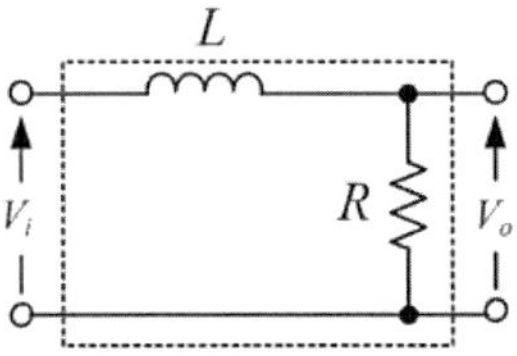

그림 3.5 RL 저역통과 필터

(1) 전달함수

주어진 필터회로에 대하여 주파수영역인 s 영역(s domain)에서 회로법칙을 이용하여 전달함수를 구한다. 이 경우에 신호시스템에서 입력과 출력이 반드시 정의되어야 하며 모든 초기치는 0으로 하고 회로는 정상상태(steady-state)로 동작한다고 가정한다. 그림 3.5에 분압법칙을 적용하면 입출력 전압 사이에 다음과 같은 전달함수를 구할 수 있다.

$$\frac{V_o(s)}{V_i(s)}=H(s)=\left.\frac{R}{Ls+R}\right|_{L=2,\ R=20}=\frac{10}{s+10} \tag{3.5}$$

(2) 주파수 전달함수와 주파수응답

일반적으로 s 영역의 전달함수도 복소함수이다. 정상상태에서 전달함수는 입력주파수 성분에 의해 크기와 위상 등 특성이 결정된다. 즉, $s=j\omega$로 치환하여 이를 주파수 전달함수(frequency transfer function)라 정의한다. 식 (3.5)에 대하여

$$H(s)|_{s=j\omega}=H(j\omega)=\frac{10}{j\omega+10}=g(\omega)\angle\phi(\omega) \tag{3.6}$$

식 (3.6)은 복소함수이므로 크기인 이득과 편각인 위상을 다음과 같이 구할 수 있다.

① 이득 : $g(\omega)=\frac{10}{\sqrt{\omega^2+10^2}}$ (3.7)

② 위상 : $\phi(\omega)=-\tan^{-1}(\frac{10}{\omega})$ (3.8)

이때 주파수에 의한 이득과 위상의 크기를 주파수응답(frequency response)이라 한다. 특히, 필터나 증폭기와 같은 주파수응답 설계분야에서는 이득 변화가 매우 커서 다음과 같이 dB 단위로 표기하기도 한다.

$$g(\omega) = 20\log|H(j\omega| = 20\log\left(\frac{10}{\sqrt{\omega^2+10^2}}\right)\ [dB] \tag{3.9}$$

(3) 주파수응답의 계산과 도식적 표현

필터 특성은 주파수 변화에 대한 이득과 위상을 구하여 해석한다. 이때 주파수영역은 설계 목적에 따라 일정한 범위를 해석 대상으로 선택하게 된다. 예컨대, 그림 3.5와 같은 수동필터는 1[㎒] 이하에서만 정상적으로 동작 가능하므로 이 회로의 주파수 해석은 1[㎒] 이하에서의 특성만 유효하다. 하지만 오디오 필터 등의 설계는 가청주파수(audio frequency)인 20[Hz]~20[㎑]를 중심으로 이루어진다. 결국 $\omega = 0 \sim \infty$에 대한 특성을 알 수 있으면 일정 부분의 주파수 영역에 대한 특성도 알 수 있다.

그림 3.5와 같은 수동회로의 주파수응답은 식 (3.7)~(3.9)를 이용하여 구한다. 특성을 그래프로 나타내기 위해서는 주파수에 대한 이득과 위상을 계산해야 한다. 하지만 계산할 주파수 범위가 넓으므로 계산기나 수작업으로 특성을 파악할 수 있는 대표적인 주파수에 대한 값들을 계산하여 그래프로 작도하는 것이 일반적이다. 이때 계산된 결과들도 그래프로 그리거나 관련 특성을 해석하기에 편리하도록 주어져야 한다. 표 3.1은 주파수 전달함수 식 (3.6)에 대하여 대표적인 특성을 나타내는 주파수에 대한 이득과 위상을 구한 것이다.

표 3.1 이득과 위상의 계산 표

주파수 ω [rad/sec]	이득		위상 [°]
	–	[dB]	
0.0	1.0000	0.0000	0.0000
0.1	1.0000	−0.0004	−0.5729
…	…	…	…
1.0	0.9950	−0.0432	−5.7106
2.0	0.9806	−0.1703	−11.3099
…	…	…	…
10.0	0.7071	−3.0103	−45.0000
…	…	…	…
100.0	0.0995	−20.0432	−84.2894
…	…	…	…
∞	0	−∞	−90.0000

실제로 분석 주파수의 대역이 한정된 범위일지라도 식 (3.7)~(3.9)를 이용하여 이득과 위상을 구한다는 것은 매우 지루하고 번잡한 일이다. 주파수에 대한 이득과 위상은 matlab과 같은 수치해석 응용 프로그램이나 pspice와 같은 회로설계 프로그램을 이용하면 쉽게 구할 수 있다. 물론 이러한 프로그램을 이용하면 주파수응답 계산은 물론, Bode 선도 작도, 필터 해석과 설계도 가능하다. 어느 분야도 마찬가지이지만 응용 프로그램은 기본적인 개념과 이론을 학습하는 것과 병행하여 사용하는 것이 바람직하다.

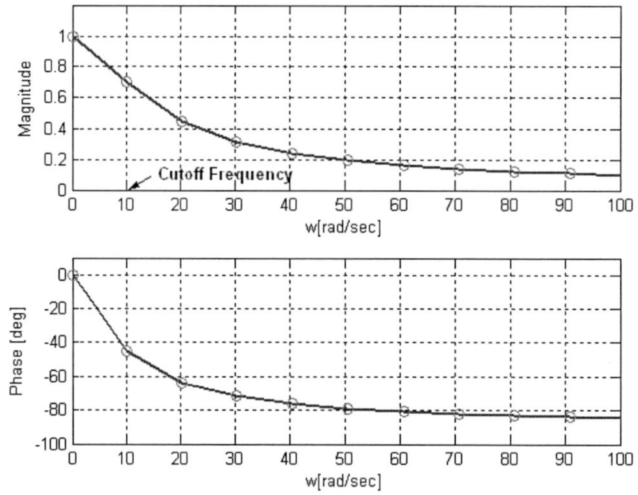

그림 3.6 선형눈금의 이득 및 위상곡선

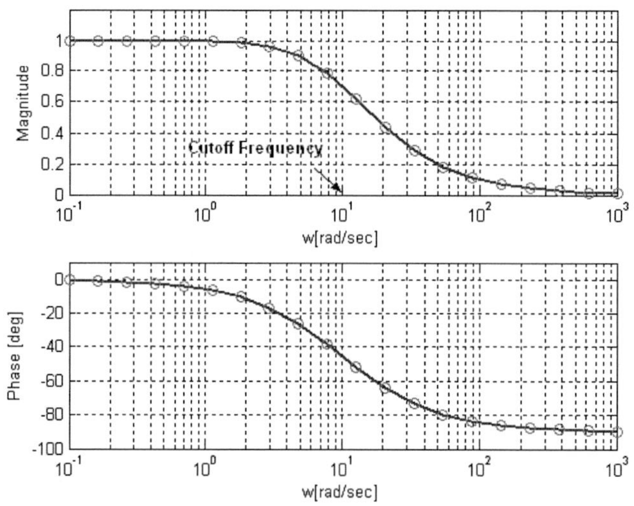

그림 3.7 대수눈금 x축과 이득 및 위상곡선

그림 3.6은 식 (3.7) 및 (3.8)을 이용하여 그려진 이득 및 위상곡선이다. 이 결과는 주파수 범위가 ω=0~100[Hz]로 일정한 주파수 간격(x축)으로 구한 이득과 위상(y축)을 이용하여 xy 축을 선형눈금으로 나타낸 것이다. 한편 그림 3.7(a)는 x축을 대수눈금($\log_{10}x$)으로 하고 y축을 선형눈금으로 나타낸 이득곡선이다. 이때 주파수 범위는 ω=0~1,000[Hz]로 그림 3.6보다 10배 확장하였다. 2 과정이 계산이나 작도 과정 모두가 번거로운 작업이다. 하지만 그림 3.6과 3.7을 비교해보면 2개의 그래프가 다른 특성처럼 보인다는 사실에 주목해야 한다. 실제로 그림 3.7이 필터의 주파수 특성을 잘 표현하고 있다는 사실이다.

그림 3.8은 주파수 축을 선형눈금 및 대수눈금으로 한 경우, y축을 하나는 선형눈금(그림

3.8(a))으로 다른 하나(그림 3.8(b))는 dB 눈금($20\log_{10}y\,[dB]$)으로 나타낸 이득곡선을 나타낸다. 그림 3.8(a)는 전체 주파수가 균등하므로 모든 영역에서 각각의 주파수에 대한 계산 결과들이 동일한 효과를 나타낸다. 하지만 주파수 범위를 10배, 또는 100배로 확장하면 이 그래프 x축 최대범위 이후의 확장부분은 감쇠 특성에서 의미 있는 변화가 나타나지 않는다. 이러한 특징은 선형눈금의 주파수 응답인 그림 3.6(b)의 위상곡선에서도 동일한 특징으로 나타나는 것을 알 수 있다. 따라서 그림 3.8(a)은 LPF의 주파수응답임에도 불구하고 차단주파수 이하에서 이득 특성을 구체적으로 판단하기 쉽지 않다.

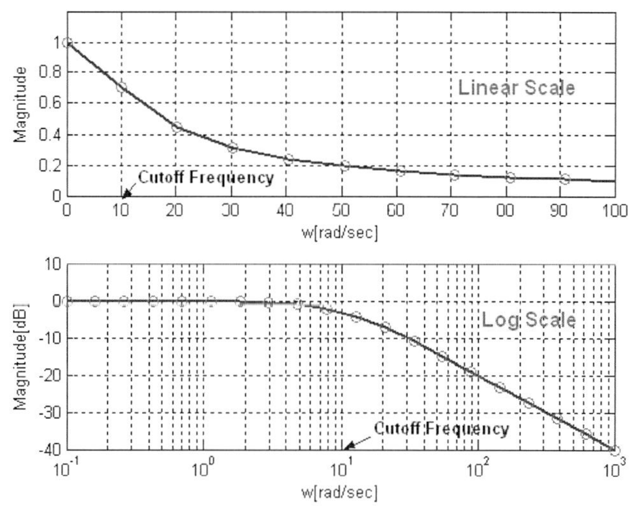

그림 3.8 이득곡선 예

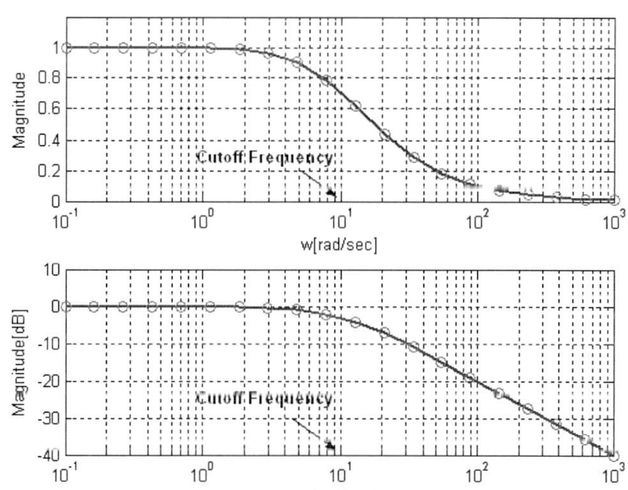

그림 3.9 대수눈금 x축과 이득 특성

이에 비하여 그림 3.8(b)는 ω=100, 또는 1,000[rad/sec]에서의 이득이 -20[dB] 또는 -40[dB]로

표시되므로, 선형눈금인 그림 3.8(a)에서 이득 0.1 또는 0.01 보다 해석에 유효하다. 또한 차단주파수 이하의 낮은 주파수영역에 이득의 변화로부터 이 특성이 LPF임을 구체적이며 정확하게 파악할 수 있다. 결과적으로 동일한 전달함수에 대한 이득곡선임에도 불구하고 차단주파수 전후를 보면 그림 3.8(b)가 그 특징을 잘 분석할 수 있다는 것도 알 수 있다. 선형눈금 그래프 그림 3.6에 비하여 대수 눈금을 이용하면 이득의 곱셈이나 나눗셈이 덧셈이나 뺄셈으로 이루어지므로 주파수응답 계산이 좀 더 수월해진다. 그림 3.9는 x축을 대수로 나타낸 이득곡선으로 그림 3.9(a)는 단위가 없는 이득을, 그림 3.9(b)는 dB로 이득을 나타낸 것이다. 2개의 특성이 동일한 것이나 그림 3.9(b)는 필터 이득의 감쇠율 또는 증폭률을 해석, 설계하는데 좀 더 유용한 편이다. 반면, 그림 3.9(a)는 차단주파수 이후의 감쇠율 변화가 뚜렷하게 나타나는 특징이 있다.

3.3 Bode 선도의 특성

3.2절에서는 필터의 해석과 설계에 주파수응답의 필요성과 주파수에 의한 이득 및 위상 변화를 그래프로 나타내는 Bode 선도의 도입 과정을 기술하였다. 이때 선형눈금과 대수눈금을 사용할 경우에 특성도 설명하였다. 이 절에서는 다음과 같은 주파수 전달함수 식 (3.10)에 대한 Bode 선도의 특징을 간단히 정리한다.

$$H(j\omega) = |H(j\omega)| \angle H(j\omega) = g(\omega) \angle \phi(\omega) \tag{3.10}$$

※ 보드선도 (Bode Plot or Diagram)

(1) 주파수응답을 이득곡선과 위상곡선으로 분리하여 작도함

(2) 이득곡선 : $\omega - g(\omega)$, 위상곡선 : $\omega - \phi(\omega)$

(3) x축의 주파수를 대수눈금으로 표기 : $\log_{10}\omega$ [rad/sec]

이득곡선 y축은 선형눈금이나 또는 dB 눈금으로 표시함

$$g(\omega) = 20\log|H(j\omega)|\ [dB]$$

주파수 전달함수, 식 (3.10)의 이득 및 위상 특성을 나타낼 때, 주파수를 나타내는 x축을 대수눈금으로 사용한다. 이 방식의 이득 및 위상곡선을 Bode 선도라 한다. 주파수 축을 대수눈금으로 하면 넓은 범위의 주파수 특성을 분석하기 쉽고 이득의 대수 연산은 전달함수의 합성 등 Bode 선도의 작도를 간편하게 하는 특징도 있다.

주파수응답 중 이득은 주로 데시벨(decibel: dB) 단위로 나타낸다. 일반적으로 데시벨은 전송시

스템에서 회로들의 전력손실이나 에너지전달 등을 다룰 때 전력비(power ratio)나 전력손실비 (power loss rate)를 나타내는 계량 척도이다. 예를 들어, 2개 종속회로의 입출력 사이의 전력비를 표현하면

$$\eta_o = \frac{P_o}{P_i} = \frac{P_1}{P_i} \times \frac{P_o}{P_1} = \eta_1 \eta_2 \tag{3.11}$$

이다. 이 식에 대수를 취하면 전력비는 다음과 같이 덧셈으로 구해진다.

$$\log_{10} \frac{P_o}{P_i} = \log_{10}(\eta_1) + \log_{10}(\eta_2) \tag{3.12}$$

처음에는 식 (3.12)의 단위를 bel(Alexander Graham Bell의 성)로 하였다가 이 값은 매우 큰 값이므로 del의 1/10 (십진수: decimal number)로 취하여 그 단위를 dB로 쓰고 데시벨(decibel)로 읽었다. 즉, dB의 단위의 전력비는 다음과 같이 정의한다.

$$\text{(1) 전력 : } g_p = 10 \log_{10} \frac{P_o}{P_i} \text{ [dB]} \tag{3.13}$$

식 (3.13)로부터 전압비 또는 전류비는 다음과 같이 정의된다.

$$\begin{aligned} \text{(2) 전압/전류 : } g &= 10\log_{10} \frac{|V_o|^2/R}{|V_i|^2/R} = 10\log_{10} \frac{|I_o|^2 R}{|I_i|^2 R} \\ &= 20\log_{10} \frac{|V_o|}{|V_i|} \text{[dB]} = 20\log_{10} \frac{|I_o|}{|I_i|} \text{ [dB]} \end{aligned} \tag{3.14}$$

Bode 선도에 사용하는 이득의 데시벨 정의는 식 (3.14)와 같은 신호 전송비의 정의에서 인용한 것이다. 따라서 데시벨은 전압비, 전류비뿐만 아니라 전류-전압비, 전압-전류비 그리고 전달함수의 이득에서도 사용된다. 결국 모든 신호비의 이득을 나타내는데 쓸 수 있다. 즉 입력과 출력 사이의 전달함수를

$$\frac{Y(j\omega)}{X(j\omega)} = H(j\omega) = \frac{N(j\omega)}{D(j\omega)} \tag{3.15}$$

인 경우에 입출력 사이의 전달함수의 dB 이득은 다음과 같이 정의된다.

$$h_g - 20\log_{10} \frac{|N(j\omega)|}{|D(j\omega)|} = 20\log_{10} |H(j\omega)| \text{ [dB]} \tag{3.16}$$

여기서 $D(j\omega)$ 및 $N(j\omega)$는 각각 $H(j\omega)$의 분모 및 분자다항식이다.

※ Bode 선도의 특징

(1) 입력신호 주파수에 의한 출력신호의 크기와 위상 변화 해석

(2) 이득, 위상, 대역폭, 차단주파수, 필터 특성의 해석

(3) 주파수응답 계측장치로 측정이나 분석 가능

(4) 전달함수의 크기가 곱셈인 요소들을 대수적 합으로 연산

(5) 회로의 주파수응답을 넓은 주파수 범위로 표현 가능

(6) 감쇠 또는 증폭률을 dB로 표시함으로써 특성 파악이 용이

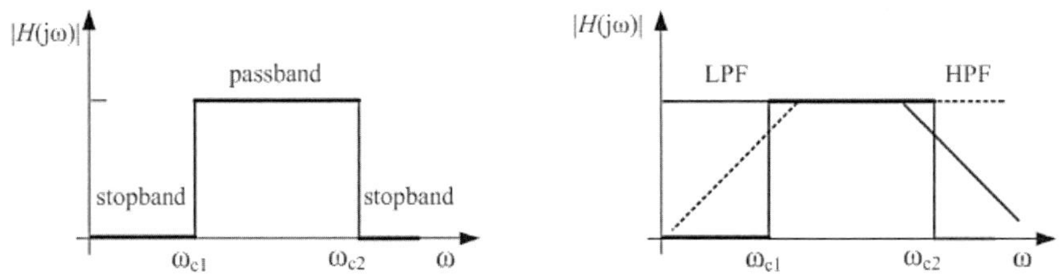

(a) BPF (b) BPF 구성

그림 3.10 대역통과 필터

dB 이득을 사용하는 경우의 특징을 검토하기 위하여 그림 3.10(a)와 같은 BPF를 그림 3.11과 같은 2 종류의 필터를 이용하여 구성하기로 하고 그 설계 과정을 예로 들어보자.

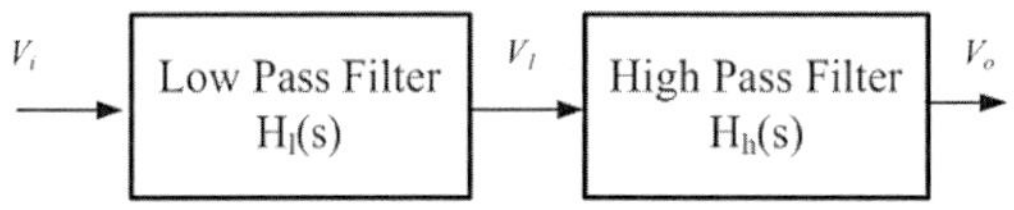

그림 3.11 대역통과 필터의 구성 예

이때 그림 3.11과 그림 3.10(b)를 고려하여 BPF의 상한 및 하한 차단주파수(ω_{c1} 및 ω_{c2})를 다음과 같이 구성한다.

(1) 높은 영역의 차단주파수(ω_{c2})는 LPF로 설계

(2) 낮은 영역의 차단주파수(ω_{c1})는 HPF로 설계

여기서 2개의 차단주파수 사이가 이 필터의 대역폭이다. (자세한 설계 과정은 5.3.2절에서 다루어질 것이다.)

그림 3.11 필터의 전달함수는 다음과 같은 2가지 형태로 표현할 수 있다.

$$H_o(s) = H_l(s)H_h(s) = \frac{\omega_{c2}}{s+\omega_{c2}} \times \frac{s}{s+\omega_{c1}} \tag{3.17}$$

$$H_o(s) = \frac{\omega_{c2}s}{s^2+(\omega_{c1}+\omega_{c2})s+\omega_{c1}\omega_{c2}} \tag{3.18}$$

구체적인 특징을 분석, 설명하기 위하여 ω_{c1}=20 및 ω_{c2}=2,000[rad/sec]로 가정한다. 따라서 식 (3.17) 및 (3.18)의 주파수 전달함수는

$$H_o(j\omega) = H_1(j\omega) \times H_2(j\omega) = \frac{2000}{j\omega + 2000} \times \frac{j\omega}{j\omega + 20} \tag{3.19}$$

$$H_o(j\omega) = \frac{j2000\omega}{(40000 - \omega^2) + j2020\omega} \tag{3.20}$$

식 (3.19)에 대한 이득은 다음과 같이 각각의 이득을 곱으로 계산할 수 있다.

$$|H_o(j\omega)| = |H_1(j\omega)H_2(j\omega)| = |H_1(j\omega)| \times |H_2(j\omega)| \tag{3.21}$$

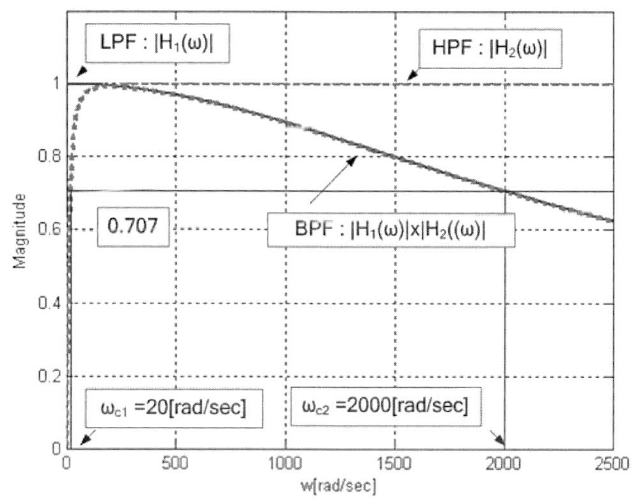

그림 3.12 선형눈금으로 구한 이득 특성

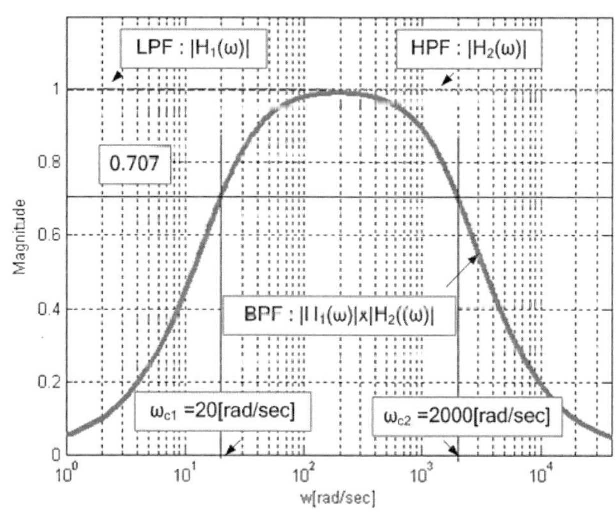

그림 3.13 주파수를 대수 축으로 한 경우

그림 3.12는 식 (3.21)에서처럼 $|H_1(j\omega)|$과 $|H_2(j\omega)|$를 곱한 결과를 선형눈금으로 나타낸 것이다. 반면에 그림 3.13은 주파수 축을 대수눈금으로 나타낸 것으로, 그림 3.13은 그림 3.12에 비하여 BPF 대역폭은 물론 의 저주파 특성을 쉽게 파악할 수 있다. 더구나 이득을 대수 연산을 이용하면 다음과 같이 각각의 dB 이득을 덧셈으로 구할 수 있다.

$$\begin{aligned} 20\log|H_o(j\omega)| &= 20\log|H_1(j\omega)\times H_2(j\omega)| \\ &= 20\log|H_1(j\omega)| + 20\log|H_2(j\omega)| \text{ [dB]} \end{aligned} \qquad (3.22)$$

식 (3.22)처럼 dB 이득으로 이득곡선을 구해보면 그림 3.14와 같다. 그림 3.13과 3.14를 비교해 보면 x-y축 모두 선형눈금인 그림 3.12보다 활성영역(active region)의 특성 해석이 보다 쉽게 파악할 수 있다는 것을 알 수 있다. 한편 x축을 대수눈금인 그림 3.13과 3.14는 그 특성이 유사하게 나타난다. 이들 사이의 차는 그림 3.13은 전체 이득을 각 이득의 곱으로 계산한 반면에 그림 3.14는 이득 계산에 덧셈을 이용한다는 점이다. 필터의 이득 특성을 그려 분석하거나 감쇠율을 설계하는 경우에는 그림 3.14와 같이 dB로 표현하는 것이 보다 편리하다. 식 (3.21)에 따르면 이득은 $|H_1(j\omega)|$와 $|H_2(j\omega)|$의 dB로 연산하는 경우에는 식 (3.22)처럼 대수적 합으로 주어지므로 해석과 설계가 편리하게 이루어짐을 확인할 수 있다.

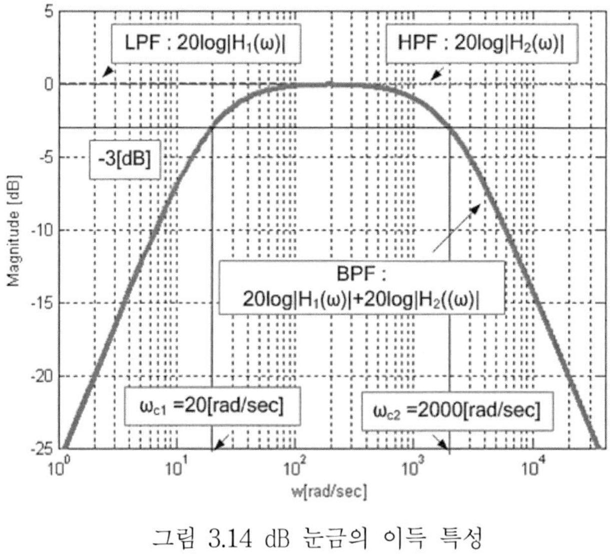

그림 3.14 dB 눈금의 이득 특성

그림 3.11과 같은 구조를 설계하는 경우, 상한 차단주파수를 HPF의 차단주파수로 ω_{c2} =2,000[rad/sec]라 하고 하한 차단주파수를 LPF의 차단주파수로 ω_{c1}=20[rad/sec]라 설계한다고 가정해보자. 2개의 종속 결합된 필터는 그림 3.15와 같은 근사화 Bode 선도(asymptotic Bode plot: 점근선 Bode 선도라고도 함)를 토대로 특성을 추정한다. 이때 근사화 Bode 선도는 다음과 같다.

(1) $20\log|H_1(j\omega)| = 20\log\left|\dfrac{20}{j\omega+20}\right|$ [dB]의 근사화 Bode 선도

(2) $20\log|H_2(j\omega)| = 20\log\left|\dfrac{j\omega}{j\omega+2000}\right|$ [dB]의 근사화 Bode 선도

(3) $20\log|H_o(j\omega)| = 20\log\left|\dfrac{20}{j\omega+20}\times\dfrac{j\omega}{j\omega+2000}\right|$

$= 20\log\left|\dfrac{20}{j\omega+20}\right| + 20\log\left|\dfrac{j\omega}{j\omega+2000}\right|$

$= 20\log|H_1(j\omega)| + 20\log|H_2(j\omega)|$ [dB]의 근사화 Bode 선도

그림 3.15의 결과를 보면 설계 필터가 대역통과 특성을 나타내지만 대역폭에서 이득 감쇠(약 -40[dB])가 크게 나타날 것으로 추정된다(그림 6.18 참조). 따라서 필터의 이득을 증폭회로로 증폭해야 한다. 이러한 증폭기형 필터는 능동회로로 간단히 구성할 수 있다.

결론적으로 필터는 전달함수를 결정하고 이 함수의 주파수응답을 Bode 선도와 같은 그래프로 작도하여 해석하고 설계한다. 물론 Bode 선도를 수작업으로 계산하고 분석하는 일은 매우 지루하고 번거로운 일이다. 실제로 수치해석 프로그램(matlab)이나 회로설계 프로그램(pspice) 이용하면 쉽게 구할 수는 있다. 하지만 필터의 주파수 특성을 해석하거나 설계하는 경우에는 Bode 선도를 근사치로 작도하여 이용하는 것이 기본 특성을 이해하고 응용하는데 편리하다.

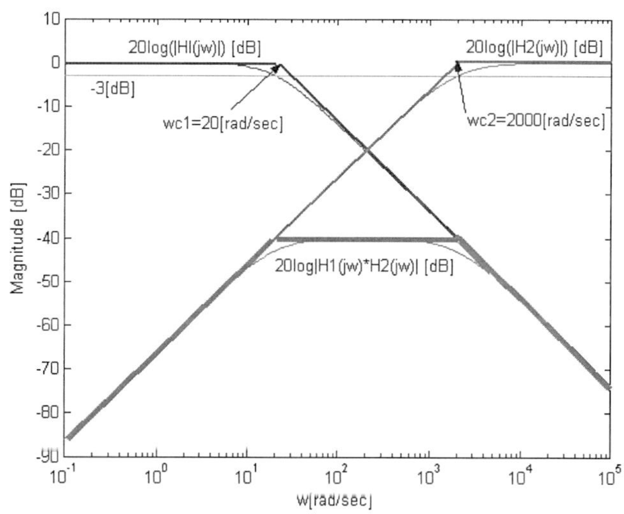

그림 3.15 dB 눈금의 이득 특성

※ 대수 연산의 도입

(1) $\log x = y \Leftrightarrow 10^y = x$

(2) $\log(xy) = \log x + \log y$

(3) $\log\dfrac{x}{y} = \log x - \log y$

(4) $\log x^n = n\log x$

(5) $\log_{10} x \Leftrightarrow \log x$, $\log_e x \Leftrightarrow \ln x$

앞에서는 주파수응답을 해석하는 경우에 대수축의 도입이나 dB 눈금 사용에 대한 효용성에 대하여 기술하였다. 따라서 주파수응답인 Bode 선도를 작도하거나 응용하는 경우에 몇 가지 기본적인 대수 연산이 필요하다. 다음은 주파수응답 중, 근사화 Bode 선도를 그리거나 해석할 때, 이득을 dB로 구하는 경우에 자주 이용되는 대수 연산의 예이다.

$$20\log(10^2) = 40\log(10) = 40\ [dB] \tag{3.23}$$

$$20\log(\frac{1}{\sqrt{2}}) = 20\log(2^{-1/2}) = -10\log(2) \fallingdotseq -3[dB] \tag{3.24}$$

$$\begin{aligned} g(\omega) &= 20\log(\frac{10^2}{\omega}) = 20\log(10^2) + 20\log(\frac{1}{\omega}) \\ &= 40\log(10) + 20\log(\omega^{-1}) = 40\ [dB] - 20\log(\omega) \\ &= 40\ [dB] - 20\ [dB/dec] \end{aligned} \tag{3.25}$$

여기서

$$20[\mathrm{dB}/dec] = 20\log(\omega) \tag{3.26}$$

는 이득 점근선(asymptote, or asymptotic line)의 기울기로 x축의 대수눈금, 10배(1 decade) 당 이득의 기울기가 20[dB]임을 나타낸다.

식 (3.23)은 이득을 구하는 일반적인 대수 연산이다. 식 (3.24)은 필터의 활성대역을 결정하는 경우에 차단주파수를 결정하거나 공진 시에 반전력점 주파수(half power point frequency)를 결정하는 경우에 $1/\sqrt{2}$에 대응되는 상, 하한 절점 또는 주파수(corner or cutoff frequency)를 구하는데 사용한다. 즉, $1/\sqrt{2}$에 대응하는 dB 이득을 계산할 경우이다. 한편, 식 (3.25) 및 (3.26)은 근사화 Bode 선도를 구할 때 사용되는 대수 연산 식 중 하나이다.

일반적으로 이득은 절점주파수 근방에서 그 특성이 급격하게 변화된다. 사실 이와 같이 주파수 특성이 급변하는 경계를 절점주파수(corner frequency)라고 정의해서 사용하는 것이다. x축을 주파수의 대수눈금, 즉 $\log(\omega) \equiv \log\omega$ 축으로 하고 y축을 dB로 하는 경우에 식 (3.26)로 표현되는 이득 함수를 그리기 위해 그 기준 축을 정할 필요가 있다. 직각좌표에서 함수 y의 기준 축을 원점에서 선택하듯이, Bode 선도에서도 기준 축을 선택해야 한다. 이 경우에 y축 기준은 이득이 1인 경우, 즉, $20\log(1) = 0[dB]$에서 x축 기준은 $\log(\omega) = 0$이어야 한다. 이때 $\omega = 10^0 = 1$이다. 즉, Bode 선도의 x 기준 축은 대수눈금에서 $1(=10^0)$인 것이다.

※ Bode 선도 이득곡선의 기준 축

(1) Bode 선도 이득곡선의 x축은 대수눈금($\log_{10}(\omega)$ [rad/sec])임

(2) 이득곡선의 y축은 일반적으로 dB 눈금으로 나타냄

(3) x축(log ω[rad/sec])-y축(20log|H(jω)|[dB])의 기준축

x축 기준은 $\log_{10}\omega = \log_{10}(10^0) = \log_{10}(1) = 0$

y축 기준은 이득이 1인 경우로 $20\log_{10}(1) = 0[dB]$

식 (3.25)은 직각좌표계의 다음가 같은 함수와 비교할 경우에

$$y = a \cdot \log(\omega) + b = ax + b \tag{3.27}$$

$a = 20[dB/dec]$는 기울기로 주파수, $x-\log(\omega)$가 10배씩(1 decade) 되면 이득이 20[dB]씩 감소한다는 것을 나타내며, b=40[dB]은 y축 이득의 절편을 나타내는 것이다.

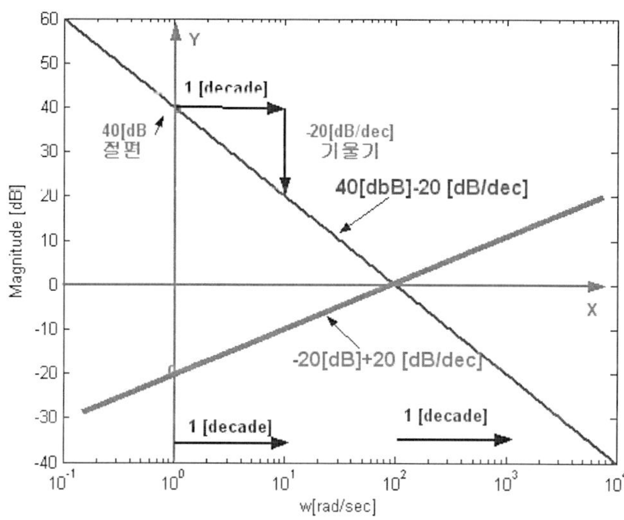

그림 3.16 이득곡선의 기준 축과 함수 표현법

식 (3.25) 및 (3.26)의 예를 보면 다음과 같은 특성을 가진 것을 알 수 있다.

ⓐ 일반적으로 대수 축으로 하면 다음과 같이 10배(decade)의 값이 선형 값처럼 변환됨.

$\log(0.1) = \log(10^{-1}) = -1,\ \log(10^0) = 0,\ \log(10) = 1, \log(10^2) = 2,\ \cdots$

ⓑ $g(\omega)$(y축)은 1[decade] 당 20[dB]로 감쇠한다. (기울기 a가 1[decade] 당 -20[dB]임)

ⓒ b는 $g(\omega)$(y축)의 절편을 나타냄

ⓓ x축 기준 축은 $\log_{10}(10^0)$ 그래프에서 보면 10^0 축, y축 기준은 0[dB] 축임

식 (3.26)의 이득곡선은 그림 3.16에서와 같은 x-y 좌표 상에 나타낼 수 있다

3.4 근사화 Bode 선도 작도 과정

3.4.1 Bode 선도와 절점주파수

전달함수는 극점(pole)과 영점(zero)에서 주파수 특성이 현저하게 변한다. 이와 같이 이득의 증가 또는 감쇠율이 변하게 되는 주파수를 절점주파수(coner frequency)라 정의한다. 따라서 절점주파수는 전달함수의 극과 영점의 절대치로 주어진다. 절점주파수는 Bode 선도, 특히 이득곡선을 점근선(asymptote 또는 straight line)인 근사치로 그리는 경우에 매우 유용하게 이용된다.

우선, 절점주파수 정의를 이해하기 위하여 다음과 같은 전달함수를 예로 들어보자.

$$H(s) = K\frac{(s+z_1)(s+z_2)\cdots(s+z_m)}{(s+p_1)(s+p_2)\cdots(s+p_n)} \tag{3.28}$$

$$H(s) = K_o\frac{(\tau_{z1}s+1)(\tau_{z2}s+1)\cdots(\tau_{zm}s+1)}{(\tau_{p1}s+1)(\tau_{p2}s+1)\cdots(\tau_{pn}s+1)} \tag{3.29}$$

식 (3.28)에서 상수, K는 비례요소(proportional element)이고, $s=-z_i$, $i=1,2,\cdots,m$은 $H(s)$의 영점이며 $s=-p_i$, $i=1,2,\cdots,n$은 $H(s)$의 극점이다. 또한 식 (3.29)로 주어지면 $\tau_{zi}=1/z_i$ 및 $\tau_{\mathrm{pi}}=1/p_i$는 대응되는 시정수(time constant)이다. 물론, 식 (3.28) 및 (3.29)의 2 식은 동일한 전달함수를 표현을 다르게 한 것으로 2 가지 식 모두가 필터 해석하는데 쓰인다,

식 (3.28) 전달함수의 주파수응답 중, dB 이득은 $s=j\omega$에 대해 다음과 같이 구할 수 있다.

$$g(\omega) = 20\log(K) + \sum_{i=1}^{m} 20\log\sqrt{\omega^2+z_i^2} - \sum_{i=1}^{n} 20\log\sqrt{\omega^2+p_i^2} \tag{3.30}$$

즉, 이득의 곱이나 나눗셈은 대수에 의해 덧셈이나 뺄셈으로 연산이 간단해진다. 식 (3.30)에 따르면 dB 이득은 대수연산에 의해 $20\log|j\omega+z_i|$의 합과 $20\log|j\omega+p_i|$의 차로 주어진다. 이때 점근선의 기울기는 영점에 의한 절점주파수에서는 +20[dB/dec]이고 극점에 의한 절점주파수에서는 -20[dB/dec]로 주어진다. 이러한 성질은 근사화 Bode 선도를 작도하는데 이용된다.

물론 위상은 대수적 연산을 이용하지 않는다. 왜냐하면 각 요소들의 곱의 위상은 다음과 같이 각각의 위상들의 합이나 차로 계산되기 때문이다.

$$\phi(\omega) = \sum_{i=1}^{m}\tan^{-1}(\omega/z_i) - \sum_{i=1}^{n}\tan^{-1}(\omega/p_i) \tag{3.31}$$

결국, 식 (3.30) 및 (3.31)처럼 각각의 기본요소들의 주파수응답을 그래프에 나타내어 그래프를 더하거나 빼주면 고차 전달함수더라도 쉽게 주파수응답을 얻을 수 있다.

일반적으로 식 (3.28) 및 (3.29)를 보면 전달함수는 기본적으로 비례요소(K), 1차 미분요소 $(s+z_i)$ 그리고 1차 지연요소($1/(s+p_i)$ 또는 $1/(\tau_{\mathrm{pi}}s+1)$)로 구성되어 있다. 이때 z_i나 p_i가 0이

면 미분요소(s 또는 Ks) 또는 적분요소($1/s$ 또는 K/s)가 된다. 따라서 이들 기본요소들의 Bode 선도를 작도할 수 있으면 이들의 결과를 덧셈이나 뺄셈으로 Bode 선도를 그릴 수 있고 이 결과로 전달함수의 주파수 특성을 해석할 수 있는 것이다. 따라서 주파수응답 해석에 근사화 Bode 선도가 효과적으로 사용되는 것이다. 다음 3.5절에서는 기본형에 대한 근사화 Bode 선도 작도와 그 특성이 다루어질 것이다.

한편, 주파수응답은 극점이나 영점을 경계로 하여 그 특성이 급격하게 변한다. 예컨대 전달함수가 다음과 같이 단순한 영점($s=-a=-100$)으로 주어진 경우를 예로 들어보자.

$$H(j\omega)=j\omega+a=j\omega+\omega_c \tag{3.32}$$

여기서 $\omega_c=100=a$이다. 만약 $\omega<\omega_c$인 주파수영역에서는 주파수 전달함수 $H(j\omega)\fallingdotseq\omega_c=100$이므로 $g(\omega)=20\log(10^2)=40\,[dB]$이다. $\omega>\omega_c$의 주파수영역에서는 $H(j\omega)\fallingdotseq j\omega$이고 이 경우에 주파수 이득은 $g(\omega)=20\log\omega=20\,[dB/dec]$이다. 즉, ω_c를 경계로 낮은 주파수영역에서는 40[dB]로 일정한 값이었다가 ω_c보다 큰 주파수영역에서는 이득이 1[decade] 당 20[dB]씩 증가하는 특성을 나타낸다. 근사화 Bode 선도를 작도하는 경우에, 이 예에서는 절점주파수까지는 40[dB]의 직선으로, 절점주파수부터 큰 주파수영역에서는 20[dB/dec]의 기울기를 가진 1차함수로 점근선을 작도하는데 이용한다.

절점주파수를 경계로 하여 그려지는 상수나 선형함수인 점근선(asymptote or straight line)을 추정하는데 이것이 설계할 필터 특성과 유사한 이득곡선이 되는 것이다. 결국, 이득곡선을 근사치로 작도하는 경우에 이 경계주파수를 절점주파수라 하며, 따라서 절점주파수는 일반적으로 주파수 전달함수의 극점과 영점에 해당됨을 주목해야 한다. 전달함수의 극과 영점은 함수의 특성을 나타내는 주파수 모드이다. 전달함수로 기술되는 시간영역이나 주파수영역의 특성 해석에 여러 가지로 특징을 기술하는데 사용되는 용어이다. 물론, Bode 선도도 주파수영역인 전달함수를 사용하므로 극과 영점으로 특성들을 묘사하거나 설명하기도 한다. 그러나 우리는 아날로그 필터 해석에 극과 영점을 중심요소로 사용하지는 않았다.

다음과 같은 전달함수를 예로 들어 절점주파수와 Bode 선도를 구하는 방법을 설명한다.

$$H(s)=\frac{5(s+10)}{s(s+2)(s+100)} \tag{3.33}$$

$$H(j\omega)=\frac{5(j\omega+10)}{j\omega(j\omega+2)(j\omega+100)} \tag{3.34}$$

이 전달함수의 절점주파수는 다음과 같다.

$$j\omega+2\Rightarrow\omega_{c1}=2,\ j\omega+10\Rightarrow\omega_{c2}=10,\ j\omega+100\Rightarrow\omega_{c3}=100 \tag{3.35}$$

$j\omega$의 인수에서 $\omega_c=0$은 취하지 않으며 절점주파수는 $\omega_c>0$로 선택한다.

※ 절점주파수(Corner Frequency)와 점근선(asymptote)

(1) 이득 특성이 바뀌는 주파수로 이득곡선의 기울기가 변화되는 점의 주파수

(2) $s+a$ 또는 $j\omega+a$ 인수를 갖는 함수에서 절점주파수는 $\omega_c=a$ (실수=허수)

(전달함수에서 원점을 제외한 극점과 영점의 절대치를 나타내는 주파수임)

(3) $\tau s+1$ 또는 $j\omega\tau+1$ 인수를 갖는 함수에서 절점주파수는 $\omega_c=1/\tau$임

(4) 점근선의 기울기는 영점에서 +20[dB/dec]이고 극점에서 -20[dB/dec]임

(5) 2개 이상의 절점주파수를 가질 수 있으며 실용 주파수로 그 값은 항상 (+) 값

(6) 1차 필터(1st order filter)에서 절점주파수와 차단주파수(cutoff frequency)는 동일 값임

(7) 절점주파수는 근사적인 Bode 선도의 점근선을 작도하는 데 사용함

이와 같은 전달함수의 이득곡선은 5(비례요소, proportional element), $j\omega+10$(1차 진상요소, 1st order phase-lead element), 및 적분요소(integral element)인 $1/j\omega$와 1차 지연요소(1st order phase-lag element)들인 $1/(j\omega+2)$, $1/(j\omega+100)$의 각각 이득곡선을 구하여 그래프 상에서 덧셈 또는 뺄셈으로 그래프를 작도한다. 물론 근사화 작도가 익숙해지면 5와 $1/j\omega$를 동시에 $5/j\omega$로 작도하는 등 변형형태로 작도할 수도 있다.

식 (3.34)는 다음과 같이 표현할 수 있다.

$$H(j\omega)=\frac{0.25(j0.1\omega+1)}{j\omega(j0.5\omega+1)(j0.01\omega+1)} \tag{3.36}$$

이 전달함수의 절점주파수는

$$j0.5\omega+1 \Rightarrow \omega_{c1}=2,\ j0.1\omega+1 \Rightarrow \omega_{c2}=10,\ j0.01\omega+1 \Rightarrow \omega_{c3}=100$$

으로 식 (3.35)과 동일하다.

3.4.2 근사화 Bode 선도의 도입 과정

근사화 Bode 선도의 이득곡선을 작도하는 과정과 점근선 기울기 변화의 경계주파수인 절점주파수의 특성에 대한 이해를 돕기 위하여 다음 1차 전달함수를 고려해보자.

$$H(s)=\frac{100}{s+10} \tag{3.37}$$

(1) 기본형 그래프 작도법의 이용

식 (3.37)의 전달함수는 다음과 같이 기본요소로 분해할 수 있다.

$$H(s)=H_1(s)\times H_2(s)=10\times\frac{1}{0.1s+1} \tag{3.38}$$

$$H(j\omega) = H_1(j\omega) \times H_2(j\omega) = 10 \times \frac{1}{j0.1\omega + 1} \tag{3.39}$$

따라서 식 (3.37)의 주파수응답은 $H_1(j\omega)$과 $H_2(j\omega)$의 dB 이득의 합과 위상의 합으로 구해진다.

(1) $H_1(j\omega) = 10$의 주파수응답

$$H_1(j\omega) = 10 = g_1(\omega) \angle \phi_1(\omega) \tag{3.40}$$

$$g_1(\omega) = 20\log(10) = 20\,[dB]$$

$$\phi_1(\omega) = 0^o$$

(2) $H_2(j\omega) = \dfrac{1}{j0.1\omega + 1}$ 의 주파수응답

$$H_2(j\omega) = \frac{1}{j0.1\omega + 1} = g_2(\omega) \angle \phi(\omega) \ \Leftrightarrow \ \omega_c \equiv 10[rad/\sec] \tag{3.41}$$

1차인 이 전달함수의 절점주파수는 1개며 그 값은 $\omega_c = 10$[rad/sec]이나. 따라서 이 주파수를 정세로 나음과 같이 주파수응답의 근사화 특성을 구할 수 있다.

구간 ①	구간 ②

ω_c=10

① $\omega \ll \omega_c$ 구간 : $H_2(jw) = \left. \dfrac{1}{j0.1\omega + 1} \right|_{\omega \ll 10} \fallingdotseq 1$ (3.42)

$$g_2(\omega) = 20\log(1) = 0\,[dB]$$

$$\phi_2(\omega) = 0^o$$

② $\omega \gg \omega_c$ 구간 : $H_2(jw) = \left. \dfrac{1}{j0.1\omega + 1} \right|_{\omega \gg 10} \fallingdotseq \dfrac{1}{j0.1\omega} = \dfrac{10}{j\omega}$ (3.43)

$$g_2(\omega) = 20\log\left(\frac{10}{\omega}\right) - 20\,[dB] - 20\,[dB/dec]$$

$$\phi_2(\omega) = \angle \frac{10}{jw} = -90^o$$

따라서 식 (3.39)의 주파수응답은

$$g(\omega) = g_1(\omega) + g_2(\omega) \tag{3.44}$$

$$\phi(\omega) = \phi_1(\omega) + \phi_2(\omega) \tag{3.45}$$

로 그림 3.17과 같이 그래프를 작도할 수 있다.

일반적으로 Bode 선도는 근사화 과정에서 계산된 이득 및 위상, 식 (3.37)~(3.45)을 사용하여 적당한 스케일로 그릴 수 있다. 그림 3.17은 모눈종이에 주파수 이득 특성이 잘 나타나도록 점근선을

표현한 것이다. 이러한 그래프는 균등하게 분할된 모눈종이를 사용하거나 또는 그림 3,18과 같은 대수 모눈종이를 사용할 수도 있다. (여기서는 matlab의 프로그램에서 반(半) 대수(semilog) 결과를 처리할 경우에 사용되는 그래프 화면을 복사하여 사용했다.)

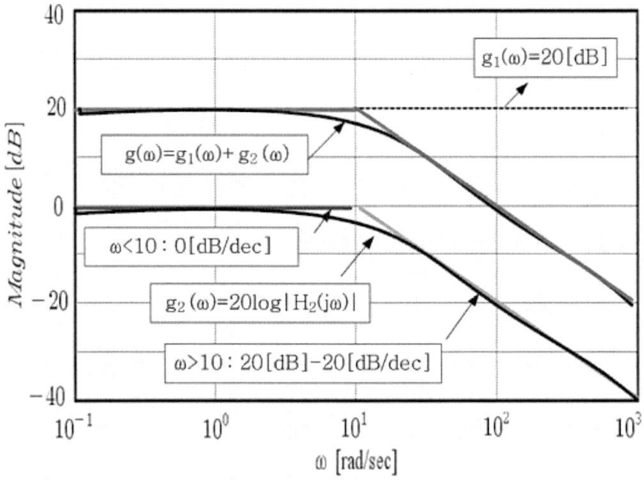

그림 3.17 2개의 기본형으로 근사화 Bode 선도의 작도

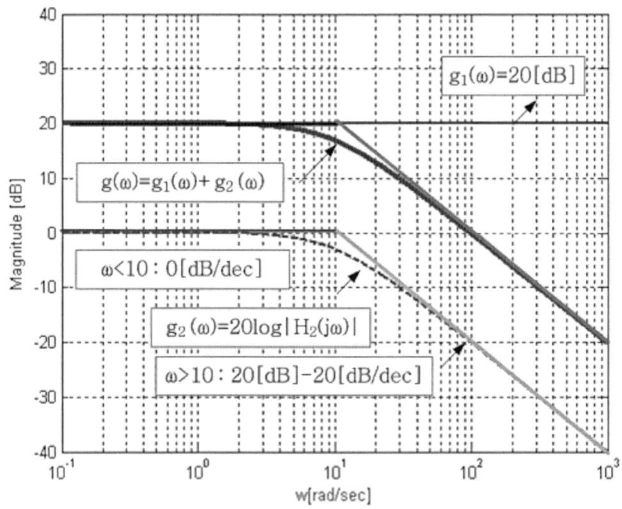

그림 3.18 기본형으로 근사화 이득의 작도

(2) 확장 기본형 그래프 작도법의 이용

전달함수 식 (3.37)은 식 (3.38)과 같이 2개의 기본요소로 분할하여 주파수응답을 구한 다음, 그 결과를 식 (3.44) 및 (3.45)처럼 합하는 방법을 이용하였다. 그러나 이 함수는 1차 지연요소로 유사 기본형으로 직접 주파수응답을 결정할 수 있다. 실제로 이 방법이 (1)의 과정보다 더 실용적이다.

식 (3.37)의 주파수 전달함수와 절점주파수는 다음과 같다.

$$H(j\omega) = \frac{100}{j\omega + 10} \quad \Leftrightarrow \quad \omega_c \equiv 10\,[\mathrm{rad/sec}] \tag{3.46}$$

따라서 절점주파수를 경계로 주파수응답의 근사화 특성을 구할 수 있다.

구간 ①	구간 ②

ω_c=10

$$① \ \omega \ll \omega_c \text{ 구간 : } H(jw) = \left.\frac{100}{j\omega + 10}\right|_{\omega \ll 10} \fallingdotseq 10 \tag{3.47}$$

$$g(\omega) = 20\log(10) = 20\,[dB]$$

$$\phi(\omega) = \angle 10 = 0^o$$

$$② \ \omega \gg \omega_c \text{ 구간 : } H(jw) = \left.\frac{100}{j\omega + 10}\right|_{\omega \gg 10} \fallingdotseq \frac{100}{j\omega} \tag{3.48}$$

$$g(\omega) = 20\log\left(\frac{100}{\omega}\right) = 40\,[dB] - 20\,[dB/dec]$$

$$\phi(\omega) = \angle \frac{100}{jw} = -90^o$$

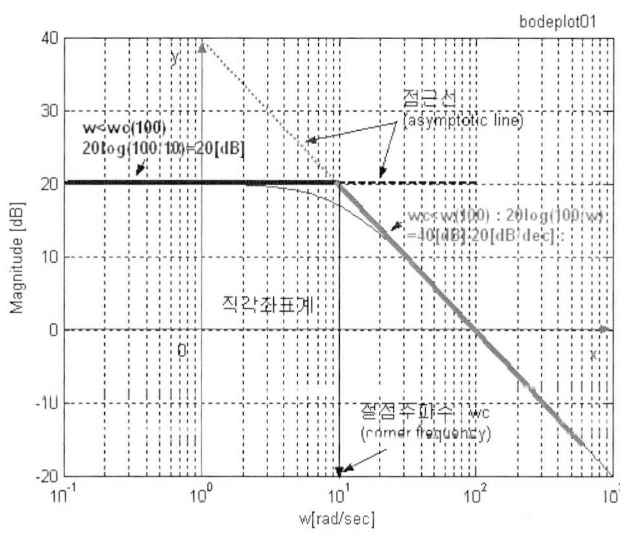

그림 3.19 기준 축과 이득의 점근선

식 (3.47) 및 (3.48)으로 주어진 이득곡선을 점근선을 이용하여 근사화 이득곡선을 작도하면 그림 3.19와 같다. 근사화 Bode 선도 중, 이득곡선을 구하기 위해서 x축은 대수눈금이고 y는 선형눈금(이를 반(半) 대수(semilog) 눈금이라 함)인 모눈종이를 준비한다. 그림 3.19를 보면 x축을 반드시 대수눈금이 아니어도 균등눈금을 대수로 표시하여 사용할 수도 있다. 절점주파수를 x축의 중간부분 정도에 위치하도록 하고 좌우로 적당한 주파수 범위를 선택한다. 또한 y축에는 이득을 dB로 나타낼 것이므로 이것 또한 적당한 범위로 선택한다. 물론, 절점주파수가 1개면 절점주파수에서 이득이 중간쯤에 위치하도록 주파수 범위를 잡는다. 앞의 예에서는 식 (3.47) 및 (3.48)을 고려하여 xy축 범위를 선택하면 된다.

그림 3.19에서는 x축을 $\log(10^{-1}) \sim \log(10^3)$, 즉, 주파수로 ω=0.1~1,000[rad/sec]의 범위로 선택하고 y축은 -20~40[dB]로 선택하였다. xy 기준 축도 앞에서 설명한 것처럼 $\log(10^0) - 0[dB]$로 선택하였다. 절점주파수는 1개로 ω_c=10[rad/sec]이다. 따라서 이 주파수를 경계로 낮은 주파수영역에서는 식 (3.47)의 이득으로 점근선을 그림 3.19와 같이 20[dB]로 그린다. 또한 절점주파수 이상의 주파수 영역에서는 식 (3.48)의 이득 특성과 같이 절편이 40[dB]이고 기울기가 -20[dB/dec]인 점근선을 그려 $\omega > \omega_c$에서의 점근선을 택한다. 실제의 이득 특성은 그림 3.19에서와 같이 유효한 구간에서의 점근선만 고려하여 그리면 된다.

한편, 근사화 위상곡선은 이득곡선을 구할 경우에 점근선 보다는 일반적인 위상변화 추이와 절점주파수에서의 위상을 고려하여 구한다. 식 (3.47)과 (3.48)을 사용하면 주어진 전달함수의 위상은 $-90^o < \phi(\omega) < 0^o$이며 절점주파수에서 위상은 $\phi(\omega_c) = -45^o$이다. 이러한 특성들을 고려하여 그림 3.20과 같이 유사한 위상곡선을 추정한다.

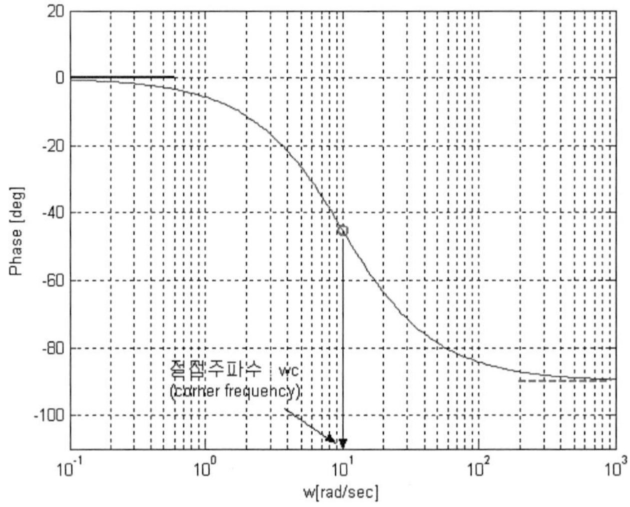

그림 3.20 근사화 위상곡선과 절점주파수

3.5 근사화 Bode 선도 예제

Bode 선도는 수치해석이나 회로설계 프로그램을 이용하면 쉽게 구할 수 있다. 그러나 필터를 설계하는 경우에 주파수응답을 미리 예측하거나 분석하는 경우에는 3.4절에서와 같이 근사화 Bode 선도가 유용하게 사용된다. 3.5절에서는 기본적이고 대표적인 필터 전달함수에 대한 근사화 Bode 선도 작도과정을 예제 형식으로 기술한다. 일반적으로 주파수응답인 이득은 dB로 표현할 경우에 식 (3.28)~(3.33)처럼 덧셈이나 뺄셈으로 계산된다. 따라서 표 3.2와 같은 기본형에 대한 근사화 작도 결과를 이용할 수 있다. 이러한 기본형 전달함수에 대한 근사화 작도과정은 아주 단순하므로 여기에서 구체적인 내용의 기술은 생략한다. 필요한 경우에는 관련 서적을 참고하기 바란다. 다만, 실용적이며 응용 가능한 몇 가지 간단한 형태의 전달함수를 예로 들어 근사화 과정과 그 특징들을 설명한다.

표 3.2 전달함수의 기본형

기본형	전달함수 유형	
(1) 비례요소	K	
(2) 적분요소	$\frac{1}{s}$	$\frac{K}{s}$
(3) 미분요소	s	Ks
(4) 1차 진상요소	$\tau s+1$	$s+k$
(5) 1차 지연요소	$\frac{1}{\tau s+1}$	$\frac{k}{s+k}$

참고로 표 3.2에서 전달함수의 기본형 중 (1)~(3)은 동특성으로, (4) 및 (5)는 위상 특성으로 정의된 명칭들이다. 이 중, 1차 지연요소(1st order phase-lag element)는 1차 LPF의 전형적인 형태이다.

(1) 1차 저역통과 필터 (1st Order Low Pass Filter)

다음 전달함수는 RL, RC 등의 수동소자로 구성한 회로인 1차 LPF(1차 지연요소라고도 함)에서 자주 나타나는 형태이다.

$$H(s)=\frac{10}{s+10} \tag{3.49}$$

식 (3.49)의 주파수 전달함수와 절점주파수는

$$H(j\omega)=\frac{10}{j\omega+10} \;:\; \omega_c=10\,[rad/sec] \tag{3.50}$$

구간 ①	구간 ②

ω_c=10

절점주파수를 경계로 2개의 주파수 구간에 대한 이득과 위상을 근사치를 구하면 다음과 같다.

① $\omega \ll \omega_c$ 구간 : $H(j\omega) = \left.\dfrac{10}{j\omega + 10}\right|_{\omega \ll 10} \fallingdotseq \dfrac{10}{10} = 1$ (3.51)

$$g(\omega) = 20\log(1) = 0\ [\text{dB}]$$
$$\phi(\omega) = \angle 1 = 0^o$$

② $\omega \gg \omega_c$ 구간 : $H(j\omega) = \left.\dfrac{10}{j\omega + 10}\right|_{\omega \gg 10} \fallingdotseq \dfrac{10}{j\omega}$ (3.52)

$$g(\omega) = 20\log\left(\frac{10}{\omega}\right) = 20\log(10) - 20\log(\omega)$$
$$= 20\ [\text{dB}] - 20[\text{dB}/dec]$$
$$\phi(\omega) = \angle \frac{10}{j\omega} = -90^o$$

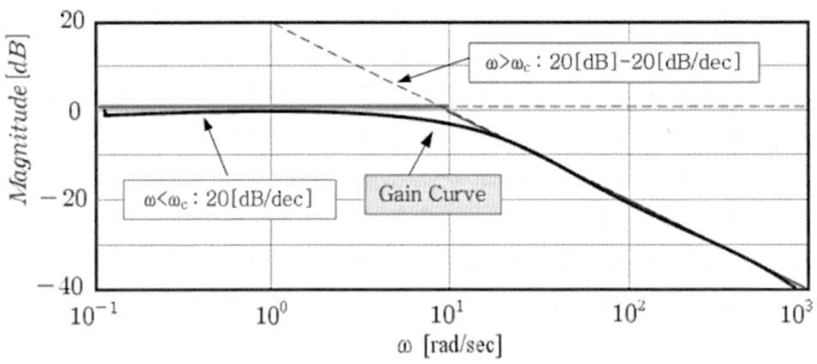

(a) 선형눈금

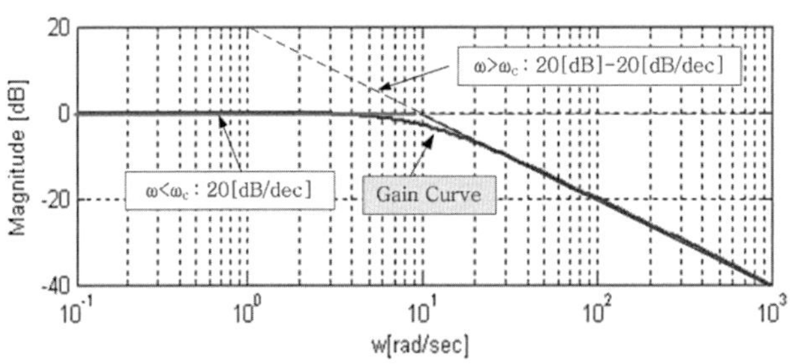

(b) 대수눈금

그림 3.21 $H(s) = \dfrac{10}{s+10}$ 의 근사화 이득곡선

식 (3.51) 및 (3.52)의 주파수 이득에 대해 점근선을 구하면 그림 3.21과 같다(수작업을 하는 경우에 x축에 선형눈금(a)이나 대수눈금(b)로 주어진 경우에 작도한 것으로 두 결과가 같음을 비교하기 위해 주어진다). 이때 실제 이득곡선은 해당 구간의 점근선을 따라 그리면 된다. 참고로 식 (3.49)에 대한 위상은 $-90^o < \phi(\omega) < 0^o$로 출력전압이 입력전압에 비해 $\phi(\omega)$만큼 지연됨을 나타내다. 이와 같은 위상 특성을 가진 요소를 1차 지연요소라 하고 2차 지연요소의 위상은 $-180^o < \phi(\omega) < 0^o$임을 참고하라. 필터 설계에서는 주로 주파수에 의한 이득 특성만 고려하므로 이후에는 위상곡선의 근사화 작도나 특성 분석은 생략하기도 했음을 참고하라.

(2) 1차 고역통과 필터 (1st Order High Pass Filter)

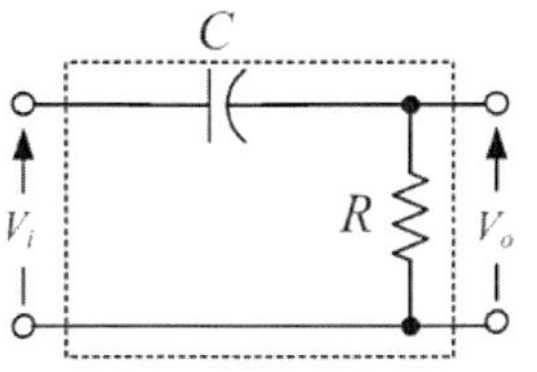

그림 3.22 1차 고역통과 필터

그림 3.22는 HPF 특성을 가진 수동회로의 한 예로 다음과 같은 전달함수로 기술된다.

$$H(s)=\left.\frac{RCs}{RCs+1}\right|_{RC=0.1}=\frac{s}{s+10} \tag{3.53}$$

따라서 주파수 전달함수와 절점주파수는 다음과 같다.

$$H(j\omega)=\frac{j\omega}{j\omega+10} \ : \ \omega_c=10\,[\mathrm{rad/sec}] \tag{3.54}$$

구간 ①	구간 ②

ω_c=10

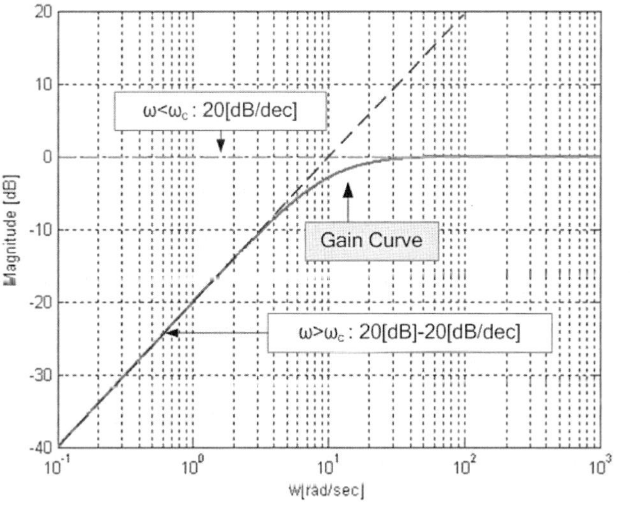

그림 3.23 $H(s)=\dfrac{s}{s+10}$ 의 근사화 이득곡선

절점주파수를 경계로 이득과 위상의 점근선을 구하면 다음과 같다.

① $\omega \ll \omega_c$ 구간 : $H(j\omega) = \left.\dfrac{j\omega}{j\omega + 10}\right|_{\omega \ll 10} \fallingdotseq \dfrac{j\omega}{10}$ (3.55)

$$g(\omega) = 20\log\left(\frac{\omega}{10}\right) = 20\log(\omega) - 20\log(10)$$
$$= 20\,[\mathrm{dB}/dec] - 20\,[\mathrm{dB}]$$
$$\phi(\omega) = \angle j\omega = 90^o$$

② $\omega \gg \omega_c$ 구간 : $H(jw) = \left.\dfrac{j\omega}{jw + 10}\right|_{\omega \gg 10} \fallingdotseq \dfrac{j\omega}{jw} = 1$ (3.56)

$$g(\omega) = 20\log(1) = 0\ [\mathrm{dB}]$$
$$\phi(\omega) = \angle 1 = 0^o$$

식 (3.55) 및 (3.56)로부터 그림 3.23과 같은 근사화 Bode 선도를 얻을 수 있다. 식 (3.53)의 전달함수로 기술되는 그림 3.22의 회로는 1차 진상요소로 출력은 입력에 대해 위상이 $0^o < \phi(\omega) < 90^o$ 만큼 빠름을 알 수 있다.

(3) 2차 저역통과 필터(서로 다른 실근의 경우)

다음은 2개의 절점주파수를 가진 2차 LPF(2nd order low pass filter)의 전달함수이다.

$$H(s) = \frac{100}{(s+1)(s+10)} \tag{3.57}$$

전달함수의 절점주파수는 ω_c=1 및 10[rad/sec]이다. 따라서 점근선은 3개의 주파수 구간으로 나누어 구하게 된다.

$$H(j\omega) = \frac{100}{(j\omega+1)(j\omega+10)}\ :\ \omega_c = 1, 10\,[\mathrm{rad/sec}] \tag{3.58}$$

구간 ①	구간 ②	구간 ③

ω_{c1}=1　　ω_{c2}=10

각 구간에서 점근선을 구하면 다음과 같다. 이득에 대한 식 (3.59) 및 (3.60)의 결과와 근사화 이득을 구하면 그림 3.24와 같이 주어진다.

① $\omega \ll \omega_{c1}$ 구간 : $H(j\omega) = \left.\dfrac{100}{(j\omega+1)(j\omega+10)}\right|_{\omega \ll 1} \fallingdotseq \dfrac{100}{10} = 10$ (3.59)

$$g(\omega) = 20\log(10) = 20\ [\mathrm{dB}]$$
$$\phi(\omega) = \angle 10 = 0^o$$

② $\omega_{c1} < \omega < \omega_{c2}$ 구간 : $H(jw) = \dfrac{100}{(j\omega+1)(jw+10)}\Bigg|_{1 \ll \omega \ll 10}^{\omega=5로\ 가정} \fallingdotseq \dfrac{100}{jw \times 10} = \dfrac{10}{j\omega}$ (3.60)

$$g(\omega) = 20\log(\frac{10}{\omega}) = 20\log(10) - 20\log(\omega)$$
$$= 20\,[\mathrm{dB}] - 20\,[\mathrm{dB}/dec]$$

$$\phi(\omega) = \angle\frac{10}{j\omega} = -90^o$$

③ $\omega \gg \omega_{c2}$ 구간 : $H(j\omega) = \dfrac{100}{(j\omega+1)(j\omega+10)}\Bigg|_{\omega \gg 10} \fallingdotseq \dfrac{100}{(j\omega)^2}$ (3.61)

$$g(\omega) = 20\log(\frac{100}{\omega^2}) = 20\log(10^2) - 20\log(\omega^2)$$
$$= 40\,[\mathrm{dB}] - 40\,[\mathrm{dB}/dec]$$

$$\phi(\omega) = \angle\frac{100}{(j\omega)^2} = -180^o$$

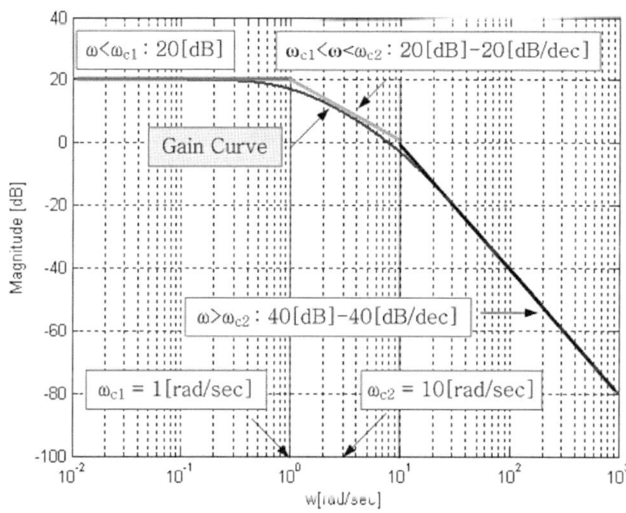

그림 3.24 $H(s) = \dfrac{100}{(s+1)(s+10)}$ 의 근사화 이득곡선

※ 1 절점주파수를 적용하는 방법

극점에 2개의 절점주파수를 가진 식 (3.57)의 근사화 이득곡선을 그리는 경우에 1개 절점주파수로 약산하여 그리는 방법도 사용할 수 있다. 이를 위하여 식 (3.57)을 다음과 같이 표현한다.

$$H(s) = \frac{100}{(s+1)(s+10)} = \frac{100}{s^2+11s+10} \tag{3.62}$$

따라서 2차 필터(2nd order filter)의 주파수 전달함수는

$$H(j\omega) = \frac{100}{(j\omega)^2 + j11\omega + 10} \tag{3.63}$$

이 전달함수에 대한 절점주파수는 식 (3.58)에서와는 달리 2차 항과 상수항을 이용하여 다음과 같이 선택할 수 있다.

$$\omega_c^2 \equiv 10 \;\Leftrightarrow\; \omega_c = \sqrt{10}\ \text{[rad/sec]} \tag{3.64}$$

구간 ①	구간 ②

$\omega_c = \sqrt{10}$

각 구간에서의 이득과 위상의 점근선을 구하면 다음과 같다.

$$\text{①}\ \omega \ll \omega_c \text{ 구간 : } H(j\omega) = \left.\frac{100}{(j\omega)^2 + j11\omega + 10}\right|_{\omega \ll \sqrt{10}} \fallingdotseq \frac{100}{10} = 10 \tag{3.65}$$

$$g(\omega) = 20\log(10) = 20\ [dB]$$

$$\phi(\omega) = \angle 0^o$$

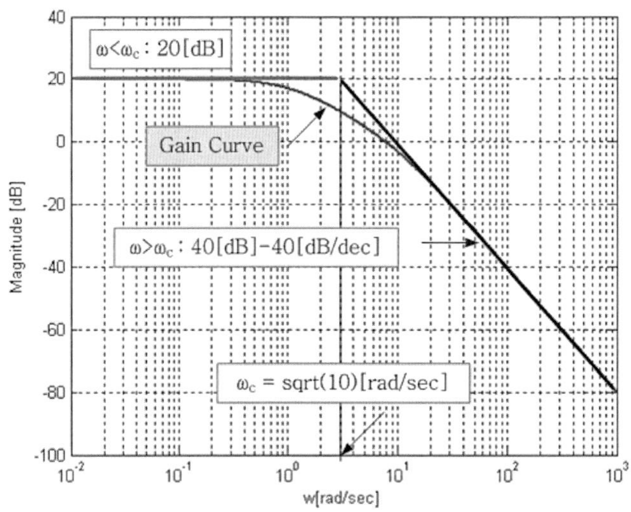

그림 3.25 $H(s) = \dfrac{100}{s^2 + 11s + 10}$ 의 근사화 이득곡선

$$\text{②}\ \omega \gg \omega_c \text{ 구간 : } H(jw) = \left.\frac{100}{(jw)^2 + j11\omega + 10}\right|_{\omega \gg \sqrt{10}} \fallingdotseq \frac{100}{(jw)^2} \tag{3.66}$$

$$g(\omega) = 20\log\left(\frac{100}{\omega^2}\right) = 20\log(100) - 20\log(\omega^2)$$
$$= 40\,[dB] - 40\,[dB/dec]$$

$$\phi(\omega) = \angle\frac{10}{(j\omega)^2} = -180^o$$

그림 3.25는 식 (3.62)의 전달함수에 대한 근사화 Bode 선도이다. 그림 3.24와 3.25를 비교해보면 2 절점주파수에 대해 근사치를 구한 그림 3.24가 $\omega_{c1} < \omega < \omega_{c2}$ 구간에서 실제 특성과 더욱 유사한 특성이 얻어짐을 알 수 있는 반면에 해석 과정은 좀 더 복잡하다. 하지만 1 절점주파수 방식이 설계가 쉬우며 개괄적인 필터 특성을 판단하는 데에도 큰 문제가 없음을 알 수 있다. 실제로는 2가지 근사화 방법을 모두 사용할 수 있다.

(4) 2차 저역통과 필터 (중복 근의 경우)

식 (3.67)은 중복 근을 가진 2차 전달함수로써 절점주파수가 중복되어 1개로 나타나는 경우이다.

$$H(s) = \frac{1}{(0.1s+1)^2} \tag{3.67}$$

이때 주파수 전달함수와 절점주파수는 다음과 같다.

$$H(j\omega) = \frac{1}{(j0.1\omega+1)^2} = \frac{100}{(j\omega+10)^2} \ :\ \omega_c = 10\,[rad/\sec] \tag{3.68}$$

구간 ①	구간 ②

ω_c=10

각 구간에서의 이득과 위상의 근사치를 구하면 다음과 같다.

$$① \ \omega \ll \omega_c \text{ 구간}:\ H(j\omega) = \left.\frac{100}{(j\omega+10)^2}\right|_{\omega \ll 10} \fallingdotseq \frac{100}{100} = 1 \tag{3.69}$$

$$g(\omega) = 20\log(1) = 0\,[\text{dB}]$$

$$\phi(\omega) = \angle 1 = 0^o$$

$$② \ \omega \gg \omega_c \text{ 구간}:\ H(jw) = \left.\frac{100}{(jw+10)^2}\right|_{\omega \gg 10} \fallingdotseq \frac{100}{(jw)^2} \tag{3.70}$$

$$g(\omega) = 20\log\left(\frac{100}{\omega^2}\right) = 20\log(100) - 20\log(\omega^2)$$
$$= 40\,[\text{dB}] - 40\,[\text{dB}/dec]$$

$$\phi(\omega) = \angle\frac{10}{(j\omega)^2} = -180^o$$

그림 3.26은 식 (3.67)에 대한 근사화 Bode 선도이다.

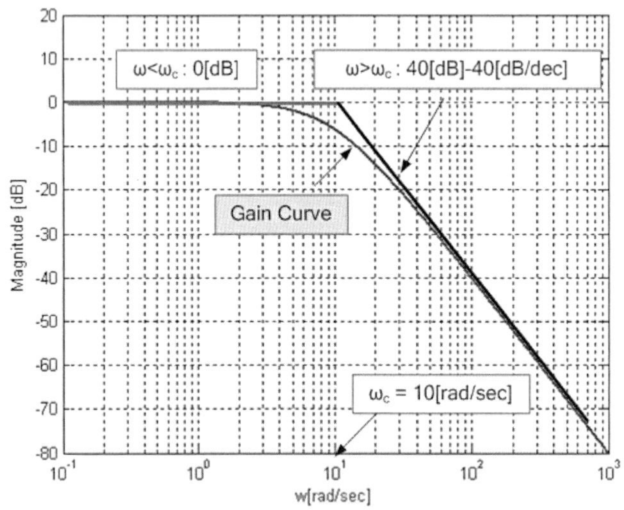

그림 3.26 $H(s)=\dfrac{1}{(0.1s+1)^2}$ 의 근사화 이득곡선

(5) 2차 저역통과 필터 (공액복소수 근의 경우)

일반적으로 아날로그 필터의 전달함수는 다음과 같이 표현된다.

$$H(s)=\frac{N(s)}{D(s)}=\frac{b_m s^m+b_{m-1}s^{m-1}+\ \cdots+b_1 s+b_o}{a_n s^n+a_{n-1}s^{n-1}+\cdots+a_1 s+a_o} \tag{3.71}$$

$$=K\frac{(s+z_1)(s+z_2)\cdots(s+z_m)}{(s+p_1)(s+p_2)\cdots(s+p_{n)}} \tag{3.72}$$

이때 영점 $z_i, i=1,\cdots,m$과 극점 $p_i, i=1,\cdots,n$에 의한 절점주파수는 $n+m$개 된다. 그러나 영점이나 극점 중에는 공액복소수 근이 나타날 수 있으며 이런 공액복소수 근 중에 하나의 절점주파수는 (-) 값을 갖는다. 따라서 2차 이상의 필터의 근사화 이득곡선의 작도는 매우 복잡하게 된다. 실제로 앞에서 단순 실수 근이나 중복 근의 경우에는 큰 문제가 없지만 공액복소수 근이 나타나는 경우에는 첨두치(peak value) 등의 발생 등으로 작도에 어려움이 많다. 여기에서는 다음과 같이 공액복소수 특성근을 가진 2차 LPF의 이득곡선을 작도해 보자.

$$H(s)=\frac{10000}{s^2+20s+10000} \tag{3.73}$$

$$H(j\omega)=\frac{10000}{(j\omega)^2+j20\omega+10000} \tag{3.74}$$

이 경우에 근사화 이득곡선의 점근선을 구하기 위한 절점주파수를 2차 항과 상수항으로부터 다음과 같이 선택할 수 있다.

$$\omega_c^2 = 10000 \;\Rightarrow\; \omega_c = 100[\text{rad/sec}] \tag{3.75}$$

구간 ①	구간 ②

ω_c=100

(참고로 식 (3.74)로 주어진 전달함수의 분모다항식으로부터 2개 절점주파수를 구하면 $\omega_c \pm 99.5 = 10$이다. 절점주파수는 (+)이므로 $\omega_c = 109.5[rad/\text{sec}]$으로 점근선을 구할 수도 있다. 실제로 공액복소수 근에 의해 구한 절점주파수($\omega_c = 109.5$)나 1 절점주파수($\omega_c = 100$)가 큰 차가 나타나지 않는다. 따라서 근사치를 구하기 쉬운 1 절점주파수 방식을 적용한다.)

각 구간에서의 이득과 위상의 근사치를 구하면 다음과 같다.

$$\text{① } \omega \ll \omega_c \text{ 구간 : } H(j\omega) = \left.\frac{10^4}{(j\omega)^2 + j20\omega + 10^4}\right|_{\omega \ll 100} \fallingdotseq \frac{10^4}{10^4} = 1 \tag{3.76}$$

$$g(\omega) = 20\log(1) = 0\,[dB]$$

$$\phi(\omega) = 0^o$$

$$\text{② } \omega \gg \omega_c \text{ 구간 : } H(j\omega) = \left.\frac{10^4}{(j\omega)^2 + j20\omega + 10^4}\right|_{\omega \gg 100} \fallingdotseq \frac{10^4}{(j\omega)^2} \tag{3.77}$$

$$\begin{aligned} g(\omega) &= 20\log\left(\frac{10^4}{\omega^2}\right) = 20\log(10^4) - 20\log(\omega^2) \\ &= 80\,[dB] - 40\,[dB/dec] \end{aligned}$$

$$\phi(\omega) = -180^o$$

그림 3.27은 식 (3.73)에 대한 근사화 Bode 선도이다.

한편 2차 LPF인 식 (3.73)의 전달함수에 대해 다음과 같은 2차 HPF의 전달함수를 고려해보자.

$$H(s) = \frac{s^2}{s^2 + 20s + 10000} \tag{3.78}$$

이 전달함수는 RLC 회로 필터 중에서 2차 HPF의 전달함수이다. 그림 3.28은 식 (3.78)에 대한 근사화 이득곡선을 나타낸다. 근사화 자도를 위한 이득 및 위상은 식 (3.75)~(3.77)와 유사하므로 여기에서는 자세한 유도는 생략한다. 2차 LPF 및 HPF 특성은 그림 3.27 및 3.30과 같이 첨두치(peak value)가 나타나기도 한다. 물론 이 특성은 2차 필터의 전달함수의 특성방정식(characteristic equation)은

$$p(s) = s^2 + 2\zeta\omega_o s + \omega_o^2 = 0 \tag{3.79}$$

에서 제동비(damping ratio)가 $\zeta < 1/\sqrt{2} \fallingdotseq 0.707$의 조건이 성립하는 경우에 발생하는 특성이다.

이 특성 해석은 5.7절에서 자세히 다루어질 것이다.

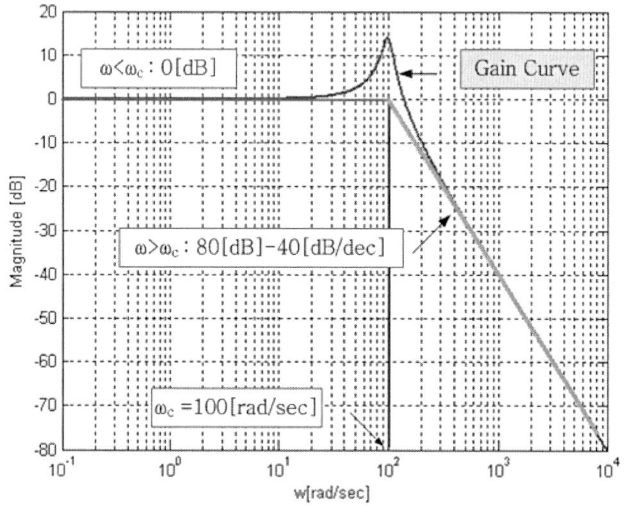

그림 3.27 $H(s) = \dfrac{10000}{s^2 + 20s + 10000}$ 의 근사화 이득곡선

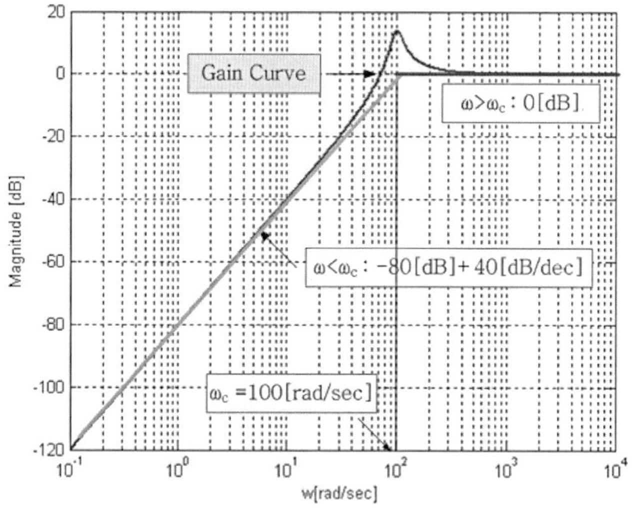

그림 3.28 $H(s) = \dfrac{s^2}{s^2 + 20s + 10000}$ 의 근사화 이득곡선

(6) 3개의 절점주파수를 가진 2차 저역통과 필터

한편, 영점이 1개이고 극점이 2개인 전달함수, 식 (3.80)의 근사화 이득곡선을 구해보자.

$$H(s) = \frac{10(s+10)}{(s+1)(s+100)} \tag{3.80}$$

주파수 전달함수는

$$H(j\omega) = \frac{10(j\omega+10)}{(j\omega+1)(j\omega+100)} \tag{3.81}$$

이고 이 전달함수는 다음과 같은 3개의 절점주파수를 갖는다. 즉,

$$\omega_{c1} = 1, \ \ \omega_{c2} = 10, \ \ \omega_{c3} = 100 \, [\mathrm{rad/sec}] \tag{3.82}$$

구간 ①	구간 ②	구간 ③	구간 ④

$\omega_{c1}=1$ $\omega_{c2}=10$ $\omega_{c3}=100$

따라서 다음과 같이 4개의 구간에 대한 점근 특성을 구해야 한다.

① $\omega \ll \omega_{c1}$ 구간 : $H(j\omega) = \left. \frac{10(j\omega+10)}{(j\omega+1)(j\omega+10)} \right|_{\omega \ll 1} \fallingdotseq \frac{10}{10} = 1$ (3.83)

$$g(\omega) = 20\log(1) = 0 \, [\mathrm{dB}]$$
$$\phi(\omega) = \angle 1 = 0^o$$

② $\omega_{c1} < \omega < \omega_{c2}$ 구간 : $H(jw) = \left. \frac{10(j\omega+10)}{(j\omega+1)(jw+100)} \right|_{1 \ll \omega \ll 10}^{\omega = 50\text{로 가정}} \fallingdotseq \frac{100}{jw \times 100} = \frac{1}{j\omega}$

(3.84)

$$g(\omega) = 20\log\left(\frac{1}{\omega}\right) = -20\log(\omega) = -20 \, [\mathrm{dB}/dec]$$
$$\phi(\omega) = \angle \frac{1}{j\omega} = -90^o$$

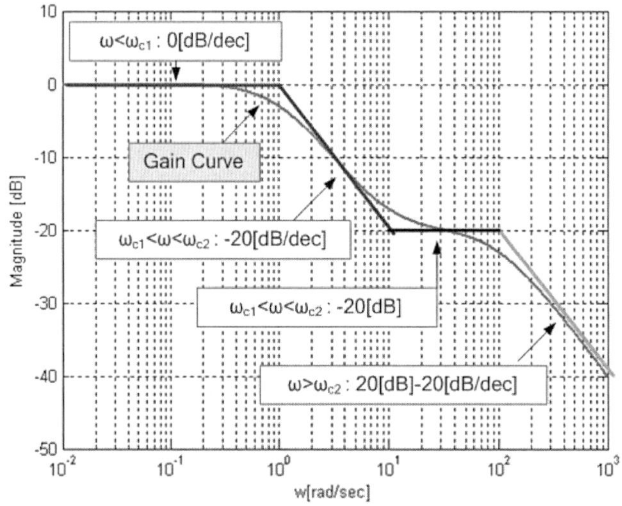

그림 3.29 $H(s) = \dfrac{10(s+10)}{(s+1)(s+100)}$ 의 근사화 이득곡선

③ $\omega_{c2} < \omega < \omega_{c3}$ 구간 : $H(jw) = \dfrac{10(j\omega+10)}{(j\omega+1)(jw+100)}\Bigg|_{10 \ll \omega \ll 100}^{\omega=5\text{로 가정}} \fallingdotseq \dfrac{10 \times j\omega}{jw \times 100} = \dfrac{1}{10}$

(3.85)

$$g(\omega) = 20\log\left(\frac{1}{10}\right) = -20\log(10) = -20[\text{dB}]$$

$$\phi(\omega) = \angle\frac{1}{10} = 0^o$$

④ $\omega \gg \omega_{c3}$ 구간 : $H(j\omega) = \dfrac{10(j\omega+10)}{(j\omega+1)(j\omega+100)}\Bigg|_{\omega \gg 100} \fallingdotseq \dfrac{10}{j\omega}$ (3.86)

$$g(\omega) = 20\log\left(\frac{10}{\omega}\right) = 20\log(10) - 20\log(\omega)$$
$$= 20\,[\text{dB}] - 20[\text{dB}/dec]$$

$$\phi(\omega) = \angle\frac{100}{j\omega} = -90^o$$

식 (3.83)~(3.86)의 이득 특성을 그림 3.29에서 보여준다.

※ 1 절점주파수를 적용하는 방법

식 (3.80)의 예도 다음과 같이 절점주파수를 1개로 감소시켜 간단히 해석할 수 있다.

$$H(s) = \frac{10(s+10)}{(s+1)(s+100)} = \frac{10(s+10)}{s^2+101s+100} \quad (3.87)$$

주파수 전달함수는

$$H(j\omega)=\frac{10(j\omega+10)}{(j\omega)^2+j101\omega+10^2} \tag{3.88}$$

이때 절점주파수는 다음과 같이 선택한다.

$$\begin{aligned}&\text{분모다항식}\ :\ \omega_c^2\equiv 10^2 \Leftrightarrow \omega_c=10 \quad [\text{rad/sec}]\\ &\text{분자다항식}\ :\ \omega_c\equiv 10\ [\text{rad/sec}]\end{aligned} \tag{3.89}$$

따라서 절점주파수는 1개로 $\omega_c=10$[rad/sec]로 선택한다. 여기서 2개의 절점주파수는 우연히 같은 값으로 주어진 것이며 일반적으로는 다를 수 있다. 다른 경우에는 절점주파수 중, 큰 것을 택한다.

구간 ①	구간 ②

ω_c=10

각 구간에서의 이득과 위상의 근사치를 구하면 다음과 같다.

$$① \ \omega \ll \omega_c \text{ 구간 : } H(j\omega)=\left.\frac{10(j\omega+10)}{(j\omega)^2+j101\omega+10^2}\right|_{\omega\ll 10} \fallingdotseq \frac{100}{10^2}=1 \tag{3.90}$$

$$g(\omega)=20\log(1)=0\,[\text{dB}]$$

$$\phi(\omega)=0^o$$

$$② \ \omega \gg \omega_c \text{ 구간 : } H(j\omega)=\left.\frac{10(j\omega+10)}{(j\omega)^2+j101\omega+10^2}\right|_{\omega\gg 10} \fallingdotseq \frac{10(j\omega)}{(j\omega)^2}=\frac{10}{j\omega} \tag{3.91}$$

$$\begin{aligned}g(\omega)&=20\log\left(\frac{10}{\omega}\right)=20\log(10)-20\log(\omega)\\ &=20\,[\text{dB}]-20\,[\text{dB}/dec]\end{aligned}$$

$$\phi(\omega)=-90^o$$

그림 3.30은 식 (3.87)에 대한 근사화 Bode 선도이다. 그림 3.30과 그림 3.29의 비교해보면 중간주파수에서의 절점주파수를 생략함으로써 이 부분의 근사치 특성이 덜 상세하게 주어지는 것을 알 수 있다. 하지만 이 필터는 일반적인 LPF임을 판단할 수는 있다.

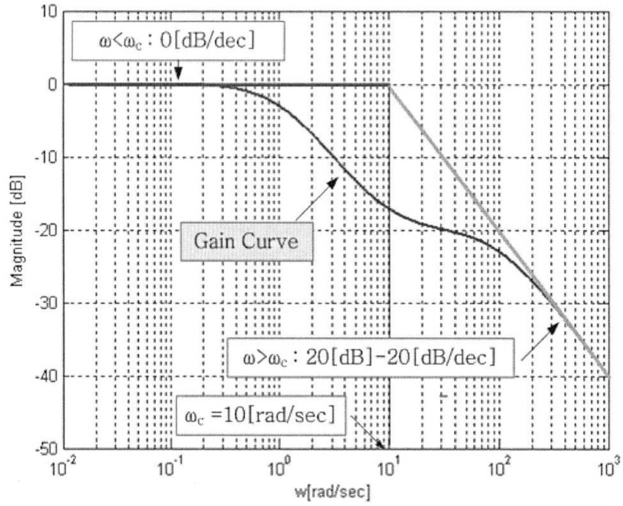

그림 3.30 $H(s)=\dfrac{10(s+10)}{s^2+101s+100}$의 근사화 이득곡선

(7) 프로그램을 이용한 Bode 선도 작도

이 절의 (1)~(6)에서는 기본형과 같은 전달함수의 근사화 Bode 선도의 작도 과정을 소개하였다. 물론, 근사화 과정은 일반적이긴 하지만 유일하거나 동일한 절차가 아니므로 다른 변형된 형태로도 전개될 수 있다. 예를 들면 식 (3.73)은 2개의 절점주파수를 이용하여 점근선들을 구하기도 한다. 따라서 1차나 2차 정도의 기본적인 전달함수에 대한 근사화 작도 과정과 특성 해석 정도만 이해하여 필터 설계에 응용할 수 있으면 충분하다. 기본함수의 주파수 특성은 근사화 Bode 선도를 작도하여 해석이나 설계에 응용할 수 있었다. 하지만 기본함수가 아니거나 높은 차수 전달함수의 주파수응답을 점근선으로 근사치를 이용하는 정성적인 방법은 한계가 있다. 따라서 matlab과 같은 수치해석 프로그램이나 pspice와 같은 회로 설계 프로그램을 이용하면 좀 더 구체적이고 다양한 방법으로 Bode 선도를 작도하거나 주파수 특성을 해석할 수 있다.

예컨대 다음과 같은 전달함수의 Bode 선도를 구해보자.

$$H(s)=\frac{(-1)^n}{(s+1)^n} \tag{3.92}$$

이 전달함수는 원형 n차 LPF((protocol nth order low pass filter)로 주파수 전달함수와 이득은

$$H(j\omega)=\frac{(-1)^n}{(j\omega+\omega_c)^n} \tag{3.93}$$

$$|H(j\omega)|=\frac{1}{(\sqrt{\omega^2+1})^n} \tag{3.94}$$

식 (3.94)의 Bode 선도를 n=4까지 그리면 그림 3.31과 같다.

그림 3.31에서 알 수 있듯이 단순한 LPF를 종속으로 접속한 것이나 차수가 증가할수록 감쇠율은 $n \times 20[dB/dec]$로 증가되며 차단주파수도 $\omega_{cn} = \sqrt{\sqrt[n]{2}-1}$에 의해 변화됨을 알 수 있다.

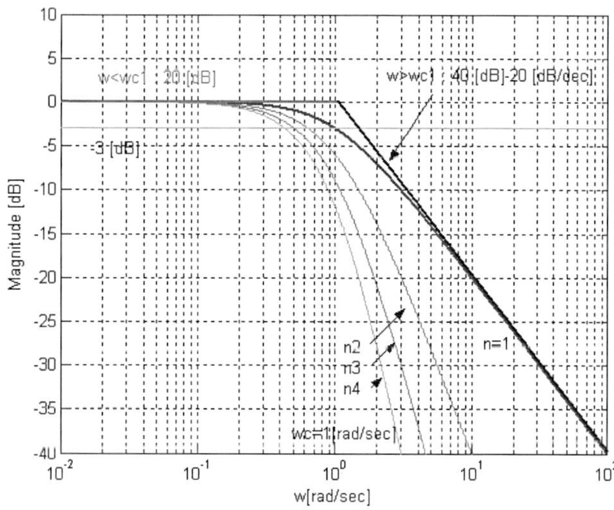

그림 3.31 원형 저역통과 필터의 응답

또 다른 예로 다음과 같은 5차 전달함수로 표현되는 필터

$$H(s) = \frac{50(s+1)(s+100)}{s(s^2+2s+10)(s^2+500)} \tag{3.95}$$

의 주파수응답을 해석한다고 해보자. 이 전달함수는 2개의 영점과 5개의 극점을 포함하고 있다. 비례요소를 포함하여 8가지 기본형의 조합으로 구성되었으므로 각각의 기본형에 대한 근사화 Bode 선도를 그려 대수적으로 합해주면 가능하다. 사실 원리는 단순하다 하더라도 작도과정은 매우 복잡하고 지루하다. 그러나 matlab 프로그램을 이용하면 그림 3.32와 같은 Bode 선도를 간단히 구해낼 수 있나. 이 과성에서 자단수파수나 보상 이득 등을 설계할 수 있다. 물론 기본적인 이론을 토대로 적당한 알고리즘으로 프로그램을 이용할 수 있어야 한다.

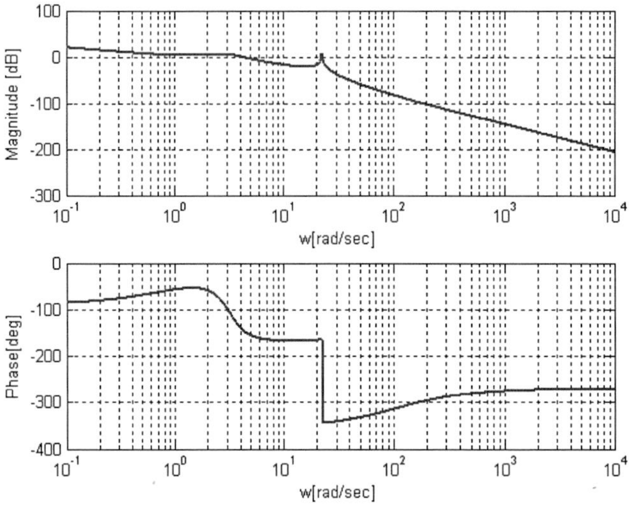

그림 3.32 $H(s)=\dfrac{50(s+1)(s+100)}{s(s^2+2s+10)(s^2+500)}$ 의 Bode 선도

예제 3.1 그림 3.33과 같은 특성을 가진 필터의 전달함수, $H(s)$를 구하라. 절점주파수는 ω_c=2[rad/sec]이고 $\omega<\omega_c$인 주파수영역에서는 이득은 20[dB]이며 $\omega>\omega_c$인 영역에서 이득 특성은 20[dB]-20[dB/dec]이다.

[풀이] 그림 3.33을 관찰해보면 이득 특성은 전형적인 LPF의 특성임을 알 수 있다. 또한, 차단주파수 후의 감쇠율이 -20[dB/dec]이므로 1차 필터이고 결국, 이러한 이득 특성을 나타내는 필터의 전달함수는 1차로 다음과 같은 형태로 주어질 것이라 추정할 수 있다.

$$H(s)=\frac{K}{s+\omega_c} \tag{a}$$

여기서 절점주파수, $\omega_c=2$[rad/sec]이다. 식 (a)에서 직류이득, $H(0)$을 구하면

$$H(0)=\left.\frac{K}{s+2}\right|_{s=0}=\frac{K}{2} \tag{b}$$

직류이득은 그림 3.33에서 $20\log H(0)=20$[dB] 이다. 따라서 $H(0)=10$이므로 식 (b)에서

$$\frac{K}{2}=10 \quad \therefore K=20 \tag{c}$$

결국, 이 필터의 전달함수는 다음과 같이 구해진다.

$$H(s)=\frac{20}{s+2} \tag{d}$$

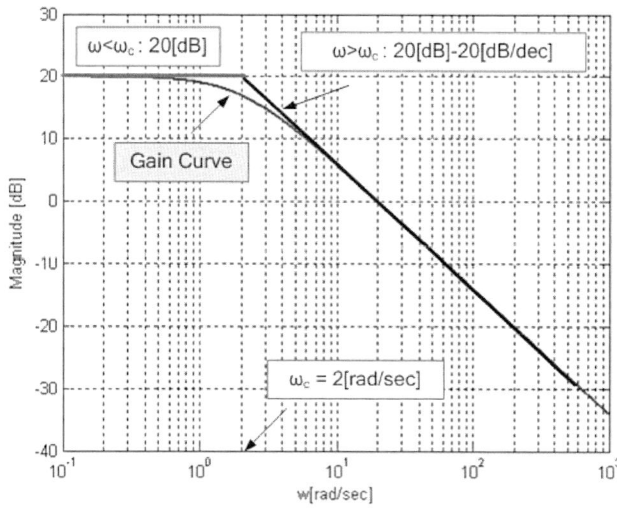

그림 3.33 근사화 이득곡선

제3장 연습문제

[문제 3.1] 다음과 같은 전달함수의 근사화 이득곡선을 구하라.

(1) $H(s) = 10$ (2) $H(s) = 100s$ (3) $H(s) = s + 10$

(4) $H(s) = \dfrac{100}{s}$ (5) $H(s) = \dfrac{100}{s+10}$ (6) $H(s) = \dfrac{100}{s(s+10)}$

(7) $H(s) = \dfrac{100}{s^2 + 10s + 100}$ (8) $H(s) = \dfrac{1000s}{(s+10)(s+1000)}$

(9) $H(s) = \dfrac{s}{(s+10)(s+1000)}$ (10) $H(s) = \dfrac{100(s+10)}{s^2 + 10s + 10000}$

(11) $H(s) = \dfrac{100}{(10s+1)^2}$ (12) $H(s) = \dfrac{100}{s^2 + 100}$

[문제 3.2] 다음과 같은 전달함수의 근사화 이득곡선을 구하라.

(1) $H(j\omega) = 10(j0.1\omega + 1)$ (2) $H(j\omega) = \dfrac{10}{j0.1\omega + 1}$

(3) $H(j\omega) = \dfrac{10}{j\omega(j0.1\omega + 1)}$ (4) $H(j\omega) = \dfrac{j\omega}{(j\omega + 1)(j0.01\omega + 1)}$

(5) $H(j\omega) = \dfrac{j0.01\omega}{(j\omega + 1)(j0.01\omega + 1)}$ (6) $H(j\omega) = \dfrac{10000}{(j\omega)^2 + j100\omega + 10000}$

(7) $H_7(j\omega) = \dfrac{10}{(j0.1\omega + 10)^2}$ (8) $H(j\omega) = \dfrac{100}{(j0.1\omega)^2 + 1}$

[문제 3.3] 그림 P3.3의 회로에서 (1) 입력을 $V_i(s)$, 출력을 $V_o(s)$인 경우에 전달함수를 구하라.

① $V_o(s) = V_C(s)$ ② $V_o(s) = V_L(s)$ ③ $V_o(s) = V_R(s)$

(2) ①~③의 각 경우에 소자 값이 다음과 같을 때 근사화 Bode 선도를 구하라.

a) $L = 1[H]$, $R = 1.1[\mathrm{k\Omega}]$, $C = 10[\mu\mathrm{F}]$

b) $L = 1[H]$, $R = 1[\mathrm{k\Omega}]$, $C = 1[\mu\mathrm{F}]$

c) $L = 1[H]$, $R = 10[\Omega]$, $C = 1[\mu\mathrm{F}]$

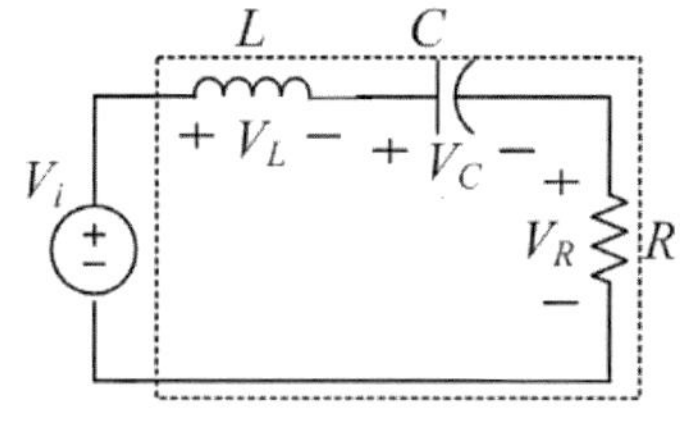

그림 P3.3 RLC 회로

제 4 장
RLC 회로 공진 및 주파수 특성

4.1 공진과 주파수응답

가변주파수 전원(variable frequency power source)으로 동작하는 회로들은 통신이나 신호처리, 음향공학 또는 제어분야에 다양하게 응용된다. 주파수 신호는 필터, 튜너 또는 증폭이나 검파, 공진회로 등에 해석과 설계에 중요한 역할을 한다. 주파수는 회로의 임피던스 또는 리액턴스나 전달함수의 특성을 결정한다. 전원의 주파수가 변화되면 수동소자인 인덕터나 커패시터의 임피던스가 변하므로 출력신호의 크기와 위상이 변화한다. 필터회로는 이와 같이 주파수 변화에 의한 출력 변화를 응용하는 것들이다. 전원주파수가 변화되면 회로의 전류, 전압 및 임피던스가 변화된다. 특히 어떤 특정 주파수에 대해서는 단자전압이나 회로전류가 최대로 나타나는데 이러한 현상을 공진(resonance)이라 한다.

공진회로는 방송이나 송수신시스템에서 반송파와 동조시켜 주파수를 선택하는데 사용되는 등 정보전달이나 신호처리분야에서 다양하게 응용된다. 공진회로도 가변주파수 성질을 이용하는 것으로 주파수의 선택도나 동조(튜닝, tuning)와 관련하여 일종의 필터로 취급할 수 있다.

그림 4.1과 같은 회로시스템을 가정해보자. 수동소자인 저항에 가변주파수 전원, $V_i(j\omega)$을 인가하면 저항의 임피던스는 단자전압이나 전류의 주파수 성분에 관계없이 일정하다. 그러나 인덕터의 임

피던스는 다음과 같이 주파수 함수로 표현된다.

$$Z(j\omega) = j\omega L = \omega L \angle 90^o \tag{4.1}$$

인덕터에 흐르는 전류는 단자전압보다 항상 90^o만큼 늦고 전원주파수, ω에 의해서 크기도 변화된다. 이러한 인덕터도 주파수가 $f=0$[Hz]인 직류전원(DC source: ω=0[rad/sec])에 대해서는 $Z(j\omega)=0$으로 단락회로(short circuit) 소자처럼 작용한다. 반면, 주파수가 증가할수록 인덕터의 임피던스는 증가하여 아주 높은 주파수 대역에서 임피던스는 ∞처럼 작용하여 전류의 흐름을 막는다.

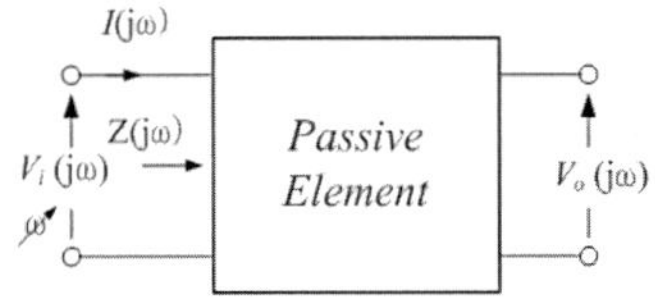

그림 4.1 가변주파수 전원과 수동소자

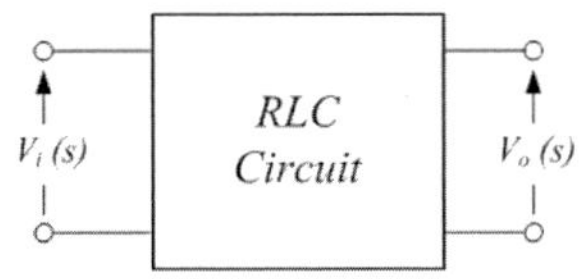

그림 4.2 RLC 회로

한편 커패시터의 임피던스는 다음과 같다.

$$Z(j\omega) = \frac{1}{j\omega C} = \frac{1}{\omega C} \angle -90^o \tag{4.2}$$

따라서 커패시터는 낮은 주파수에서는 임피던스가 ∞에 가깝고 주파수가 높을수록 임피던스는 0에 가깝게 된다. 이와 같이 커패시터와 인덕터는 서로 상반되는 주파수 특성을 나타낸다.

이상과 같이 주파수 특성이 서로 반대로 나타나는 인덕터와 커패시터를 한 회로에 결합하여 이득이나 위상이 변화되는 특성들을 이용할 수 있다. 그 대표적인 것이 공진회로(resonance circuit)이며 방송이나 통신, 신호처리분야에 많이 응용된다. 기본적인 공진회로는 LC 소자를 직렬 또는 병렬로 구성한다. 물론 RLC 회로도 당연히 공진회로로 사용할 수도 있고 또는 2차 필터로도 이용 가능하다.

※ 공진회로와 필터의 관계

(1) 공진회로는 RLC 또는 LC 회로로 일종의 2차 필터

(2) 공진회로는 가변주파수 특성 이용 (이득과 위상)

(3) 공진회로는 공진조건과 주파수 선택도 등을 해석

(4) RLC 회로는 공진 특성을 이용하는 기본 회로임

(5) RLC 회로는 4가지 기본필터로 설계 가능함

(6) 공진과 필터 특성은 여러 가지 공통점 존재

(7) 공진회로도 주파수 성질을 이용하는 필터임

※ 공진현상

(1) 커패시터와 인덕터를 포함하고 정현파 전원의 회로에서 발생

(2) 신호원의 특수한 주파수 조건에 의해 나타나는 회로 특성임

(3) RLC 회로에서 입력측 전압과 전류가 동위상(in-phase)인 조건

(4) 공진 시에 최대전력을 소비하고 최대에너지를 L, C에 저장

(5) LC 소자 구성에 따라 직렬공진 및 병렬공진으로 분류됨

(6) 직렬공진을 전압공진이라 하고 병렬공진을 전류공진이라 함

(7) 공진상태에서는 L과 C 사이에 에너지를 수급

(8) 특정 주파수를 선택하는 동조회로나 필터회로 등으로 응용

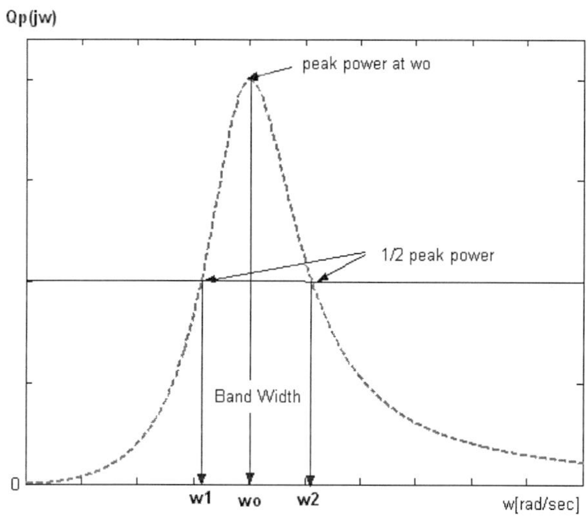

그림 4.3 평균전력과 공진 특성

전원주파수의 변화에 따라 인덕터와 커패시터의 임피던스도 변화된다. 이때 공진은 인덕터와 커패시터의 임피던스 크기가 같게 되는 전원주파수에서 나타나며, 이러한 상태를 공진조건(resonance condition)이라 하고 이 주파수를 공진주파수(resonance frequency)라 한다. 공진주파수는 회로시스템의 시간 특성을 지배하는 고유주파수(natural frequency : 또는 자연주파수라고도 한다)와 같은 경우도 있지만 반드시 동일한 값으로 주어지는 것은 아님을 주목해야 한다. 공진상태에서는 임피던스가 최소로 $Z(j\omega) = R$이며 이 상태에서 회로는 최대전력을 소비한다. 그림 4.3은 일반적인 공진 특성을 평균전력으로 나타낸 것이다. 공진현상을 기술하기 위하여 공진주파수, 중심주파수, 반전력점 주파수, Q 계수, 공진첨두치, 대역폭 등이 정의된다. 용어에 대한 정의와 특징을 간단히 요약하면 다음과 같다.

(1) 공진주파수(resonance frequency : ω_o)

-. 입력전압과 전류가 동위상, 즉 역률이 1이 되는 주파수

-. 최대전력이 소비되며 최대에너지가 LC 소자에 축적됨

-. 중심주파수(center frequency)라 하기도 함.

-. 첨두치(peak value) 주파수와 다르며 $Q_o \to \infty$ 이면 같은 값

(2) Q 계수(quality factor : Q_o)

-. 품질계수라고도 하며 Q 인자 또는 Q 값이라고도 함

-. 주파수 선택도(frequency selectivity) 또는 첨예도(sharpness)라 함

-. 공진주파수에서의 Q 값을 의미하며 주파수 선택성을 나타냄

-. 직렬공진에서는 전압확대비, 병렬공진에서는 전류확대비라 함

-. 직렬공진은 전압공진이라 하고 병렬공진은 전류공진이라 함

-. Q 값이 크면 대역폭은 좁고 주파수 선택성이 매우 양호함

-. Q는 1주기 당 손실에너지에 대한 최대 축적에너지의 비

-. Q는 1주기 당 소비전력에 대한 최대 소비전력의 비로도 정의

(3) 첨두치(peak value : M_p)

-. L 또는 C의 전압(직렬공진회로) 또는 전류(병렬공진회로)의 최대치

-. L, C 각각에 전류, 전압의 최대치가 발생하는 주파수를 첨두치 주파수(ω_p)

-. 일반적으로 첨두치는 공진 시의 공진첨두치와 다른 의미임

-. 직렬공진회로에서 C 및 L의 최대전압이 발생하는 첨두치 주파수를 각각 ω_{pC} 및 ω_{pL}라 할 때 공진주파수 ω_o는 $\omega_{pC} < \omega_o < \omega_{pL}$임

-. 병렬공진회로에서 C 및 L의 최대전류가 발생하는 첨두치 주파수를 각각 ω_{pC} 및 ω_{pL}라 할 때 공진주파수 ω_o는 $\omega_{pL} < \omega_o < \omega_{pC}$이다.

-. 일반적으로 $0<Q_o<\infty$이며 $Q_o = \infty$ 이면 $\omega_{pL} = \omega_o = \omega_{pC}$임

(4) 반전력점 주파수(half power point frequency : ω_{c1} 및 ω_{c2})

-. 공진회로에서 최대전력의 $1/2$의 전력이 나타나는 2개의 주파수임

-. BPF 및 BRF로 설계된 RLC 회로의 상, 하한 차단주파수임

-. 공진회로(또는 BPF 및 BRF)의 대역폭, BW를 결정함 : $BW = \omega_{c2} - \omega_{c1}$

공진회로는 주로 RLC 소자로 구성되며, 기본 구조로는 그림 4.4 및 4.5와 같이 직렬공진회로 및 병렬공진회로가 있다. 표 4.1은 직렬 및 병렬공진회로의 특징을 비교한 것이다. 실제로 인덕터와 커패시터가 직렬 구조의 회로를 직렬공진(series resonance)이라 하고 병렬접속의 회로를 병렬공진(parallel resonance)이라 한다. LC 탱크회로(tank circuit)와 같은 변형회로들도 공진회로로 사용된다.

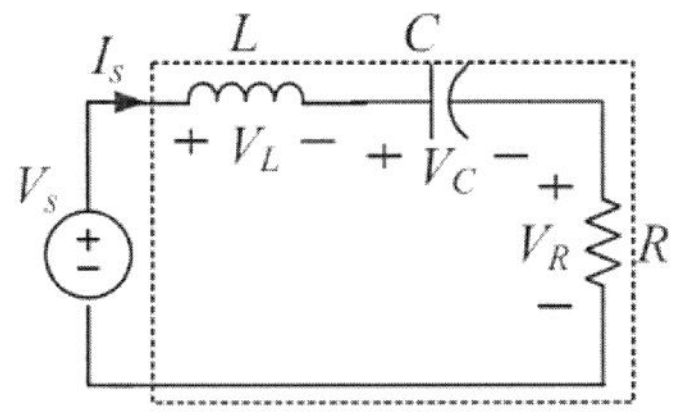

그림 4.4 전형적인 RLC 직렬공진회로

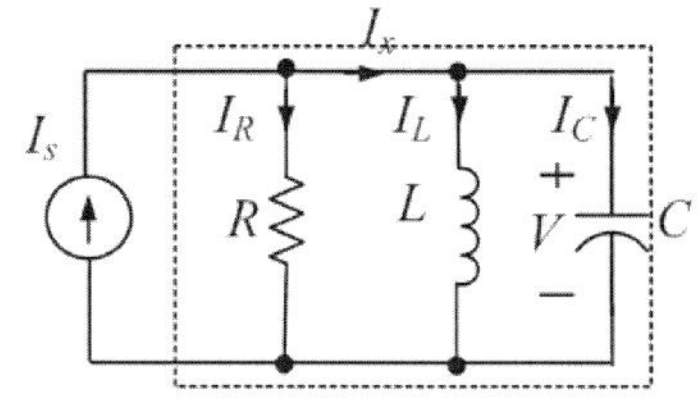

그림 4.5 전형적인 RLC 병렬공진회로

표 4.1 직병렬 공진회로의 특징

특성	직렬공진회로(그림 4.4)	병렬공진회로(그림 4.5)
회로 구성	RLC 소자의 직렬접속	RLC 소자의 병렬접속
공진조건	L 및 C의 단자전압 최대	L 및 C의 전류 최대
입력전압과 전류	동위상	동위상
이미턴스	임피던스 최소(Z=R)	어드미턴스 최소(Y=G)
에너지	LC의 축적에너지 최대	LC의 축적에너지 최대

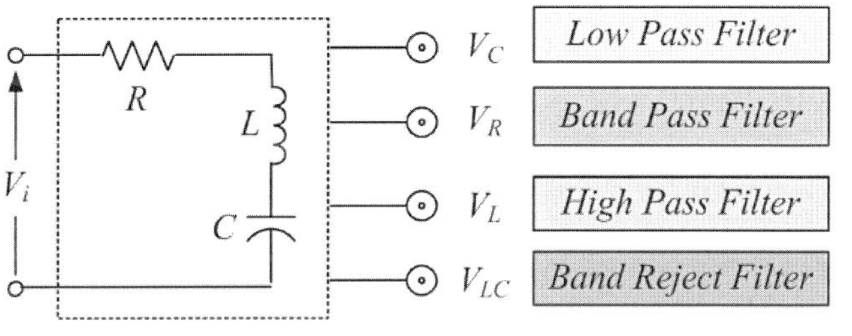

그림 4.6 RLC 직렬공진회로의 필터 응용

그림 4.3에서와 같이 공진 특성을 보면 일정한 대역은 이득 감쇠가 적고 활성영역(active region)의 좌우에서는 감쇠가 크다. 따라서 공진은 일종의 BPF의 특성과 유사하다. 실제로 RLC 회로는 출력의 선택에 따라 다양한 필터로 설계할 수 있다. 예컨대 그림 4.4와 같은 RLC 직렬공진회로는 출력을 LC의 단자전압으로 취하여 공진에 이용하였다. LC 단자전압을 출력으로 선택하면 이 회로는 BRF로 이용할 수 있다(5.6.1절 참조). 동일한 회로에서 출력을 R의 단자전압으로 선택하면 BPF의 특성을 얻을 수 있다(5.4.2절 참조). 사실 RLC 회로는 입출력 구성에 따라 LPF, HPF, BPF 또는 BRP 등으로 사용할 수 있다. 예를 들어 그림 4.6과 같은 RLC 직렬회로를 필터로 이용할 경우, 출력을 C, R 또는 L의 단자전압을 선택함에 따라 출력 각각에 대하여 LPF, BPF 및 HPF의 주파수 특성을 얻을 수 있다.

4.2 직렬공진 특성

그림 4.7은 전형적인 RLC 직렬공진회로이다. 공진이라 함은 가변주파수 전원 회로에서 임피던스가 순저항 성분만 갖는 상태를 말하며, 직렬공진은 공진주파수에서 리액턴스 성분이 0인 상태를 의미한다. 그림 4.7의 회로에서 전원주파수를 ω라 할 때 임피던스는 다음과 같다.

$$\begin{aligned} Z(j\omega) &= R + j(\omega L - \frac{1}{\omega C}) \\ &= R + j(X_L + X_C) \end{aligned} \tag{4.3}$$

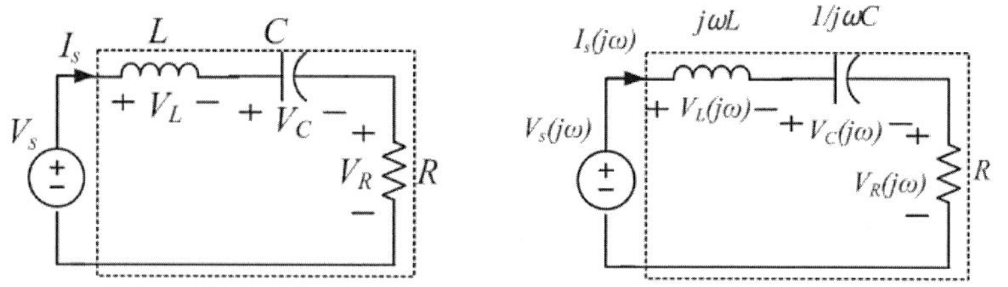

(a) (b)

그림 4.7 RLC 직렬공진회로

전원주파수를 가변하면 리액턴스 및 임피던스는 그림 4.8과 같은 특성을 나타낸다. 이때 공진은 식 (4.3)에서 다음과 같은 조건을 만족할 때 나타난다.

$$\omega_o L = \frac{1}{\omega_o C} \tag{4.4}$$

따라서 이 식을 만족하는 공진 각주파수, ω_o 및 공진주파수 f_o는 다음과 같다.

$$\omega_o = \frac{1}{\sqrt{LC}} \text{ [rad/sec]} \tag{4.5}$$

$$f_o = \frac{1}{2\pi\sqrt{LC}} \text{ [Hz]} \tag{4.6}$$

이와 같은 조건에서의 회로를 공진상태에 있다고 한다. 이때 공진주파수는 중심주파수(center frequency)라 정의하기도 한다.

그림 4.7의 회로에서 전류는 다음과 같다.

$$I_s(j\omega) = \frac{V_s(j\omega)}{R + j(\omega L - 1/\omega C)} \tag{4.7}$$

따라서 전류의 크기는

$$|I_s(j\omega)| = \frac{|V_s(j\omega)|}{\sqrt{R^2 + (\omega L - 1/\omega C)^2}} \tag{4.8}$$

그림 4.8에서 알 수 있듯이, 식 (4.4)와 같은 조건의 공진상태에서 임피던스, 식 (4.3)은 $Z(j\omega_o) = R$로 최소가 된다. 회로는 순 저항의 회로이며 이때 입력전압과 전류는 동위상(in-phase)이고 역률(power factor)은 1이다. 따라서 식 (4.7)로부터 공진전류는 최대로 다음과 같다.

$$I_s(j\omega_o) = \frac{V_s(j\omega_o)}{Z(j\omega_o)} = \frac{V_s(j\omega_o)}{R} \tag{4.9}$$

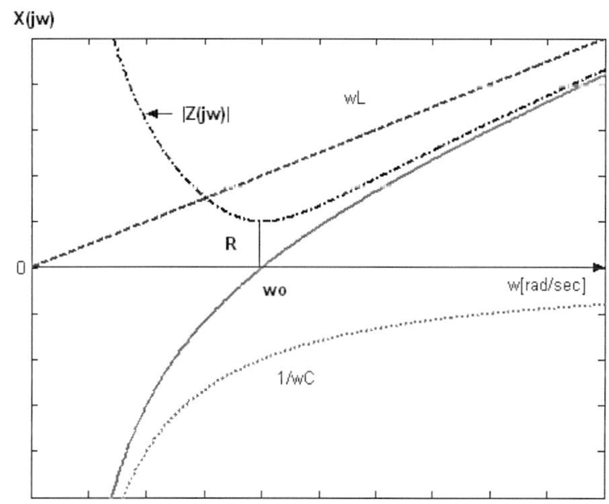

그림 4.8 주파수 변화에 대한 임피던스 특성

한편, 전원전압에 대한 인덕터 단자전압 사이의 전압비(voltage ratio)를 다음과 같이 정의해보자.

$$\begin{aligned} Q_L(j\omega) &\equiv \frac{|V_L(j\omega)|}{|V_s(j\omega)|} = \frac{|j\omega L\, I_s(j\omega)|}{|Z(j\omega) I_s(j\omega)|} \\ &= \frac{\omega L}{\sqrt{R^2 + \left(\omega L - \frac{1}{\omega C}\right)^2}} = \frac{\omega L}{R} \cdot \frac{1}{\sqrt{1 + \left(\frac{\omega L}{R} - \frac{1}{\omega RC}\right)^2}} \\ &= \frac{1}{\sqrt{\left(\frac{R}{\omega L}\right)^2 + \left(1 - \frac{1}{\omega^2 LC}\right)^2}} \end{aligned} \tag{4.10}$$

식 (4.10)으로부터 $Q_L(j\omega)$에 대한 몇 가지 주파수 특성을 구해보면 다음과 같다.

① $\omega = 0$: $\quad Q_L(0) = 0 \qquad (4.11)$

② $\omega = \omega_o$: $\quad Q_L(j\omega_o) = \dfrac{\omega_o L}{R} \equiv Q_o \qquad (4.12)$

③ $\omega = \infty$: $\quad Q_L(\infty) = 1 \qquad (4.13)$

이들 3개의 식은 공진을 설명하는 중요한 특성이다. $\omega = 0$이면 인덕터의 임피던스는 0이므로 인덕터의 단자전압도 $V_L(j\omega) = 0$이다. 반면에 $\omega = \infty$이면 $V_L(j\omega) = V_s(j\omega)$이다. 한편 공진상태, 즉 $\omega = \omega_o$에서는 식 (4.12)와 같이 $V_L(j\omega_o)$는 $Q_L(j\omega_o) \times V_s(j\omega_o)$가 되어 인덕터의 전압이 최대가 된다. 따라서 $Q_L(j\omega_o) = Q_o$를 단자 전압비 또는 전압확대비라 하기도 한다.

이와 유사하게 전원전압에 대한 커패시터 전압비도 다음과 같이 정의한다.

$$Q_C(j\omega) \equiv \frac{|V_C(j\omega)|}{|V_s(j\omega)|} = \frac{\left|\dfrac{1}{j\omega C} \cdot I_s(j\omega)\right|}{|Z(j\omega) I_s(j\omega)|}$$

$$= \frac{\dfrac{1}{\omega C}}{\sqrt{R^2 + \left(\omega L - \dfrac{1}{\omega C}\right)^2}} = \frac{1}{\omega RC} \cdot \frac{1}{\sqrt{1 + \left(\dfrac{\omega L}{R} - \dfrac{1}{\omega RC}\right)^2}}$$

$$= \frac{1}{\sqrt{(\omega CR)^2 + (1 - \omega^2 LC)^2}} \qquad (4.14)$$

따라서 주파수 특성은 식 (4.14)에서 다음과 같다.

① $\omega = 0$: $\quad Q_C(0) = 1 \qquad (4.15)$

② $\omega = \omega_o$: $\quad Q_C(j\omega_o) = \dfrac{1}{\omega_o CR} \equiv Q_o \qquad (4.16)$

③ $\omega = \infty$: $\quad Q_C(\infty) = 0 \qquad (4.17)$

커패시터의 전압비는 인덕터에서와는 반대 현상으로 그 주파수 특성을 설명할 수 있을 것이다.

주파수에 대한 식(4.10) 및 (4.14)의 전압비 함수를 나타내면 그림 4.9와 같다. 그림 4.9에서는 전원전압에 대한 L 및 C의 전압, $V_L(j\omega)$와 $V_C(j\omega)$의 비, $Q_L(j\omega)$와 $Q_C(j\omega)$는 물론, $V_L(j\omega) + V_C(j\omega)$ 및 $V_R(j\omega)$의 전압비인 $Q_{LC}(j\omega)$과 $Q_R(j\omega)$의 주파수 특성을 보여준다. 이 결과로부터 우리는 공진 시에 나타나는 몇 가지 특징과 RLC 직렬회로의 주파수응답 특성을 확인 할 수 있다.

※ 직렬공진조건과 그 특징

(1) $Q_C(j\omega)$, $Q_L(j\omega)$의 최대치(MCp, MLp) 주파수는 공진주파수와 다름

(2) Q_o가 클수록 공진첨두치는 $Q_C(j\omega)$, $Q_L(j\omega)$의 최대치에 근접함

(3) 공진주파수에서의 $V_C(j\omega_o)$, $V_L(j\omega_o)$는 $V_s(j\omega_o)$의 $Q_o = Q(j\omega_o)$배

(4) 공진 시에 $V_C(j\omega_o)$, $V_L(j\omega_o)$ 값은 최대치가 아님

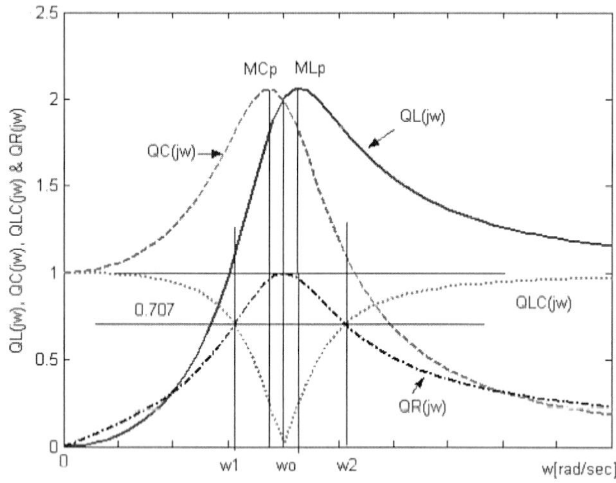

그림 4.9 전압비 함수

공진주파수, ω_o에서 $\omega_o L = 1/\omega_o C$이므로 $|V_L(j\omega_o)| = |V_C(j\omega_o)|$이다. 따라서 식(4.12) 및 (4.16)으로부터

$$Q_L(j\omega_o) = Q_C(j\omega_o) \equiv Q_o \qquad (4.18)$$

결국, Q 계수는 다음 관계를 만족한다.

$$Q_o \equiv \frac{\omega_o L}{R} = \frac{1}{\omega_o RC} = Q(j\omega_o) \qquad (4.19)$$

이때 식 (4.19)를 직렬공진상태에서 전압비(voltage ratio) 또는 전압확대비라 한다. 따라서 직렬공진은 전압공진(voltage resonance)한다. 주파수 선택도(frequency selectivity), Q 계수 또는 품질계수(Q factor, quality factor), 첨예도(sharpness) 등으로 정의하기도 한다. 즉, 공진주파수에서 커패시터와 인덕터의 단자전압은 전원전압의 Q_o배가 되며 다음과 같이 구할 수 있다.

$$V_L(j\omega_o) = jQ_o V_s(j\omega_o), \quad V_C(j\omega_o) = -j\,Q_o V_s(j\omega_o) \qquad (4.20)$$

식 (4.20)로 주어지는 공진상태에서의 L과 C, 각각의 단자전압은 공진주파수에서 최대값이 되지 않는다는 것을 그림 4.9로부터 알 수 있다. 즉, C의 최대전압은 공진주파수보다 작은 주파수영역($\omega_1 = \omega_{cmax} = \omega_{cp} < \omega_o$)에서, L의 최대전압은 공진주파수보다 큰 영역의 주파수($\omega_2 = \omega_{Lmax} = \omega_{Lp} > \omega_o$)에서 나타난다는 사실에 주목해야 한다. 이 값을 첨두치(peak value)라 하고 이 값이 나타나는 주파수를 첨두치 주파수(peak value frequency)라고 한다. 여기서 ω_1 및 ω_2는 공진회로

에서는 반(半) 전력점 주파수(half power point frequency) 또는 반전력 주파수(half power frequency)라 하고, 필터에서는 하한 및 상한 차단주파수(lower and upper cutoff frequency)라 한다.

이제 L 및 C의 최대전압이 나타나는 주파수를 ω_{Lp} 및 ω_{cp}라 가정해보자. 우선 공진주파수 ω_o와 커패시터 첨두치 전압이 나타나는 주파수, ω_{cp} 사이의 관계를 구해보자. 식 (4.14)에서 정의한 커패시터의 전압비

$$Q_C(j\omega) = \frac{1}{\sqrt{(1-\omega^2 LC)^2 + (\omega CR)^2}} \tag{4.21}$$

의 첨두치가 나타나는 주파수, ω_{cp}는 다음과 같은 조건하는 만족하는 주파수이다.

$$\frac{dQ_C(j\omega)}{d\omega} \equiv 0 \tag{4.22}$$

이 조건으로부터

$$\begin{aligned}
\frac{dQ_C(j\omega)}{d\omega} &= \frac{d}{d\omega}[(1-\omega LC)^2 + (\omega CR)^2]^{-1/2} \\
&= -\frac{1}{2}[(1-\omega^2 LC)^2 + (\omega CR)^2]^{-3/2} \\
&\quad \times [2(1-\omega^2 LC)\times(-2\omega LC) + 2\omega CR \times CR] \equiv 0
\end{aligned}$$

$$\begin{aligned}
\therefore\ & 4(1-\omega_{cp}^2 LC)\times \omega_{cp} LC = 2\omega_{cp} R^2 C^2 \\
& 1-\omega_{cp}^2 LC = \frac{R^2 C}{2L}
\end{aligned}$$

따라서 ω_{cp}를 구하면 다음과 같다.

$$\omega_{cp} = \sqrt{\frac{1}{LC} - \frac{1}{2}\left(\frac{R}{L}\right)^2} \tag{4.23}$$

이 식에 공진주파수, $\omega_o^2 = 1/LC$와 $Q_o = \omega_o L/R$의 관계를 적용하면

$$\omega_{cp} = \sqrt{\omega_o^2 - \frac{1}{2}\left(\frac{\omega_o}{Q_o}\right)^2} = \omega_o \sqrt{1 - \frac{1}{2Q_o^2}} \tag{4.24}$$

커패시터의 첨두치 주파수, ω_{cp}는 Q_o의 함수이고 $\omega_{cp} < \omega_o$이다. 만약, $Q_o \to \infty$ 이면 $\omega_{cp} = \omega_o$가 된다. 결론적으로 공진주파수 ω_o는 C 또는 L의 단자전압이 최대로 나타나는 주파수가 아님을 주목해야 한다.

유사한 방법으로 $Q_L(j\omega)$에 대해서도 식 (4.10)을 적용하여 풀면

$$\omega_{Lp} = \sqrt{\omega_o^2 + \frac{1}{2}\left(\frac{\omega_o}{Q_o}\right)^2} = \omega_o \sqrt{1 + \frac{1}{2Q_o^2}} \tag{4.25}$$

따라서 $\omega_{Lp} > \omega_o$이며 $Q_o \to \infty$이면 $\omega_{Lp} = \omega_o$이다. 식 (4.24) 및 (4.25)으로부터 공진주파수는 다음과 같은 관계를 갖는다.

$$\omega_o^2 = \frac{\omega_{Lp}^2 - \omega_{cp}^2}{2} \tag{4.26}$$

이 식에서 $\omega_{Lp} - \omega_{cp}$는 공진회로나 필터의 대역폭을 의미하지는 않는다.

한편, 그림 4.9에서는 공진 특성 이외에 4가지 기본필터의 특성을 볼 수 있다. 즉, 그림 4.9는 전원전압에 대한 $V_L(j\omega)$의 이득, $Q_L(j\omega)$는 HPF, $V_C(j\omega)$의 이득, $Q_C(j\omega)$는 LPF, $V_L(j\omega) + V_C(j\omega)$의 전압비, $Q_{LC}(j\omega)$는 BRF, 그리고 $V_R(j\omega)$의 이득, $Q_R(j\omega)$는 BPF의 주파수 특성을 보여준다. 결국, RLC 직렬회로는 출력의 선택에 따라 4가지의 기본 필터로 응용 가능하다. 이는 수동회로의 아주 중요한 성질로 필터로의 해석과 설계는 제5장에서 자세히 다루게 될 것이다.

※ 커패시터 단자전압을 출력으로 설계한 경우에 차단주파수, ω_c의 결정

그림 4.7과 같은 RLC 직렬회로에서 커패시터 전압을 출력으로 선택하면 이 회로를 LPF로 이용할 수 있다. 이러한 수동필터의 전달함수는 다음과 같다.

$$H(s) = \frac{V_c(s)}{V_s(s)} = \frac{1/Cs}{Ls + R + 1/Cs} = \frac{\frac{1}{LC}}{s^2 + \frac{R}{L}s + \frac{1}{LC}} \tag{a}$$

이 식 (a)는 2차 LPF의 전형적인 전달함수로 주파수 전달함수는

$$H(j\omega) = \frac{\omega_o^2}{(j\omega)^2 + j\frac{\omega_o}{Q_o}\omega + \omega_o^2} = \frac{\omega_o^2}{(\omega_o^2 - \omega^2) + j\frac{\omega_o}{Q_o}\omega}$$

$$= \frac{1}{(1-u^2) + ju/Q_o} \qquad (u = \frac{\omega}{\omega_o}) \tag{b}$$

이 필터는 1개의 차단주파수가 존재하고 그 조건은 다음 식으로부터 구한다.

$$|H(j\omega)| = \frac{1}{\sqrt{(1-u^2)^2 + (u/Q_o)^2}} \equiv \frac{1}{\sqrt{2}}\Bigg|_{u=u_c} \tag{c}$$

$$(1-u_c^2)^2 + (u_c/Q_o)^2 = 2$$

$$u_c^4 - 2(1 - \frac{1}{2Q_o^2})u_c^2 - 1 = 0$$

$$u_c^2 = (1-\frac{1}{2Q_o^2}) \pm \sqrt{(1-\frac{1}{2Q_o^2})^2+1}$$

$$u_c^2 \ge 0 \Rightarrow u_c = \sqrt{(1-\frac{1}{2Q_o^2}) \pm \sqrt{(1-\frac{1}{2Q_o^2})^2+1}}$$

$u_c = \omega_c/\omega_o \ge 0$이므로 차단주파수는 다음과 같다.

$$\omega_c = \omega_o\sqrt{(1-\frac{1}{2Q_o^2}) + \sqrt{(1-\frac{1}{2Q_o^2})^2+1}} \quad \text{(d)}$$

이 필터는 LPF이므로 대역폭은 다음과 같다.

$$BW = \omega_c \quad \text{(e)}$$

여기서 주목할 것은 식 (d)의 차단주파수는 식 (4.23)로 표현되는 첨두치 주파수, ω_{cp} 및 공진주파수, ω_o와 다음 관계를 만족한다.

$$\omega_{cp} \le \omega_o \le \omega_c \quad \text{(f)}$$

참고로 인덕터의 전압을 출력으로 선택하면 2차 HPF 특성을 나타내며 이 경우에도 첨두치 주파수, 공진주파수 및 차단주파수 사이에 다음 관계가 성립한다.

$$\omega_c \le \omega_o \le \omega_{Lp} \quad \text{(g)}$$

RLC 직렬회로에 대한 필터 해석 및 설계는 5.7.1절에서 자세히 다루어질 것이다.

한편 공진상태에서 회로는 최저 임피던스(순 저항)로 최대전류가 흐르며 이때 최대전력을 소비한다. 전력은 저항에서 소비되는 것이고 따라서 최대전력과 주파수, ω에 대한 전력과의 비는 다음과 같이 구해진다.

$$Q_p(j\omega_o) = \frac{Re\{S(j\omega)\}}{P_{\max}} = \frac{Re\{V_s^2(j\omega)/Z^*(j\omega)\}}{V_s^2(j\omega)/R} = R\times Re\,[\frac{Z(j\omega)}{Z^*(j\omega)Z(j\omega)}]$$

$$= R\times\frac{Re\{Z(j\omega)\}}{|Z(j\omega)|^2} = \frac{R^2}{R^2+\left(\omega L-\frac{1}{\omega C}\right)^2} \equiv Q_R^2(j\omega) \quad (4.27)$$

여기서 $Re\{A\}$는 복소수 A의 실수부를 의미하고 $S(j\omega)=p+jq$는 복소전력(complex power)으로 p[W]는 유효전력(effective power)이고 q[Var]는 무효전력(reactive power)을 나타낸다. $Q_R(j\omega)$는 저항의 전압비로 다음과 같다.

$$Q_R(j\omega) = \frac{|V_R(j\omega)|}{|V_s(j\omega)|} = \frac{|RI_s(j\omega)|}{|Z(j\omega)I_s(j\omega)|} = \frac{R}{\sqrt{R^2+\left(\omega L-\frac{1}{\omega C}\right)^2}} \quad (4.28)$$

결국, 전력비, $Q_p(j\omega)$ 및 전압비, $Q_R(j\omega)$는 그림 4.10과 같이 종 모양의 형태로 나타난다.

일반적으로 공진회로는 Q_o가 클 경우에 대역폭이 좁게 되고 이때 주파수를 정밀하게 선택할 수 있다. 그래서 Q_o를 공진회로의 주파수 선택성의 질을 나타내기도 하므로 품질계수(quality factor)라 하는 것이다. Q_o와 대역폭은 서로 밀접한 관계가 있으므로 대역폭을 정의하는 반전력점 주파수는 공진회로를 설계하는 중요한 요소 중 하나이다.

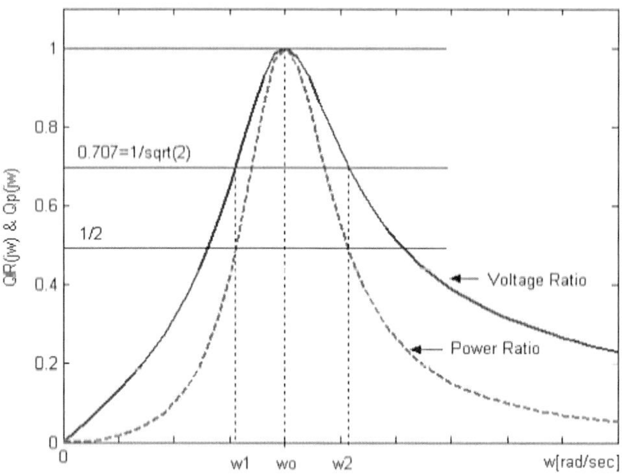

그림 4.10 평균전력과 반전력점 주파수

※ 직렬공진회로에서 반전력점 주파수 특성

(1) 반전력점 주파수는 최대전력의 1/2 전력이 나타나는 주파수

(2) 공진 특성에는 공진주파수(중심주파수)의 양측으로 나타남

(3) 평균전력은 R에서 소비되는 전력으로 R의 단자전압과 관계

(4) 입력전압($V_s(j\omega)$)와 저항전압($V_R(j\omega)$)의 크기 비가 $1/\sqrt{2}$ 이 되는 주파수

(5) 필터 BPF 설계에서는 상, 하한 차단주파수라고도 함

(6) 공진회로 및 필터회로에서 대역폭을 결정함($BW = \omega_2 - \omega_1$)

그림 4.10은 Q 계수를 결정하는 중심주파수인 공진주파수와 반전력점 주파수를 설명하기 위하여 공진회로에서 전력비, $Q_p(j\omega)$ 및 저항의 전압비, $Q_R(j\omega)$를 보인 예이다. 저항의 전압은 일정한 입력전압, $V_s(j\omega)$에 대해 전류비와 같다. 전력이 최대전력의 1/2이 되려면 동일한 저항에 대하여 전류는 $1/\sqrt{2} \fallingdotseq 0.707$이 되어야 하고 1/2 전력이 나타나는 2개의 주파수를 ω_1 및 ω_2라 할 때 이 주파수를 반(半) 전력점 주파수(half power point frequency)라 정의한다. 이때 $Q_R(j\omega)$를 전원전압에

대한 저항 단자전압비로 정의하면

$$Q_R(j\omega) = \frac{|V_R(j\omega)|}{|V_s(j\omega)|} = \frac{|I_s(j\omega) \times R|}{I_{smax} \times R} = \frac{|I_s(j\omega)|}{I_{smax}} = Q_{I_s}(j\omega) \tag{4.29}$$

즉, 전류비와 동일하다. 이때 $I_{smax} = V_s(j\omega_o)/R = V_R(j\omega_o)/R$로 공진 시에 최대전류를 나타낸다. 따라서 공진주파수에서 평균전력은 최대가 된다. 최대평균전력은 $I_s(j\omega_o)$가 최대치 전류페이저라 하면

$$P_{\max} = \frac{1}{2} I_s^2(j\omega_o) \cdot R \tag{4.30}$$

이고 $V_s(j\omega_o) = I_s(j\omega_o)R$이다. 이때 $1/2P_{\max}$에서 전류는 $|I_s(j\omega)| = I_s(j\omega_o)/\sqrt{2}$ 이므로 반전력점 주파수에서

$$|H(j\omega)| = \left.\frac{|V_R(j\omega)|}{|V_s(j\omega)|}\right|_{\omega = \omega_c} \equiv \frac{1}{\sqrt{2}} \tag{4.31}$$

$$Q_R(j\omega) \equiv \frac{R}{|Z(j\omega)|} \tag{4.32}$$

을 만족한다. 이러한 식 (4.31)을 만족하는 주파수 ω_c는 2개로 저항 R의 단자전압을 출력으로 하는 필터, 즉 BPF의 차단주파수에 해당된다. 이 특성을 그림 4.9에서도 확인할 수 있다.

※ 직렬공진에서의 반전력점 주파수 및 공진 특성들

RLC 회로에서 공진이나 필터 특성을 설명하는 경우에 반전력점 주파수는 중요한 요소이나 각 조건마다 그 값을 유도하는 과정은 매우 복잡하다. 따라서 직렬공진회로에 대하여 반전력점 주파수를 구하는 과정을 자세히 설명하고 이후에 다른 공진회로에서 이 값들을 결정하는데 참고하도록 한다.

공진주파수, ω_o에서 최대전력이 나타나므로, 이 주파수를 중심주파수(center frequency)라 한다. 이러한 중심주파수의 좌우에 나타나는 반전력점 주파수는 최대평균전력의 1/2 전력이 나타나는 주파수로 소자 중에 R 값은 주파수와 관계없이 일정하므로 1/2 전력 조건에서 전류는 $|I_s(j\omega)| = I_s(j\omega_o)/\sqrt{2}$ (식 (4.30) 참고)가 되는 주파수이다. 따라서 $|I_s(j\omega)| = I_s(j\omega_o)/\sqrt{2}$ 를 만족하는 주파수, ω를 구하면 된다. 또한, 그림 4.9와 식 (4.31)에서 알 수 있듯이, 그림 4.4에서 저항 R의 전압비는 다음과 같은 전달함수로부터 구할 수 있다.

$$\begin{aligned}\frac{V_R(s)}{V_s(s)} &= H(s) = \frac{R}{Z(s)} \\ &= \frac{R}{Ls + R + \frac{1}{Cs}} = \frac{RCs}{LCs^2 + RCs + 1}\end{aligned}$$

$$= \frac{\frac{R}{L}s}{s^2 + \frac{R}{L}s + \frac{1}{LC}} = \frac{\frac{\omega_o}{Q_o}s}{s^2 + \frac{\omega_o}{Q_o}s + \omega_o^2} \tag{4.33}$$

여기서

$$\omega_o = \frac{1}{\sqrt{LC}} \equiv \omega_n \tag{4.34}$$

는 고유주파수(natural frequency) 또는 공진주파수이며 중심주파수이다. 식 (4.34)로부터 다음과 같은 공진조건이 구해진다.

$$\frac{\omega_o L}{R} \equiv \frac{1}{\omega_o CR} \tag{4.35}$$

또한 주파수 선택도인 Q_o는 $Q(j\omega_o)$를 나타내며 식 (4.33)으로부터 $\omega_o/Q_o = R/L$이므로

$$Q_o \equiv \frac{\omega_o L}{R} \tag{4.36}$$

식 (4.36)에 식 (4.35) 및 (4.34)의 관계를 적용하면 Q_o에 대한 다음과 같은 관계식이 얻어진다.

$$Q_o = \frac{\omega_o L}{R} = \frac{1}{\omega_o RC} = \frac{1}{R}\sqrt{\frac{L}{C}} \tag{4.37}$$

한편 식 (4.33)의 주파수 전달함수를 정리하면

$$H(j\omega) = \frac{j\frac{\omega_o}{Q_o}\omega}{(\omega_o^2 - \omega^2) + j\frac{\omega_o}{Q_o}\omega} = \frac{j\frac{1}{Q_o}u}{(1-u^2) + j\frac{1}{Q_o}u} \tag{4.38}$$

여기서 $u \equiv \omega/\omega_o$는 주파수 비로, 단순히 수식전개를 간편하게 도입한 매개변수다. 식 (4.38)로 주어진 전달함수는 입력전압에 대한 저항의 단자전압비로 공진주파수 $\omega = \omega_o(u-1)$에서 최대치를 나타내고, 이 경우에 $|H(j\omega_o)| = 1$이다. 따라서 ω_o에서 전달함수 이득의 $1/\sqrt{2}$이 되는 주파수가 차단주파수 또는 반전력점 주파수, ω_c이므로 다음 방정식을 만족하는 주파수를 구하면 된다.

$$|H(j\omega_c)| = \frac{u_c/Q_o}{\sqrt{(1-u_c^2)^2 + (u_c/Q_o)^2}} \equiv \frac{1}{\sqrt{2}} \tag{4.39}$$

여기서 $u_c \equiv \omega_c/\omega_o$이다. 식 (4.39)로부터 u_c를 구하면

$$\left(u_c^2 - 1\right)^2 = (u_c/Q_o)^2 \Rightarrow u^2 - 1 = \pm u_c/Q_o \Rightarrow u_c^2 \pm \frac{1}{Q_o}u_c - 1 = 0 \tag{4.40}$$

$$① \ u_c^2 - \frac{1}{Q_o} u_c - 1 = 0 \qquad \Rightarrow u_c = \frac{1}{2Q_o} \pm \sqrt{\left(\frac{1}{2Q_o}\right)^2 + 1}$$

$$u_c > 0 \text{인 경우 :} \qquad u_c = \frac{\omega_c}{\omega_o} = \frac{1}{2Q_o} + \sqrt{\left(\frac{1}{2Q_o}\right)^2 + 1} \tag{4.41}$$

$$② \ u_c^2 + \frac{1}{Q_o} u_c - 1 = 0 \qquad \Rightarrow u_c = -\frac{1}{2Q_o} \pm \sqrt{\left(\frac{1}{2Q_o}\right)^2 + 1}$$

$$u_c > 0 \text{인 경우 :} \qquad u_c = \frac{\omega_c}{\omega_o} = -\frac{1}{2Q_o} + \sqrt{\left(\frac{1}{2Q_o}\right)^2 + 1} \tag{4.42}$$

결국 다음과 같은 반전력점 주파수를 구할 수 있다.

$$\omega_c = \omega_o \left[\pm \frac{1}{2Q_o} + \sqrt{\left(\frac{1}{2Q_o}\right)^2 + 1} \right] \tag{4.43}$$

따라서 하한 및 상한 반전력점 주파수는 다음과 같이 구해진다.

$$\omega_1 = \omega_0 \left[-\frac{1}{2Q_o} + \sqrt{\left(\frac{1}{2Q_o}\right)^2 + 1} \right] \tag{4.44}$$

$$\omega_2 = \omega_0 \left[+\frac{1}{2Q_o} + \sqrt{\left(\frac{1}{2Q_o}\right)^2 + 1} \right] \tag{4.45}$$

식 (4.44) 및 (4.45)와 공진조건에서의 대역폭이나 공진주파수들 사이에 여러 관계들을 구할 수 있다. 이들 결과들을 일부 정리하면 다음과 같다.

$$Q_o = \frac{\omega_o L}{R} = \frac{1}{\omega_o CR} = \frac{1}{R}\sqrt{\frac{L}{C}} \tag{4.46}$$

$$BW = \omega_2 - \omega_1 = \frac{\omega_o}{Q_o} = \frac{R}{L} = \omega_o^2 RC \tag{4.47}$$

$$\omega_1 \times \omega_2 = \omega_o^2 = \frac{1}{LC} \tag{4.48}$$

$$Q_o = \frac{\omega_o}{BW} = \frac{\omega_o}{\omega_2 - \omega_1} = \frac{f_o}{f_2 - f_1} \tag{4.49}$$

이때 2개의 반전력점 주파수의 기하학적 평균이 공진주파수이며 2 주파수 사이의 차를 대역폭(band width : BW)라 한다.

한편 이러한 식들을 이용하면 반전력점 주파수, 식 (4.44) 및 (4.45)는 다음 식들처럼 다양하게 표현할 수 있다.

$$\omega_1 = \omega_o \left[-\frac{BW}{2\omega_o} + \sqrt{\left(\frac{BW}{2\omega_o}\right)^2 + 1} \right] \tag{4.50}$$

$$\omega_2 = \omega_o \left[\frac{BW}{2\omega_o} + \sqrt{\left(\frac{BW}{2\omega_o}\right)^2 + 1} \right] \tag{4.51}$$

$$\omega_1 = \omega_o\left[-\frac{R}{2\omega_o L}+\sqrt{\left(\frac{R}{2\omega_o L}\right)^2+1}\right] \tag{4.52}$$

$$\omega_2 = \omega_o\left[\frac{R}{2\omega_o L}+\sqrt{\left(\frac{R}{2\omega_o L}\right)^2+1}\right] \tag{4.53}$$

$$\omega_1 = \omega_o\left[-\frac{\omega_o RC}{2}+\sqrt{\left(\frac{\omega_o RC}{2}\right)^2+1}\right] \tag{4.54}$$

$$\omega_2 = \omega_o\left[\frac{\omega_o RC}{2}+\sqrt{\left(\frac{\omega_o RC}{2}\right)^2+1}\right] \tag{4.55}$$

반전력점 주파수는 그림 4.10에서 알 수 있는 바와 같이 차단주파수라고도 하며 대역폭을 정의하고 설명하는데 사용한다. 이때 낮은 주파수를 하한 차단주파수(lower cutoff frequency), $\omega_1=\omega_{c1}$이라 하고 높은 주파수를 상한 차단주파수(upper cutoff frequency), $\omega_2=\omega_{c2}$라 한다.

예제 4.1 그림 4.11과 같은 RLC 직렬회로가 있다. 공진주파수가 $\omega_o=200$[rad/sec]이고 공진상태에서 임피던스가 $Z(j\omega_o)=R=50[\Omega]$이다. 반전력점 사이의 주파수 폭, 즉 대역폭이 $BW=100$[rad/sec]라 할 경우에 다음 물음에 답하라.

(1) L 및 C의 값을 구하라.

(2) 실효치 전압페이저, $V_s=100\angle 30^o$인 경우에 회로 전류 I_s와 소비전력 P을 구하라. 또한 전압확대비 Q_o와 L의 단자전압 $V_L(j\omega_o)$을 구하라.

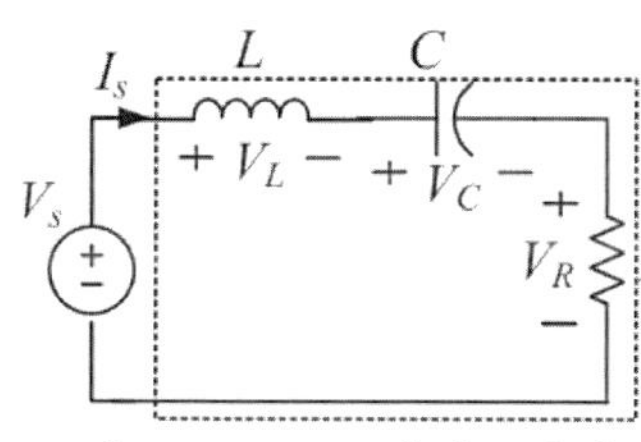

그림 4.11 RLC 직렬공진회로

[풀이] (1) 공진주파수, ω_o와 대역폭, BW가 주어졌으므로 전압확대비 Q_o는

$$Q_o=\frac{\omega_o}{BW}=\frac{200}{100}=2 \tag{a}$$

한편, 공진상태에서 임피던스는 순저항 회로로 $Z(j\omega_o)=R=50[\Omega]$고 또한 Q_o의 정의로부터

$$Q_o=\frac{\omega_o L}{R} \;\Rightarrow\; L=\frac{Q_o\cdot R}{\omega_o}=\frac{2\times 50}{200}=0.5\,[H] \tag{b}$$

이때 커패시터 C는 다음과 같이 구해진다.

$$\omega_o = \frac{1}{\sqrt{LC}} \quad \Rightarrow \quad C = \frac{1}{\omega_o^2 L} = \frac{1}{200^2 \times 0.5} = 50[\mu F] \tag{c}$$

(2) 공진상태에서 회로의 실효치 전류페이저는 다음과 같다.

$$I_s(j\omega_o) = \frac{V_s(j\omega_o)}{R} = \frac{100\angle 30^o}{50} = 2\angle 30^o\,[A] \tag{d}$$

전압페이저의 크기가 실효치로 주어졌으므로 소비전력은

$$P = I_s^2 R = 2^2 \times 50 = 200\,[W] \tag{e}$$

전압확대비 Q_o는 식 (a)와 같고 이 경우에 L의 단자전압은 다음과 같다.

$$V_L(j\omega_o) = jQ(j\omega_o)\,V_s(j\omega_o) = j2 \times 100\angle 30^o = 200\angle 120^o\,[V] \tag{f}$$

그림 4.12는 예제 4.1에 대한 $Q(j\omega)$의 특성이다.

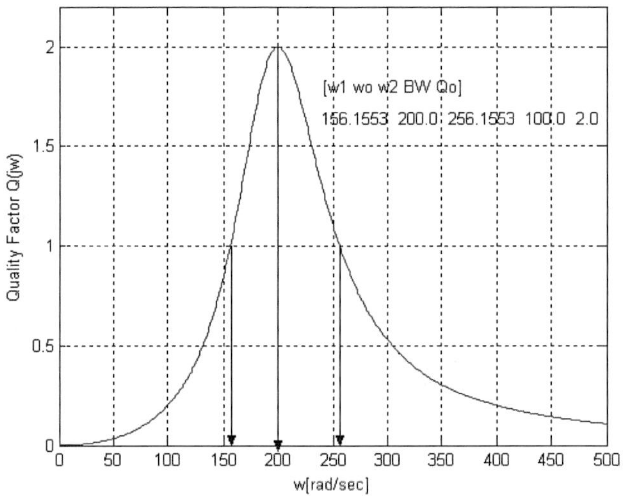

그림 4.12 예제 4.1에 대한 공진 특성

예제 4.2 그림 4.11과 같은 직렬회로에서 전압페이저가 $V_s = 10\,[V]$이고, $R = 50[\Omega]$, $L = 500[mH]$, $C = 50[\mu F]$이다. 공진주파수 ω_o, 전압확대비 Q_o, 반전력점 주파수 ω_1 및 ω_2를 구하라. 또한 대역폭 BW을 구하라.

[풀이] 간단히 결과 식들만 정리하면 다음과 같다.

$$\omega_o = \frac{1}{\sqrt{LC}} = \frac{1}{\sqrt{0.5 \times 50 \times 10^{-6}}} = 200\ \ [\text{rad/sec}] \tag{a}$$

$$Q_o = \frac{\omega_o L}{R} = \frac{200 \times 0.5}{50} = 2 \tag{b}$$

$$\omega_{2,1} = \omega_o \left[\sqrt{1 + \left(\frac{1}{2Q_o} \right)^2} \pm \frac{1}{2Q_o} \right]$$

$$= 200 \left[\sqrt{1 + \left(\frac{1}{2 \times 2} \right)^2} \pm \frac{1}{2 \times 2} \right]$$

$$= 256.1553,\ 156.1553\,[rad/\sec] \tag{c}$$

$$BW = \frac{\omega_o}{Q_o} = \frac{200}{2} = 100\,[rad/\sec] \tag{d}$$

그림 4.13은 예제 4.2의 조건에서 주파수 변화에 대한 전압 특성을 보인다.

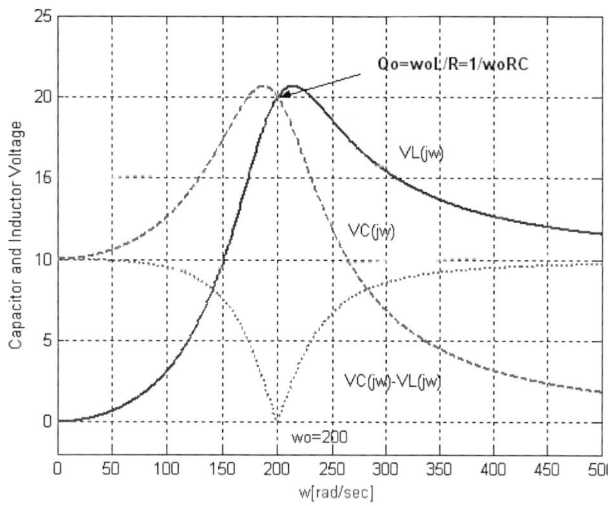

그림 4.13 공진주파수 및 공진첨두치

4.3 병렬공진 특성

그림 4.14는 전형적인 RLC 병렬공진회로이다. 전압공진인 직렬공진과 유사하게 전류공진(current resonance) 특성을 나타낸다. 가변주파수 전원에 대하여 어드미턴스가 순 곤덕턴스(conductance, 순 저항 회로임) 성분만 갖는 상태며, 이 경우에 서셉턴스 (susceptance) 성분이 0이 되는 주파수가 병렬회로에서의 공진주파수이다. 그림 4.14와 같은 회로에서 전원주파수를 ω라 할 때 전류원 측에서 본 어드미턴스는 다음과 같다.

$$Y(j\omega) = \frac{1}{R} + j(\omega C - \frac{1}{\omega L}) \tag{4.56}$$

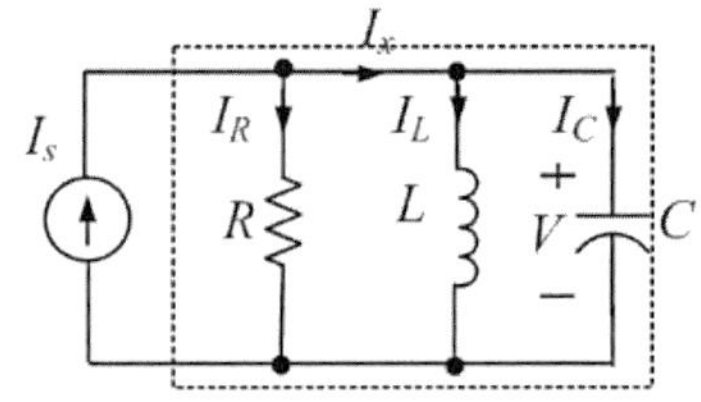

그림 4.14 RLC 병렬공진회로

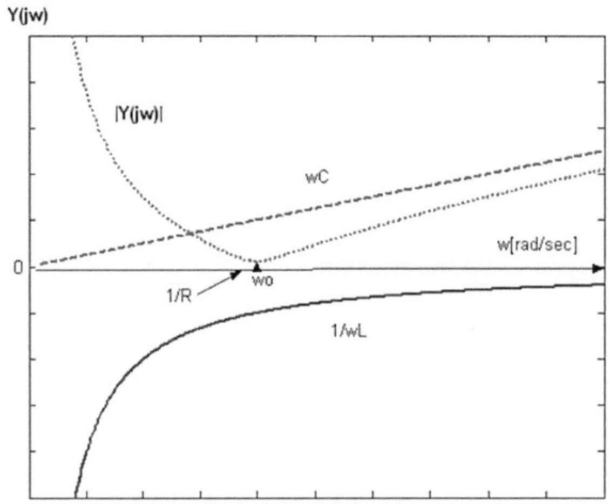

그림 4.15 주파수 변화에 대한 어드미턴스 특성

전원주파수를 가변하면 어드미턴스는 그림 4.15와 같은 특성을 나타낸다. 식 (4.56)에서 주파수를 가변시켜 어드미턴스가 최소가 되는 다음과 같은 조건을 만족할 때 회로는 공진상태가 된다.

$$\omega_o C = \frac{1}{\omega_o L}$$

따라서 이 식을 만족하는 공진 각주파수 및 공진주파수는 다음과 같다.

$$\omega_o = \frac{1}{\sqrt{LC}} \text{ [rad/sec]} \tag{4.57}$$

$$f_o = \frac{1}{2\pi\sqrt{LC}} \text{ [Hz]} \tag{4.58}$$

이와 같이 그림 4.14의 RLC 병렬회로의 공진주파수는 그림 4.4의 RLC 직렬회로의 공진주파수와 같음을 알 수 있다.

한편, 그림 4.14의 회로에서 커패시터 단자전압, $V(j\omega) \equiv V_c(j\omega)$은

$$V(j\omega) = \frac{I_s(j\omega)}{Y(j\omega)} = \frac{I_s(j\omega)}{\frac{1}{R} + j(\omega C - \frac{1}{\omega L})} \tag{4.59}$$

이고 따라서 전압의 크기는 다음과 같다.

$$|V(j\omega)| = \frac{|I_s(j\omega)|}{\sqrt{(1/R)^2 + (\omega C - 1/\omega L)^2}} \tag{4.60}$$

식 (4.57)과 같은 공진주파수에서 어드미턴스, 식 (4.56)은 $Y(j\omega_o) = 1/R$로 최소가 된다. 회로는 순저항(순 콘덕턴스) 회로이며 이때 입력전압과 전류는 동위상이다. 따라서 식 (4.59)로부터 공진상태에서 커패시터 또는 인덕터나 저항의 단자전압은 최대가 되며 다음과 같이 구해진다.

$$V(j\omega_o) = \frac{I_s(j\omega_o)}{Y(j\omega_o)} = R \cdot I_s(j\omega_o) \tag{4.61}$$

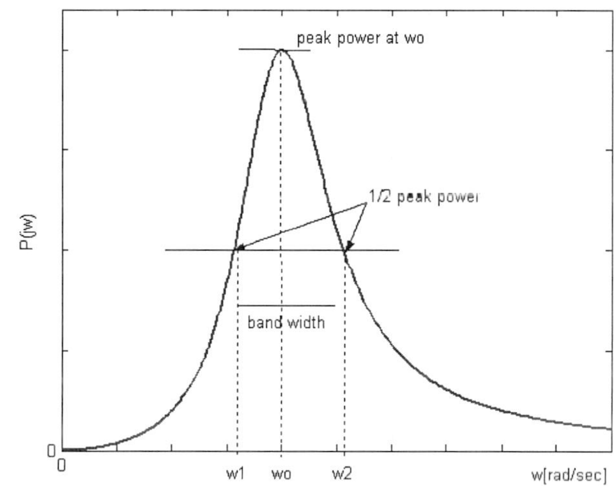

그림 4.16 평균전력과 반전력점 주파수

이제 입력전류에 대한 L, C 소자에 흐르는 전류 사이에 전류비(current ratio)를 다음과 같이 정의해보자.

$$Q_L(j\omega) \equiv \frac{|I_L(j\omega)|}{|I_s(j\omega)|} = \frac{\left|\frac{V(j\omega)}{j\omega L}\right|}{|Y(j\omega)\,V(j\omega)|}$$

$$= \frac{\frac{1}{\omega L}}{\sqrt{\left(\frac{1}{R}\right)^2 + \left(\omega C - \frac{1}{\omega L}\right)^2}} = \frac{\frac{R}{\omega L}}{\sqrt{1 + \left(\omega RC - \frac{R}{\omega L}\right)^2}} \tag{4.62}$$

식 (4.62)에서 다음과 같은 주파수에 의한 전류비를 얻을 수 있다.

① $\omega = 0$: $\quad Q_L(0) = 1$ (4.63)

② $\omega = \omega_o$: $\quad Q_L(j\omega_o) = \dfrac{R}{\omega_o L} \equiv Q_o$ (4.64)

③ $\omega = \infty$: $\quad Q_L(\infty) = 0$ (4.65)

이다. 이와 유사하게 전원전류에 대한 커패시터 전류 사이의 전류비는 다음과 같다.

$$Q_C(j\omega) \equiv \frac{|I_C(j\omega)|}{|I_s(j\omega)|} = \frac{|j\omega C V(j\omega)|}{|Y(j\omega)\,V(j\omega)|}$$

$$= \frac{\omega C}{\sqrt{\left(\frac{1}{R}\right)^2 + \left(\omega C - \frac{1}{\omega L}\right)^2}} = \frac{\omega RC}{\sqrt{1 + \left(\omega RC - \frac{R}{\omega L}\right)^2}} \tag{4.66}$$

따라서 이 경우에도다음과 같은 주파수 특성을 알 수 있다.

① $\omega = 0$: $\quad Q_C(0) = 0$ (4.67)

② $\omega = \omega_o$: $\quad Q_C(j\omega_o) = \omega_o CR \equiv Q_o$ (4.68)

③ $\omega = \infty$: $\quad Q_C(\infty) = 1$ (4.69)

식(4.62) 및 (4.66)과 같은 전류비를 나타내면 그림 4.17과 같다. 그림 4.17은 전원전류에 대한 L 및 C 소자의 전류, $I_L(j\omega)$와 $I_C(j\omega)$의 비, $Q_L(j\omega)$와 $Q_C(j\omega)$는 물론, $I_L(j\omega)+I_C(j\omega)$ $(=I_x(j\omega))$ 및 $I_R(j\omega)$의 전류비, $Q_{LC}(j\omega)$ 그리고 $Q_R(j\omega)$의 주파수 특성을 보여준다. 이 특성으로부터 직렬공진회로의 경우와 유사하게 병렬공진에서 나타나는 몇 가지 특징과 주파수응답 특성을 확인할 수 있다.

※ 병렬공진조건과 그 특징

(1) $Q_C(j\omega)$, $Q_L(j\omega)$의 최대치 (M_{Cp} 및 M_{Lp}) 주파수는 공진주파수와 다름

(2) Q가 클수록 공진첨두치는 $Q_C(j\omega)$, $Q_L(j\omega)$의 최대치에 근접함

(3) 공진주파수에서의 $I_C(j\omega)$ 및 $I_L(j\omega)$는 $I_s(j\omega)$의 $Q_o = Q(j\omega_o)$배임

(4) 공진상태에서 $I_C(j\omega)$ 및 $I_L(j\omega)$ 값은 최대치가 아님

우선, 공진주파수, ω_o에서 $\omega_o L = 1/\omega_o C$이므로 $|I_L(j\omega_o)| = |I_C(j\omega_o)|$이다. 따라서 식(4.64) 및 (4.68)로부터 다음과 같은 결과를 얻을 수 있다.

$$Q_L(j\omega_o) = \frac{R}{\omega_o L} = \omega_o CR \tag{4.70}$$

결국, 그림 4.14와 같은 RLC 병렬회로의 Q 계수는 다음과 같다.

$$Q_o \equiv \frac{R}{\omega_o L} = \omega_o CR \tag{4.71}$$

이때 식 (4.71)을 병렬공진상태에서 전류비(voltage ratio), 또는 전류확대비라 하고, 주파수 선택도, Q 계수, 첨예도 등으로 정의하기도 한다. 즉, 공진주파수에서 커패시터와 인덕터의 전류는 전원전류의 Q_o배가 되며 다음과 같이 구할 수 있다.

$$I_L(j\omega_o) = jQ_oI_s(j\omega_o),\quad I_C(j\omega_o) = -j\,Q_o\,I_s(j\omega_o) \tag{4.72}$$

한편, 식 (4.72)으로 주어지는 공진상태에서의 L과 C, 각각의 전류는 공진주파수에서 최대치로 나타나지 않는다는 것을 그림 4.17로부터 알 수 있다. 즉 L의 최대전류는 공진주파수보다 작은 영역에서 $(\omega_1 = \omega_{Lmax} < \omega_o)$, C의 최대전류는 공진주파수보다 큰 영역의 주파수$(\omega_2 = \omega_{Cmax} > \omega_o)$에서 나타난다는 사실에 주목해야 한다.

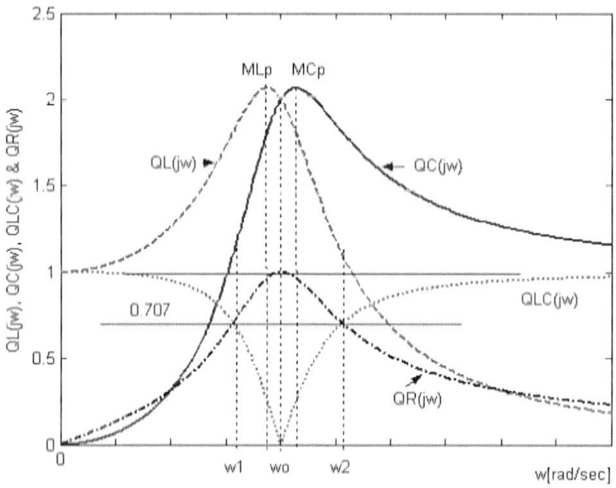

그림 4.17 전류비 함수

RLC 병렬공진회로에 대한 그림 4.17에서도 공진 특성 이외에 4가지 기본필터의 특성이 나타나는 것을 볼 수 있다. 즉, 그림 4.17은 전원전류에 대한 $I_L(j\omega)$의 이득, $Q_L(j\omega)$는 LPF, $I_C(j\omega)$의 이득, $Q_C(j\omega)$는 HPF, $I_x(j\omega) = I_L(j\omega) + I_C(j\omega)$의 전류비, $Q_{LC}(j\omega)$는 BRF, 그리고 $I_R(j\omega)$의 이득, $Q_R(j\omega)$는 BPF의 주파수 특성을 보여준다. 결국, RLC 병렬회로도 입출력의 선택에 따라 필요한 필터로 응용이 가능함을 알 수 있다.

이제 공진 특성 해석으로 돌아가 보자. 공진 시에 LC에 유입하는 전류의 합, $I_x(j\omega)$(그림 4.14 참고)는 0이 되고 회로는 순저항 회로가 된다. 이때 저항에는 최대전류가 흘러 최대전력을 소비한다. 전력은 저항에서 소비되는 것이고 따라서 주파수, ω에 대한 전력과의 비는 다음과 같이 구해진다.

$$Q_p(j\omega) = \frac{Re\{P(j\omega)\}}{P_{\max}} = \frac{Re\{I_s^2(j\omega)/Y(j\omega)\}}{RI_s^2(j\omega)} = \frac{1}{R} \times \frac{Re\{Y(j\omega)\}}{|Y(j\omega)|^2}$$

$$= \frac{1}{1+\left(\omega RC - \dfrac{R}{\omega L}\right)^2} \equiv Q_R^2(j\omega) \tag{4.73}$$

여기서 $Q_R(j\omega)$는 저항의 전류비로 다음과 같이 주어진다.

$$Q_R(j\omega) = \frac{|I_R(j\omega)|}{|I_s(j\omega)|} = \frac{|V(j\omega)/R|}{|Y(j\omega)V(j\omega)|} = \frac{1}{R} \times \frac{1}{\sqrt{\left(\dfrac{1}{R}\right)^2 + \left(\omega C - \dfrac{1}{\omega L}\right)^2}}$$

$$= \frac{1}{\sqrt{1+\left(\omega RC - \dfrac{R}{\omega L}\right)^2}} \tag{4.74}$$

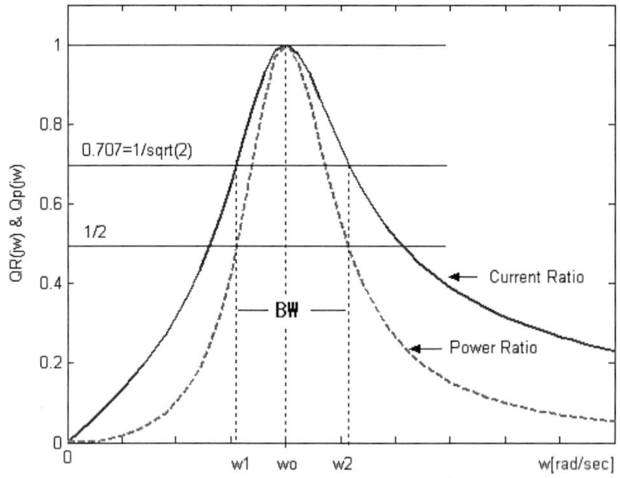

그림 4.18 평균전력과 반전력점

결국, 이 회로의 전력비, $Q_p(j\omega)$ 및 전류비, $Q_R(j\omega)$는 그림 4.18과 같이 종 모양의 형태로 나타난다. 병렬공진회로도 직렬공진회로와 유사하게 공진회로는 Q_o가 클 경우에 대역폭이 좁게 되고 이때 주파수를 정밀하게 선택할 수 있다.

※ 병렬공진회로에서 반전력점 주파수 특성

(1) 반전력점 주파수는 최대전력의 1/2 전력이 소비되는 주파수

(2) 공진 특성에는 공진주파수(중심주파수)의 양측으로 나타남

(3) 평균전력은 R에서 소비되는 전력으로 R의 전류와의 관계

(4) 입력전류($I_s(j\omega)$)와 저항에 흐르는 전류($I_R(j\omega)$) 비가 $1/\sqrt{2}$ 되는 주파수

(5) BPF 필터 설계에서는 상, 하한 차단주파수라고도 함

그림 4.18은 Q 계수와 반전력점을 설명하기 위하여 공진회로에서 전력비, $Q_p(j\omega)$ 및 저항의 전류비, $Q_R(j\omega)$를 보인 예이다. 일정한 입력전류, $I_s(j\omega)$에 대해 저항의 전류비와 같다. 최대전력의 1/2이 되려면 동일한 저항에 대하여 전류는 $1/\sqrt{2} \fallingdotseq 0.707$이 되어야 한다. 1/2 전력이 나타나는 2개의 각주파수를 ω_1 및 ω_2라 할 때 이 각주파수를 병렬공진에서도 반(半) 전력점 주파수라 한다. 이때 $Q_R(j\omega)$를 전원전류에 대한 저항의 전류비로 정의하면

$$Q_R(j\omega) = \frac{|I_R(j\omega)|}{|I_s(j\omega)|} = \frac{1/R}{|Y(j\omega)|} = \frac{|V(j\omega)|}{V_{max}} = Q_{I_R}(j\omega) \tag{4.75}$$

이다. 이때 $V_{\max} = RI_s(j\omega_o) = RI_R(j\omega_o)$로 공진상태에서 소자들에 걸리는 최대전압을 나타낸다. 즉, 공진주파수에서 평균전력은 최대가 된다. 그림 4.18에서 전력이 최대전력의 1/2이 되는 주파수가 ω_1 및 ω_2이고 이때 최대평균전력은 최대치 전류페이저, $I_s(j\omega)$에 대해

$$P_{\max} = \frac{1}{2} I_s^2(j\omega_o) \cdot R \tag{4.76}$$

이고 $V(j\omega_o) = I_s(j\omega_o)R$이다. $1/2P_{\max}$에서 전압은 $|V(j\omega)| = V(j\omega_o)/\sqrt{2}$이므로 반전력점 주파수에서 다음 관계가 성립한다.

$$|H(j\omega)| = \left.\frac{|I_R(j\omega)|}{|I_s(j\omega)|}\right|_{\omega=\omega_c} = \frac{1}{\sqrt{2}} \tag{4.77}$$

식 (4.77)을 만족하는 주파수는 저항 R의 전류를 출력으로 하는 필터, 즉, BPF의 차단주파수에 해당된다.

※ 병렬공진에서의 반전력점 주파수 및 공진 특성들

RLC 병렬회로를 공진회로나 필터로 설계하는 경우에도 반전력점 주파수나 차단주파수를 구해야 한다. 유도 과정은 직렬공진에서 자세히 기술하였으므로 여기서는 그 과정과 결과를 간단히 정리하기로 한다.

반전력점 주파수는 최대평균전력의 1/2 전력이 나타나는 주파수이다. 따라서 회로소자 중에 R값은 고정되어 있으므로 1/2 전력 조건에서 $|I_s(j\omega)| = I_s(j\omega_o)/\sqrt{2}$ (식 (4.76) 참고)가 만족되는 주파수이다. 이 주파수는 그림 4.17과 식 (4.78)에서 알 수 있듯이, 그림 4.14에서 저항 R에 흐르는 전류에 대한 다음과 같은 전달함수로부터 구할 수 있다.

$$\frac{I_R(s)}{I_s(s)} \equiv H(s) = \frac{G}{Y(s)} = \frac{1}{R} \cdot \frac{1}{\frac{1}{R} + Cs + \frac{1}{Ls}}$$

$$= \frac{\frac{1}{RC}s}{s^2 + \frac{1}{RC}s + \frac{1}{LC}} = \frac{\frac{\omega_o}{Q_o}s}{s^2 + \frac{\omega_o}{Q_o}s + \omega_o^2} \tag{4.78}$$

여기서 공진주파수는 다음과 같다.

$$\omega_o = \frac{1}{\sqrt{LC}} \tag{4.79}$$

이때 Q_o는 $Q(j\omega_o)$를 나타내며 식 (4.64) 및 식 (4.68)로부터

$$Q_o = \omega_o CR = \frac{R}{\omega_o L} \tag{4.80}$$

식 (4.78)의 주파수 전달함수를 정리하면 다음과 같다.

$$H(j\omega) = \frac{j\frac{\omega_o}{Q_o}\omega}{(\omega_o^2 - \omega^2) + j\frac{\omega_o}{Q_o}\omega} = \frac{j\frac{1}{Q_o}u}{(1-u^2) + j\frac{1}{Q_o}u} \tag{4.81}$$

여기서도 $u = \omega/\omega_o$이며 수식 전개를 간편하게 하기 위해 도입한 매개변수이다. 여기서 주목할 것은 식 (4.81)이 직렬공진회로 해석과정에서의 사용했던 식 (4.38)과 동일하다는 점이다. 물론, 식 (4.78) ~(4.81)은 엄밀히 말해서 식 (4.33)~(4.38)과는 다르다. 그러나 수식 형태는 동일하다. 따라서 이러한 점을 주의 깊게 참고하면 하한 및 상한 반전력점 주파수는 다음과 같이 구해진다.

$$\omega_1 = \omega_o\left[-\frac{1}{2Q_o} + \sqrt{\left(\frac{1}{2Q_o}\right)^2 + 1}\right] \tag{4.82}$$

$$\omega_2 = \omega_o\left[+\frac{1}{2Q_o} + \sqrt{\left(\frac{1}{2Q_o}\right)^2 + 1}\right] \tag{4.83}$$

식 (4.82) 및 (4.83)과 병렬공진조건에서의 대역폭이나 공진주파수들 사이에 여러 가지 관계들을 얻을 수 있다. 식 (4.80)~(4.83)은 물론 관련 특성들을 요약하면 다음과 같다.

$$BW = \omega_2 - \omega_1 = \frac{\omega_o}{Q_o} = \frac{\omega_o^2 L}{R} = \frac{1}{RC} \tag{4.84}$$

$$\omega_1 \times \omega_2 = \omega_o^2 = \frac{1}{LC} \tag{4.85}$$

$$Q_o = \frac{\omega_o}{BW} = \frac{\omega_o}{\omega_2 - \omega_1} = \frac{f_o}{f_2 - f_1} \tag{4.86}$$

한편 반전력점 주파수, 식 (4.82) 및 (4.83)도 다음 식들처럼 표현할 수도 있다.

$$\omega_1 = \omega_o \left[-\frac{BW}{2\omega_o} + \sqrt{\left(\frac{BW}{2\omega_o}\right)^2 + 1} \right] \tag{4.87}$$

$$\omega_2 = \omega_o \left[\frac{BW}{2\omega_o} + \sqrt{\left(\frac{BW}{2\omega_o}\right)^2 + 1} \right] \tag{4.88}$$

$$\omega_1 = \omega_o \left[-\frac{\omega_o L}{2R} + \sqrt{\left(\frac{\omega_o L}{2R}\right)^2 + 1} \right] \tag{4.89}$$

$$\omega_2 = \omega_o \left[\frac{\omega_o L}{2R} + \sqrt{\left(\frac{\omega_o L}{2R}\right)^2 + 1} \right] \tag{4.90}$$

$$\omega_1 = \omega_o \left[-\frac{1}{2\omega_o RC} + \sqrt{\left(\frac{1}{2\omega_o RC}\right)^2 + 1} \right] \tag{4.91}$$

$$\omega_2 = \omega_o \left[\frac{1}{2\omega_o RC} + \sqrt{\left(\frac{1}{2\omega_o RC}\right)^2 + 1} \right] \tag{4.92}$$

예제 4.3 그림 4.19와 같은 RLC 병렬회로가 있다. 공진주파수가 $\omega_o = 200$ [rad/sec]이고 공진 시의 어드미턴스가 $Y(j\omega) = 1/R$, $R = 200[\Omega]$이다. 반전력점 사이의 주파수 폭, 즉, 대역폭이 $BW = 100$[rad/sec]라 할 경우에 다음 물음에 답하라.

(1) L 및 C의 값을 구하라.

(2) 입력전류의 페이저가 실효치로 $I_s = 0.1\angle 0^o$[A]인 경우에 C의 단자전압, V와 회로의 소비전력, P를 구하라. 또한 Q 계수와 C의 전류, I_C을 구하라.

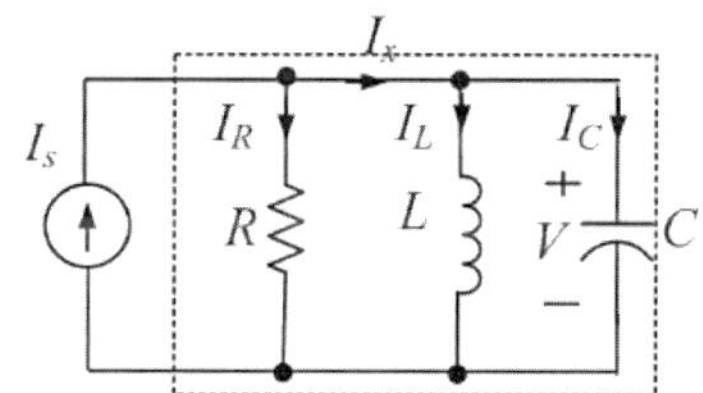

그림 4.19 RLC 병렬공진회로

[풀이] (1) 공진 시 대역폭은 $BW = \omega_2 - \omega_1 = 200$[rad/sec]이므로 Q 계수는 다음과 같다.

$$Q_o = \frac{\omega_o}{BW} = \frac{200}{100} = 2 \tag{a}$$

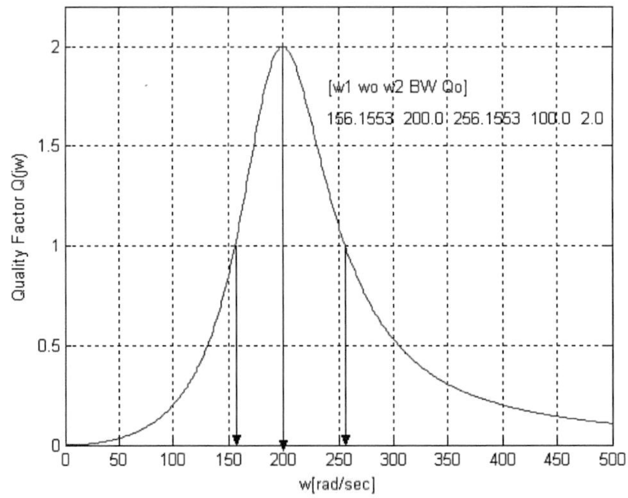

그림 4.20 예제 4.3에 대한 공진 특성

한편 $R=200[\Omega]$이므로 병렬공진상태의 Q_o 계수로부터 L 및 C 값은

$$Q_o=\frac{R}{\omega_o L} \Rightarrow L=\frac{R}{Q_o\times\omega_o}=\frac{200}{2\times200}=0.5\,[H] \tag{b}$$

$$\omega_o=\frac{1}{\sqrt{LC}} \Rightarrow C=\frac{1}{\omega_o^2 L}=\frac{1}{200^2\times0.5}=50[uF] \tag{c}$$

(2) 공진상태에서 C의 단자전압, V와 소비전력은

$$V(j\omega_o)=R\cdot I_s(j\omega_o)=200\times0.1\angle0^o=20\,[V] \tag{d}$$

$$P_{\max}=\frac{V^2(j\omega_o)}{R}=\frac{20^2}{200}=2\,[W] \tag{e}$$

전류확대비 Q_o는 식 (a)와 같고 이 경우에 C의 전류는 다음과 같다.

$$I_C(j\omega_o)=jQ(j\omega_o)\,I_s(j\omega_o)=j2\times0.1=j\,0.2[A] \tag{f}$$

예제 4.4 그림 4.19와 같은 병렬공진회로에서 $I_s=0.1\,[A]$, $R=200[\Omega]$, $L=500[mH]$, $C=50[\mu F]$이다. 공진주파수 ω_o, 전류확대비 Q_o, 반전력점 주파수, ω_1 및 ω_2를 구하라. 또한 대역폭, BW를 구하라.

[풀이] 공진주파수 및 Q 계수는

$$\omega_o=\frac{1}{\sqrt{LC}}=\frac{1}{\sqrt{0.5\times50\times10^{-6}}}=200\ \ [\text{rad/sec}] \tag{a}$$

$$Q_o = \frac{R}{\omega_o L} = \frac{200}{200 \times 0.5} = 2 \qquad \text{(b)}$$

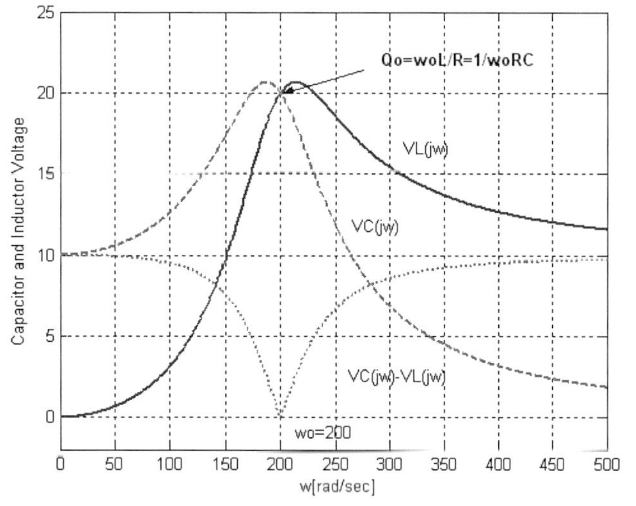

그림 4.21 공진주파수 및 공진첨두치

또한 반전력점 주파수 및 대역폭은 다음과 같이 구해진다.

$$\begin{aligned}\omega_{2,1} &= \omega_o\left[\sqrt{1+(\frac{1}{2Q_o})^2} \pm \frac{1}{2Q_o}\right] \\ &= 200\left[\sqrt{1+(\frac{1}{2\times 2})^2} \pm \frac{1}{2\times 2}\right] \\ &\fallingdotseq 256,\ 156\ [rad/\mathrm{sec}] \qquad \text{(c)}\end{aligned}$$

$$BW = \frac{\omega_o}{Q_o} = \frac{200}{2} = 100[\mathrm{rad/sec}] \qquad \text{(d)}$$

4.4 기타 공진회로 특성

일반적으로 공진현상은 커패시턴스와 인덕턴스 사이의 특정 주파수 조건에서 발생한다. 이때 공진회로를 실제 소자로 구현하는 경우에는 반드시 인덕터를 사용하여야 한다. 실용 인덕터(inductor)는 코일(coil)로 제작하는데 코일에는 반드시 저항성분이 존재하게 마련이다. 이러한 저항성분은 아주 작은 값이긴 하지만 0이 아니므로 낮은 주파수에서 회로 특성에 영향을 미친다. 따라서 저주파 영역에서 직렬공진이던 병렬공진이던 공진회로를 설계하는 경우에는 항상 인덕터 저항을 고려해야 한다.

그림 4.22는 인덕터를 사용한 직렬공진회로이다. 공진회로 설계에서는 4.2절에서 기술한 바와 같은 일반적인 직렬공진 해석을 확장하면 그 공진 특성은 변하지 않는다. 그림 4.22에서 임피던스는

$$Z(j\omega) = R + (R_L + j\omega L) - j\frac{1}{\omega C} = R_{eq} + j(\omega L - \frac{1}{\omega C}) \tag{4.94}$$

여기서 $R_{eq} = R + R_L$ 이다. 따라서 공진주파수는

$$\omega_o = \frac{1}{\sqrt{LC}} \tag{4.95}$$

이때 Q 계수는 다음과 같다.

$$Q_o = \frac{\omega_o L}{R_{eq}} = \frac{1}{\omega_o R_{eq} C} \tag{4.96}$$

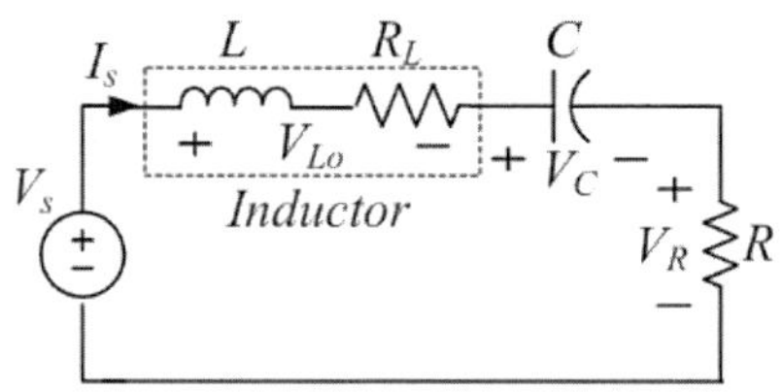

그림 4.22 실제 직렬공진회로

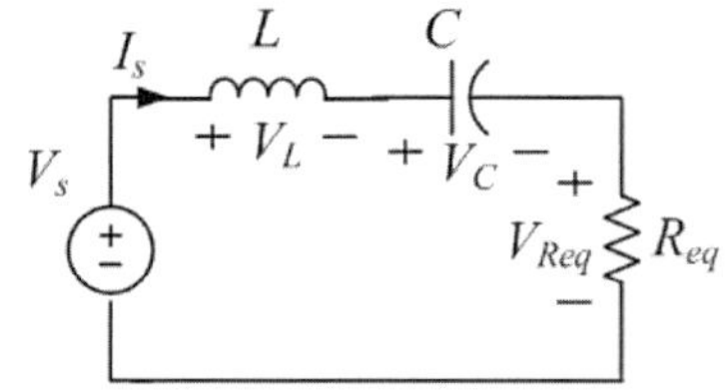

그림 4.23 실제 직렬공진 등가회로

이 경우에 인덕터 단자전압을 측정하여 Q 값을 결정할 수는 없다. 그러나 커패시터의 단자전압으로부터 Q 값을 구할 수 있다. 그림 4.23은 그림 4.22와 등가회로이고 특히, 저항 값이 직렬등가로 주어졌기 때문에 식 (4.95)이나 (4.96)의 결과들을 이용하면 4.2절과 같은 공진회로 해석이나 설계 과정이 유사하게 전개될 수 있다.

실제 인덕터를 사용하여 병렬공진회로를 구성하는 경우에도 코일의 저항성분을 항상 고려해야 한다. 그림 4.24(a)에서 주어진 인덕터의 직렬모델을 병렬등가인 그림 4.24(b)로 변환해 보자.

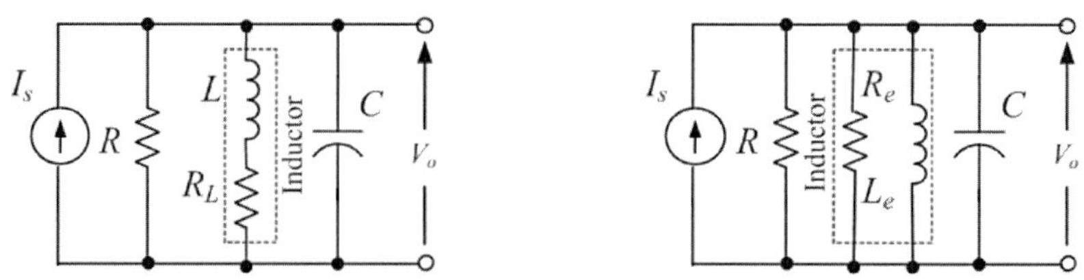

(a) 실제 인덕터 (b) 인덕터의 병렬 등가

그림 4.24 실제 병렬공진회로

직렬모델로 주어진 인덕터에 대한 어드미턴스, Y_L을 구하면 다음과 같다.

$$Y_L(j\omega) = \frac{1}{Z_L(j\omega)} = \frac{1}{R_L + j\omega L} = \frac{R_L}{R_L^2 + (\omega L)^2} - j\frac{\omega L}{R_L^2 + (\omega L)^2}$$
$$= \frac{1}{R_e} + \frac{1}{j\omega L_e} \tag{4.97}$$

여기서 등가저항 및 등가인덕턴스는

$$R_e = \frac{R_L^2 + (\omega L)^2}{R_L} \tag{4.98}$$

$$L_e = \frac{R_L^2 + (\omega L)^2}{L} \tag{4.99}$$

따라서 식 (4.97)의 등가변환을 사용하면 그림 4.24(b)와 같고 이 회로로부터 그림 4.25와 같은 기본형 병렬공진회로가 얻어진다. 여기서

$$R_{eq} = R \| R_e = \frac{R_L^2 + (\omega L)^2}{R_L^2 + RR_L + (\omega L)^2} \times R \tag{4.100}$$

$$L_{eq} = L_e = \frac{R_L^2 + (\omega L)^2}{\omega^2 L} \tag{4.101}$$

$$C_{eq} = C \tag{4.102}$$

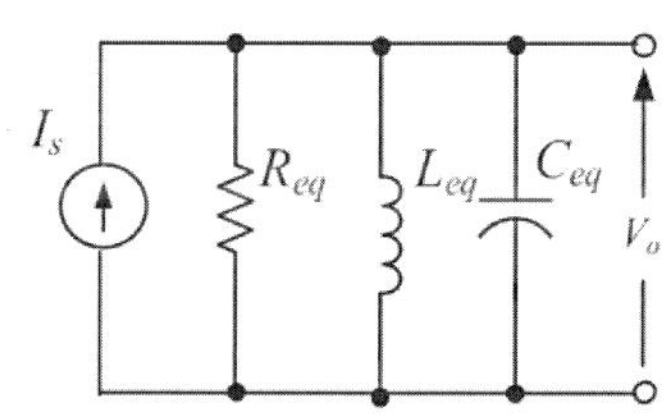

그림 4.25 병렬공진 능가회로

그림 4.25의 등가회로에서 어드미턴스를 구하면 다음과 같다.

$$Y(j\omega) = \frac{1}{R_{eq}} + j(\omega C_{eq} - \frac{1}{\omega L_{eq}}) \tag{4.103}$$

따라서 공진주파수, ω_r은 식 (4.103)의 허수부가 0인 조건이므로

$$\omega_r^2 = \frac{1}{L_{eq}C_{eq}} = \frac{\omega_r^2 L/C}{R_L^2 + (\omega_r L)^2}$$

$$\omega_r = \sqrt{\frac{1}{LC} - \left(\frac{R_L}{L}\right)^2} = \sqrt{\omega_o^2 - \left(\frac{R_L}{L}\right)^2} \tag{4.104}$$

여기서 ω_o는 회로의 고유주파수로 다음과 같다.

$$\omega_o = \frac{1}{\sqrt{LC}} \tag{4.105}$$

이 수식은 이상적인 공진주파수(이상적인 인덕터로 $R_L = 0$인 경우)이기도 하다. 일반적으로 인덕터의 저항이 $R_L \neq 0$인 경우에 Q 계수는 다음과 같다.

$$Q_r \equiv Q(j\omega_r) = \frac{R_{eq}}{\omega_r L_{eq}} = \frac{\omega_r L}{R_L^2 + RR_L + (\omega_r L)^2} \times R \tag{4.106}$$

한편, 그림 4.26(a)와 같이 인덕터와 커패시터를 병렬로 구성한 회로를 탱크 회로(tank circuit)라 하고 실용회로로 많이 응용된다. 탱크 회로에서 직렬모델의 어드미턴스, Y_L을 구하면

$$\begin{aligned} Y_L(j\omega) &= \frac{1}{Z_L(j\omega)} = \frac{1}{R_L + j\omega L} = \frac{R_L}{R_L^2 + (\omega L)^2} - j\frac{\omega L}{R_L^2 + (\omega L)^2} \\ &= \frac{1}{R_{eq}} + \frac{1}{j\omega L_{eq}} \end{aligned} \tag{4.107}$$

여기서

$$R_{eq} = \frac{R_L^2 + (\omega L)^2}{R_L} \tag{4.108}$$

$$L_{eq} = \frac{R_L^2 + (\omega L)^2}{\omega^2 L} \tag{4.109}$$

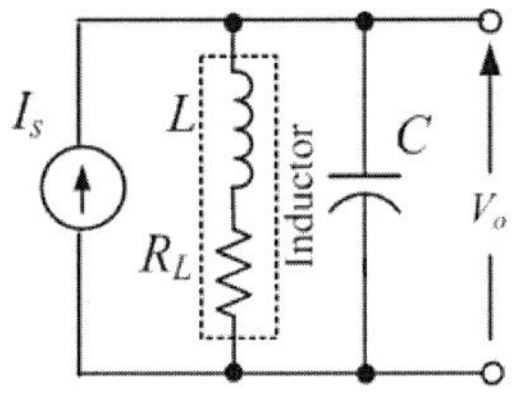

(a) 실제 인덕터

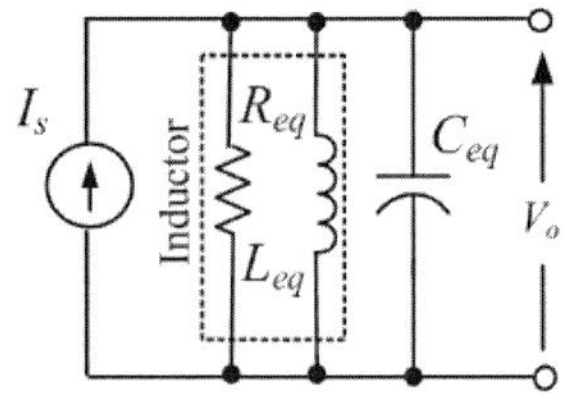

(b) 인덕터의 병렬 등가

그림 4.26 탱크(tank) 회로

그림 4.26(b)에서 어드미턴스를 구하면

$$Y(j\omega) = \frac{1}{R_{eq}} + j\left(\omega C_{eq} - \frac{1}{\omega L_{eq}}\right) \tag{4.110}$$

따라서 공진주파수, ω_r는 식 (4.110)의 허수부가 0인 조건이므로 식 (4.108) 및 (4.109)을 이용하면

다음과 같이 구해진다.

$$\omega_r = \sqrt{\frac{1}{LC} - \left(\frac{R_L}{L}\right)^2} = \sqrt{\omega_o^2 - \left(\frac{R_L}{L}\right)^2} \tag{4.111}$$

이 식은 식 (4.104)과 일치한다. 또한 이 경우에 Q 계수와 공진주파수는

$$Q_r - Q(j\omega_r) = \frac{R_{eq}}{\omega_r L_{eq}} = \frac{\omega_r L}{R} \tag{4.112}$$

$$\omega_o = \frac{1}{\sqrt{LC}} \tag{4.113}$$

이때 식 (4.112)는 식 (4.106)과 동일하게 주어짐을 주목하라. 또한 공진주파수는 인덕터 저항이 $R_L = 0$인 경우에 주어지는 이상적인 공진주파수와 같다.

예제 4.5 그림 4.26(a)의 회로에서 L=50[mH], C=5[μF]이고 R_L=5 및 50[Ω]인 경우에 공진주파수 ω_r 및 고유주파수 ω_o를 구하라.

[풀이] 고유주파수는

$$\omega_o = \frac{1}{\sqrt{LC}} = \frac{1}{\sqrt{0.05 \times 5 \times 10^{-6}}} = 2000\,[rad/\mathrm{sec}] \tag{a}$$

한편, 공진주파수 ω_r은 R_L=5 및 50[Ω]인 경우에 식 (4.111)을 이용하면

$$R_L=5[\Omega] : \omega_r = \sqrt{\omega_o^2 - \left(\frac{R_L}{L}\right)^2} = \sqrt{2000^2 - \left(\frac{5}{0.05}\right)^2} \fallingdotseq 1997\,[rad/\mathrm{sec}] \tag{b}$$

$$R_L=50[\Omega] : \omega_r = \sqrt{\omega_o^2 - \left(\frac{R_L}{L}\right)^2} = \sqrt{2000^2 - \left(\frac{50}{0.05}\right)^2} \fallingdotseq 1732\,[rad/\mathrm{sec}] \tag{c}$$

제4장 연습문제

[문제 4.1] 그림 P4.1과 같은 직렬공진회로가 있다. $v_s(t) = 100\sin(\omega t)$, R=20[Ω], L=150[uH]이고 C=336[nF]인 회로에 대하여 공진주파수 ω_o, 전압확대비 Q_o, 반전력점 주파수 ω_1 및 ω_2, 대역폭 BW을 구하라. 또한 공진 시 전류 $i_s(t)$, 임피던스 Z 및 평균전력 P, 커패시터 전압 $v_c(t)$를 구하라.

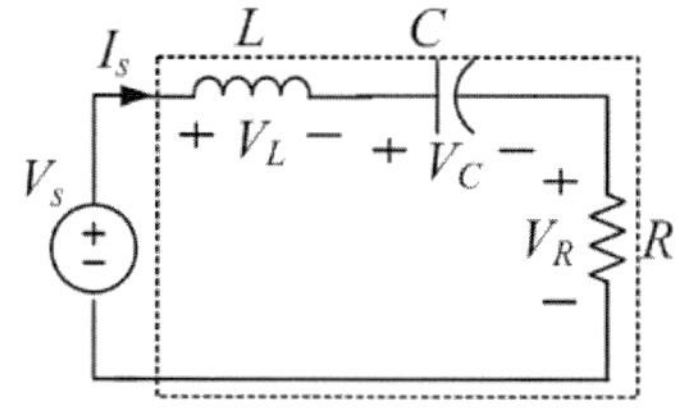

그림 P4.1 RLC 직렬회로

[문제 4.2] 그림 P4.2와 같은 병렬공진회로가 있다. (1) 공진 각주파수가 $\omega_o = 3{,}162$[rad/sec]이고 반전력점 주파수 중 하한 주파수가 $f_1 = 602$[Hz]이고 C는 4[μF]이다. 반전력점 상한 주파수 f_2, 대역폭 BW, Q 계수를 구하라. 또한 저항 R 및 L 값을 구하라. (2)$I_s = 0.1\,[A]$, $R = 200\,[\Omega]$, $L = 500\,[mH]$, $C = 50\,[\mu F]$이다. 공진주파수 ω_o, 전류확대비 Q_o, 반전력점 주파수, ω_1 및 ω_2를 구하라. 또한 대역폭, BW를 구하라.

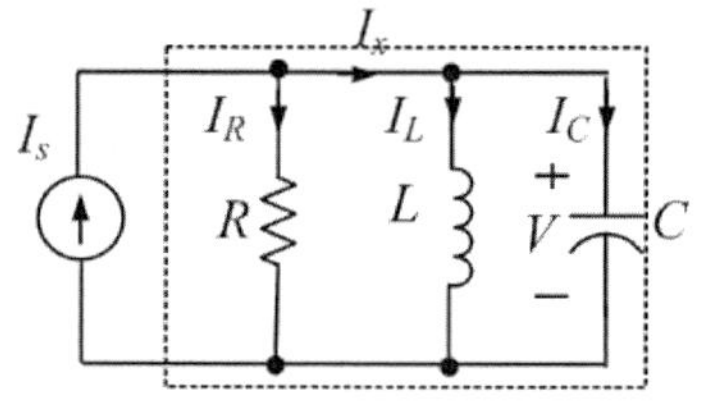

그림 P4.2 RLC 병렬공진회로

제 5 장

수동회로 필터 해석 및 설계

5.1 수동회로 필터의 특징

회로의 전달함수는 입력신호 수파수에 의해 이득과 위상이 변한다. 위상 특성을 이용하는 것은 보상회로(compensator)이고 이득 특성을 이용하는 것이 필터이다. 5장에서는 수동회로에 대한 필터 특성을 학습한다 저역통과, 고역통과, 대역통과 및 대역차단의 4가지 기본적인 수동필터를 도입하고 이 회로들에 대한 주파수응답을 해석한다. 각 절마다 기본 필터회로를 먼저 제시하고, 그 각각의 회로들에 대해 필터 특성을 해석하고 설계, 응용할 수 있도록 다음과 같은 과정으로 기술한다.

(1) 전달함수 유도 : 필터의 해석은 전달함수가 핵심이다. 선정된 회로에 대해 전달함수를 결정한다. 전달함수 형태로부터 필터의 종류를 알 수 있다.
(2) 주파수응답 특성 : 주파수 전달함수에 대한 이득과 위상을 결정한다.
(3) 차단주파수 결정 : 차단주파수는 필터의 활성 동작영역을 결정하는 기준주파수 또는 경계주파수로 대역폭 등을 구할 수 있다. 1차 필터의 차단주파수는 절점주파수와 같다.

(4) 이득과 위상 특성 : 절점주파수를 구하고 주파수 변화에 대한 이득과 위상 특성의 근사치를 계산하여 근사화 Bode 선도를 작도한다.
(5) 주파수응답 분석 : 주파수응답이나 작도된 Bode 선도를 토대로 필터 특성을 기술한다.

5장에서 다루는 모든 수동필터를 유사한 과정으로 해석하므로 중복되는 설명은 가급적 생략하였다.

5.2 1차 저역통과 필터

이상적인 저역통과 필터(LPF)는 그림 5.1에서와 같이 저주파 대역이 활성영역이다. 이와 같은 LPF는 다양한 수동회로들로 구성 가능하다. 구조가 간단하기 때문에 해석이 쉽고 주파수 특성 또한 안정적인 편이다. 노이즈 차단이나 전원 장치 등 활용범위가 넓다. LPF를 수동회로로 구성하는 가장 기본적인 방법이 그림 5.2(a)와 같은 RC 회로나 또는 RL 소자를 적당하게 결합(R과 L을 직렬로 접속하고 R 단자전압을 출력으로 선택)하여 설계한다. 커패시터를 이용한 필터는 인덕터를 사용한 필터에 비해 비교적 안정한 특성을 나타낸다.

※ 저역통과 필터(LPF)의 특징

(1) 필터특성: 직류에서 차단주파수 이하의 저주파 대역의 신호를 통과
(2) 대역폭(BW) : 직류이득의 -3[dB](70.7[%])를 통과하는 주파수까지의 영역
(3) 차단주파수(ω_c) : 직류이득의 -3[dB](70.7[%]) 감쇠하는 주파수
(4) 차단주파수 이상의 영역에서는 -20[dB/dec]의 비율로 감쇠
(5) 기본적인 수동회로 LPF 구성 : LR 및 RC 직렬 회로

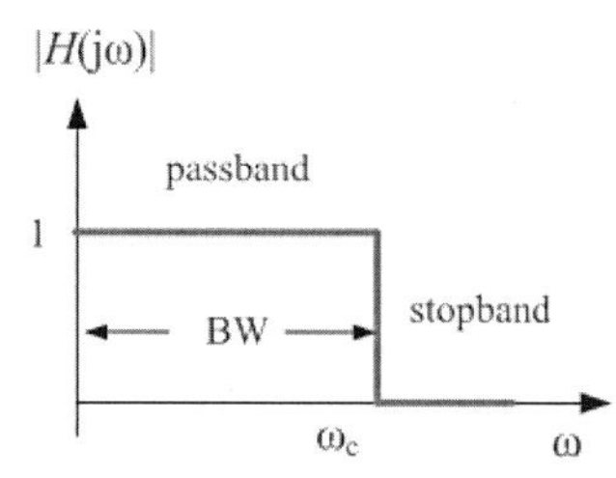

그림 5.1 이상적인 저역통과 필터 특성

(1) 전달함수

그림 5.2(b)와 같은 형태의 4단자 수동회로에서 입출력 사이의 전달함수는 분압법칙(voltage

divider)에 의해 식 (5.1)을 이용해 구해진다. (5장 대부분의 수동필터회로는 이와 같은 유사 구조로 식 (5.1)을 이용하여 전달함수를 결정할 수 있다.)

$$H(s) \equiv \frac{V_o(s)}{V_i(s)} = \frac{Z_2(s)}{Z_1(s)+Z_2(s)} \tag{5.1}$$

따라서 그림 5.2(a) RC 직렬회로의 전달함수는 다음과 같다.

$$H(s) = \frac{1/Cs}{R+1/Cs} = \frac{1}{\tau s+1} = \frac{1/RC}{s+1/RC} = \frac{\omega_c}{s+\omega_c} \tag{5.2}$$

식 (5.2)에서 알 수 있듯이, 전달함수는 다양한 수식으로 표현할 수 있다. 이 식에서

$$\tau = RC[\sec] \tag{5.3}$$

$$\omega_c = \frac{1}{RC}[rad/\sec] \tag{5.4}$$

이다. 이때 τ는 시정수(time constant)로 회로 응답의 시간특성을 나타내는 척도이다. 시정수는 주로 1차 회로시스템에서 정의되어 사용되며 RC 회로에서는 τ=RC[sec], RL 회로에서는 τ=L/R[sec]의 형태로 주어진다. 한편, ω_c는 절점주파수(corner frequency or break frequency)이며 식 (5.2)와 같은 전달함수로 기술되는 1차 회로시스템 또는 1차 필터인 경우에는 차단주파수(cutoff frequency)와 동일한 값이다. 절점주파수는 근사화 이득곡선을 구할 경우에 점근선이 달라지는 경계주파수를 의미하며 전달함수의 영점과 극점을 나타낸다.

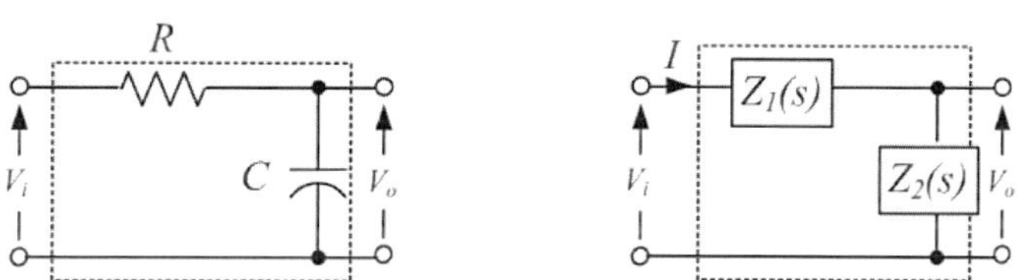

(a) RC 저역통과 필터 (b) 전압분배 회로

그림 5.2 기본적인 저역통과 필터

식 (5.2)에서보면 $H(s)$의 분모다항식은 1차로 이러한 형태의 전달함수로 표현되는 회로를 1차 저역통과 필터, 1차 회로(1st order circuit) 또는 1차 지연회로(1st order phase-lag circuit)라 하기도 한다 이러한 호칭은 특성을 설명하거나 응용분야에 따라 다르게 정의했을 뿐이며 그 성실은 동일하다. 우리는 필터회로를 중심으로 다루므로 식 (5.2)와 같은 전달함수로 주어진 회로시스템은 1차 LPF이라는 것을 판단하고 필요한 특성이나 해석법을 유용할 수 있으면 된다. 식 (5.2)로 기술된 그림 5.2와 같은 회로가 LPF인 구체적인 판단은 이 절의 (5)에서 알 수 있을 것이다.

(2) 주파수 전달함수

회로의 주파수 전달함수는 식 (5.2)로부터

$$H(s)|_{s=j\omega} \equiv H(j\omega) = \left.\frac{1/RC}{s+1/RC}\right|_{s=jw} = \left.\frac{\omega_c}{s+\omega_c}\right|_{s=j\omega} \tag{5.5}$$

이고 따라서 복소함수인 주파수 전달함수, $H(j\omega)$와 이 주파수 전달함수에 대한 이득과 위상은 다음과 같다,

$$H(j\omega) = \frac{1/RC}{j\omega+1/RC} = \frac{\omega_c}{j\omega+\omega_c} = g(\omega)\angle\phi(\omega) \tag{5.6}$$

$$g(\omega) = \frac{1/RC}{\sqrt{\omega^2+(1/RC)^2}} = \frac{\omega_c}{\sqrt{\omega^2+\omega_c^2}} \tag{5.7}$$

$$\phi(\omega) = -\tan^{-1}(\omega RC) = -\tan^{-1}(\frac{\omega}{\omega_c}) \tag{5.8}$$

필터는 주파수 변화에 대한 이득 특성을 이용하는 것이다. 따라서 식 (5.7)의 이득을 3.3절에서처럼 정의하여 사용한다. 식 (5.7)은 주파수 이득이고, $H(0) = g(0) = 1$은 직류이득이다.

※ 직류이득(DC gain) 정의와 특징

(1) 직류전원(DC power source)으로 구동되는 회로의 전달함수 이득

◉ $s=0$ or $\omega=0$으로 대입

ex) (1) $H(s) = \left.\frac{100}{s^2+5s+20}\right|_{s\equiv0} = \frac{100}{20} = 5 \quad \Leftrightarrow H(0)=5$

(2) $H(j\omega) = \left.\frac{200}{j\omega+5}\right|_{\omega\equiv0} = \frac{200}{5} = 40 \quad \Leftrightarrow H(0)=40$

(2) 직류이득은 ω=0(f=0)의 특성으로

1) 1차 저역통과 수동필터에서는 H(0)≤1 또는 H(0)≤0 [dB]임

2) 1차 고역통과 수동필터에서는 H(0)=0 또는 H(0)=-∞[dB]임

(3) 차단주파수

차단주파수는 필터의 활성영역을 판단하는 기준주파수로써 일반적으로 통과대역(pass band) 응답보다 -3[dB]($1/\sqrt{2} \fallingdotseq 0.707$ 또는 70.7[%])의 응답강하 또는 이득감쇠가 이루어지는 주파수를 의미한다. LPF인 경우에는 $H(0)/\sqrt{2}$(-3[dB], $1/\sqrt{2} \fallingdotseq 0.707$ 또는 70.7[%])이 되는 주파수를 나타낸다. 차단주파수는 필터의 활성 주파수영역인 대역폭을 정의하는데 이용하고 대역폭에 의해 필터의 종류도 결정된다. 1차 필터인 경우에는 차단주파수와 절점주파수는 동일한 값이다.

※ 차단주파수(cutoff frequency)

(1) 직류이득이 상수인 경우, $H(0) = Constant$

◉ $H(0)$의 $\frac{1}{\sqrt{2}} \fallingdotseq 0.707$ 또는 -3[dB] 되는 주파수

(2) $|H(j\omega)|_{\omega=\infty} = |H(\infty)| = Constant$

◉ $H(\infty)$의 $\frac{1}{\sqrt{2}} \fallingdotseq 0.707$ 또는 -3[dB] 되는 주파수

주파수 전달함수 식 (5.2)의 직류이득, $H(0)$은

$$H(j\omega) = \left. \frac{1/RC}{j\omega + 1/RC} \right|_{\omega=0} = \left. \frac{\omega_c}{j\omega + \omega_c} \right|_{\omega=0} = 1 \tag{5.9}$$

이다. 차단주파수는 직류이득의 $1/\sqrt{2}$이 되는 주파수이므로 식 (5.7)로부터

$$\frac{1/RC}{\sqrt{\omega^2 + (1/RC)^2}} = \frac{\omega_c}{\sqrt{\omega^2 + \omega_c^2}} \equiv \frac{1}{\sqrt{2}} \times H(0) \tag{5.10}$$

을 만족하는 주파수이다. 따라서

$$\omega = \frac{1}{RC} \equiv \omega_c [rad/\sec] \tag{5.11}$$

실제로 1차 필터의 차단주파수는 절점주파수와 일치한다.

※ 1차 필터 전달함수의 일반형과 차단주파수

(a) $H_1(s) = \frac{K}{s+a} \Rightarrow H_1(j\omega) = \frac{K}{j\omega + \omega_c}$: 1차 LHP (5.12)

(b) $H_2(s) = \frac{s}{s+a} \Rightarrow H_2(j\omega) = \frac{j\omega}{j\omega + \omega_c}$: 1차 HPF

(5.13)

※ 차단주파수 : $\omega_c = a$

※ 필터의 차단주파수와 절점주파수

(a) $H_1(s) = \frac{K(s+c)}{(s+a)(s+b)}$: 2차 필터 (5.14)

$$H_1(j\omega) = \frac{K(j\omega + \omega_{c3})}{(j\omega + \omega_{c1})(j\omega + \omega_{c2})} \quad : \omega_{c1}, \omega_{c2}, \omega_{c3} = \text{절점주파수}$$

(b) $H_2(s) = \dfrac{K(s+c)}{s^2 + as + b}$: 2차 필터 (5.15)

$$H_2(j\omega) = \frac{K(j\omega + c)}{(j\omega)^2 + j\dfrac{\omega_o}{Q_o}\omega + \omega_o^2} \quad :$$

Q_o : Q 계수, ω_o : 고유(공진)주파수

ω_c : 차단주파수(이득의 $1/\sqrt{2}$ 이 되는 주파수로 결정)

ω_{co} : 절점주파수는 극과 영점의 절대치

① 기본형으로 결합된 전달함수에서의 이득의 점근선을 구하기 위한 경계주파수를 절점주파수(corner frequency)라 함. (1)에서는 3개 절점주파수가 존재함.

② 절점주파수는 Bode 선도의 이득곡선 상 이득의 기울기가 ±20[dB]배씩 변화되는 점의 경계주파수를 의미함

③ 절점주파수는 근사화 Bode 선도 작도 경우에만 사용하는 용어임

④ 차단주파수의 정의는 직류이득의 -3[dB] 되는 주파수: 대역폭(통과영역)결정

⑤ 1차 필터에서 절점주파수(0은 제외)는 차단주파수와 동일.

(4) 이득과 위상

전달함수 특성은 주파수 변화에 대한 이득 및 위상을 그래프로 나타낸 근사화 Bode 선도로부터 해석할 수 있다. 주파수 전달함수, 식 (5.5)와 이 식에 대한 절점주파수는

$$H(j\omega) = \frac{1/RC}{j\omega + 1/RC} = \frac{\omega_c}{j\omega + \omega_c} \quad : \omega_c = \frac{1}{RC}[rad/\sec] \tag{5.16}$$

따라서 근사화 Bode 선도를 그리기 위하여 절점주파수를 경계로 다음과 같이 2 범위의 해석 영역을 선택한다.

구간 ①	구간 ②

ω_c=1/RC

2개 구간의 이득의 점근선 및 위상의 근사치를 구하면 다음과 같다.

$$\text{① } \omega \ll \omega_c \text{ 구간 : } H(j\omega) = \left.\frac{\omega_c}{j\omega + \omega_c}\right|_{\omega \ll \omega_c} \fallingdotseq \frac{\omega_c}{\omega_c} = 1 \tag{5.17}$$

$$g(\omega) = 20\log(1) = 0\ [\mathrm{dB}]$$

$$\phi(\omega) = \angle 1 = 0^o$$

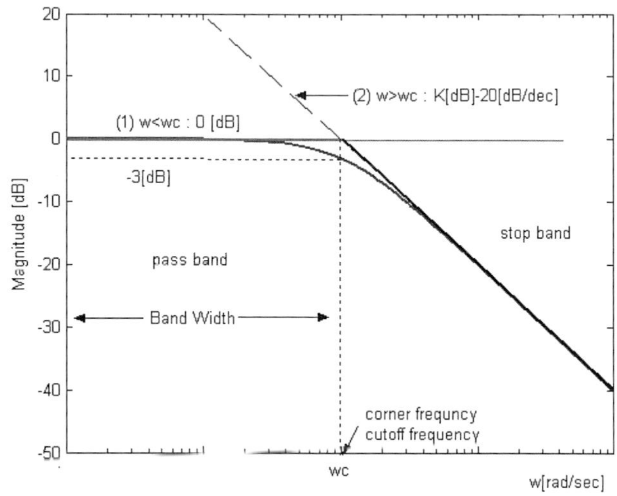

그림 5.3 $H(j\omega) = \dfrac{1/RC}{j\omega + 1/RC} = \dfrac{\omega_c}{j\omega + \omega_c}$ 의 이득곡선

② $\omega \gg \omega_c$ 구간 : $H(jw) = \left.\dfrac{\omega_c}{jw + \omega_c}\right|_{\omega \gg \omega_c} \fallingdotseq \dfrac{\omega_c}{jw}$ (5.18)

$$\begin{aligned} g(\omega) &= 20\log\left(\frac{\omega_c}{\omega}\right) \\ &= 20\log(\omega_c) - 20\log(\omega) \\ &= K\,[\mathrm{dB}] - 20\,[\mathrm{dB}/dec] \end{aligned}$$

$$\phi(\omega) = \angle \frac{\omega_c}{j\omega} = -90^o$$

그림 5.3은 x축의 주파수를 대수눈금으로 하고 y축의 이득을 dB 눈금으로 취한 경우, 식 (5.2) 또는 식 (5.16)의 이득곡선을 나타낸다. 절점주파수, ω_c을 기준으로 낮은 영역의 점근선은 0[dB]이며 높은 영역에서는 절편이 $K = 20\log\omega_c$ [dB]이고 기울기가 -20[dB/dec]인 직선이 점근선이다. 따라서 실제 이득곡선은 그림 5.3에서와 같이 점근선을 따라 근접한 곡선으로 그릴 수 있다. 그림 5.3의 결과로부터 가변주파수에 대한 주파수응답을 파악할 수 있으며 이 회로는 LPF 특성을 나타냄을 알 수 있다. (주목 : 그림 5.1은 y축의 이득을 단위 없이 0부터 나타낸 것이며 그림 5.3은 dB 단위로 나타낸 것이다. 일반적으로 이상적인 주파수 대역 특성을 설명하는 경우에는 그림 5.1과 같은 형태의 그래프가 많이 쓰이나, 감쇠율을 설명하거나 근사화 이득곡선을 구하여 필터 특징을 설명하는 경우에는 그림 5.3과 같이 dB 이득을 사용하는 것이 편리하다.)

(5) 주파수응답의 결과

그림 5.2와 같은 RC 회로의 전달함수와 주파수 전달함수는 다음과 같다.

$$H(s) = \frac{1/RC}{s+1/RC} = \frac{a}{s+a} \;:\; 1\text{차 } LPF \tag{5.19}$$

$$H(j\omega) = \frac{1/RC}{j\omega+1/RC} = \frac{\omega_c}{j\omega+\omega_c} \;:\; \omega_c = \frac{1}{RC} \tag{5.20}$$

식 (5.19)와 같거나 유사한 다음의 전달함수 형태는 LPF 특성을 나타낸다.

$$H(s) = \frac{K}{\tau s+1} = \frac{b}{s+a} \tag{5.21}$$

여기서 τ는 시정수이고 K, a, b는 상수이다.

그림 5.2와 같은 회로에 대하여 전달함수, 이득 특성 해석 결과들을 고려하면 회로는 다음과 같은 주파수 특성을 가진 LPF임을 알 수 있다.

① 이득 특성 :

1) ω_c는 차단주파수로 절점주파수와 동일
2) $0 < \omega < \omega_c (BW = \omega_c)$은 통과대역(pass band)
3) $\omega > \omega_c$의 주파수영역은 차단대역(stop band)
4) 1차 저역통과 필터(1st order LPF) 특성임

② 위상 특성

1) 위상은 $-90^o < \phi(\omega) < 0^o$
2) 1차 지연회로(1st order phase-lag circuit)

그림 5.2의 RC 회로는 필터로 응용하거나 저주파에서는 전원회로의 평활 목적으로 이용하기도 한다. RC 회로와 유사한 RL 회로도 LPF로 많이 이용된다. 이 경우에 인덕터는 인덕턴스 성분 이외에 내부저항이 존재하므로 이득의 변화로 인한 주파수 특성이 변화된다. 또한 고주파에서는 코일의 고유의 노이즈도 문제가 되는 경우도 있다.

예제 5.1 그림 5.4와 같이 R=500[Ω], C=2[μF]인 회로가 있다. (1) 차단주파수, ω_c를 구하라. (2) 근사화 Bode 선도 중 이득곡선을 구하라. (3) 구한 이득곡선을 이용하여 이 필터의 특징을 설명하라.

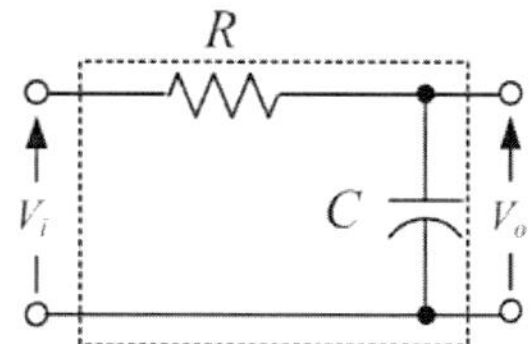

그림 5.4 RC 필터

[풀이] (1) 회로의 전달함수와 절점주파수를 구하면

$$H(s)=\frac{1/RC}{s+1/RC}=\frac{\omega_c}{s+\omega_c}=\frac{10^3}{s+10^3} \tag{a}$$

$$H(j\omega)=\frac{10^3}{j\omega+10^3} \tag{b}$$

식 (b)에서 직류이득은 $H(0)=1$이고 따라서 차단주파수는 분모다항식으로부터 다음과 같이 구할 수 있다.

$$\omega_c = 10^3\,[\text{rad/sec}] \tag{c}$$

(2) 근사화 Bode 선도를 구하기 위하여 절점주파수를 구하면 식 (c)의 차단주파수와 같으며 따라서 다음과 같은 구간으로 나누어 점근선을 구한다.

구간 ①	구간 ②

$\omega_c = 10^3$

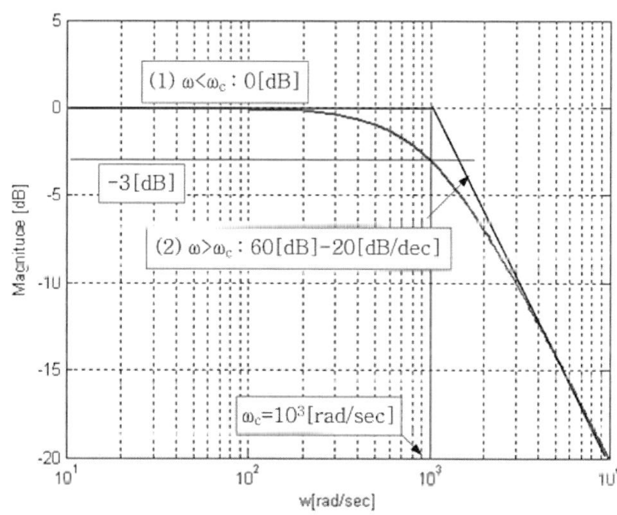

그림 5.5 RC 회로의 이득곡선

$$\text{① } \omega < 10^3 \text{ 구간 : } H(j\omega)=\left.\frac{10^3}{j\omega+10^3}\right|_{\omega<10^3} \fallingdotseq 1 \tag{d}$$

$$g(\omega)=20\log(1)=0[\text{dB}]$$

$$\phi(\omega) = 0^o$$

② $\omega > 10^3$ 구간 : $H(j\omega) = \left. \frac{10^3}{j\omega + 10^3} \right|_{\omega > 10^3} \fallingdotseq \frac{10^3}{j\omega}$ (e)

$$g(\omega) = 20\log(\frac{10^3}{\omega}) = 20\log(10^3) - 20\log(\omega)$$
$$= 60[\text{dB}] - 20[\text{dB}/dec]$$
$$\phi(\omega) = \angle \frac{10^3}{j\omega} = -90^o$$

(3) 절점주파수 구간을 이용하여 근사화 이득인 점근선과 이 점근선을 따라 근사치 이득곡선을 그리면 그림 5.5와 같다. 이 회로는 1차 필터로 절점주파수는 차단주파수와 동일하며 ω_c=1000[rad/sec]이다. 따라서 이 주파수 이하는 통과대역이므로 1차 LPF이다.

5.3 1차 고역통과 필터

고역통과 필터(HPF)도 LPF처럼 기본적인 필터로 많이 응용된다. 이 필터는 그림 5.6과 같이 차단주파수 이상의 고주파 대역이 활성영역이다. 다양한 회로들로 구성이 가능하며 구조 역시 간단하다. 해석이 쉽고 그 특성 또한 안정적이다.

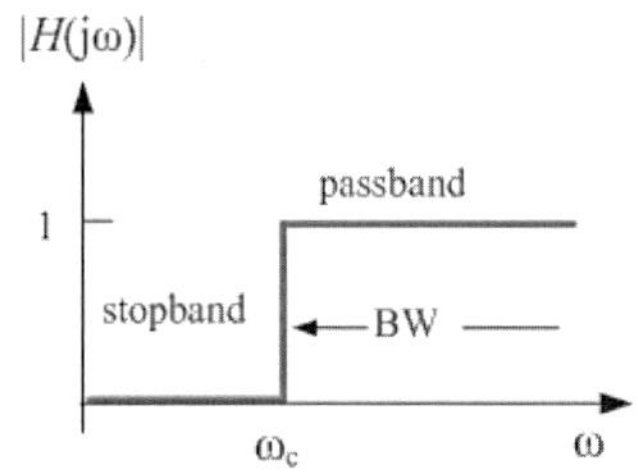

그림 5.6 이상적인 고역통과 필터 특성

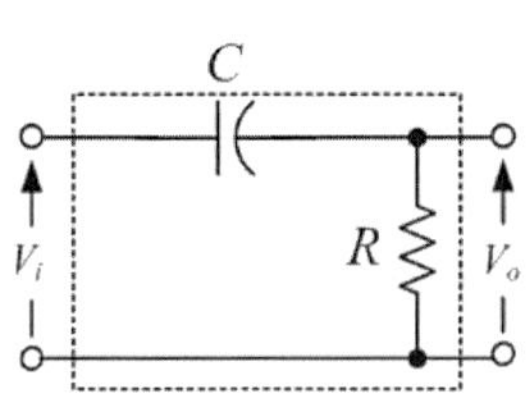

그림 5.7 RC 고역통과 필터

※ 고역통과 필터의 특징

O 필터특성 : 차단주파수 이상의 고주파 대역의 신호를 통과

O 차단주파수(ω_c) : $|H(j\omega)| = 1/\sqrt{2}$ ($-3\,[dB]$)인 점의 주파수

O 대역폭(BW) : 차단주파수 ω_c 이상의 주파수 대역

O 직류에서부터 차단주파수 이하의 영역에서는 +20[dB/dec]의 비율로 증가

O 기본적인 수동회로 HPF 구성 : RL 및 RC 회로

RC 직렬회로일지라도 그림 5.2(a)와 같이 구성하면 1차 LPF 특성을 나타낸다. 하지만 그림 5.7에서와 같이 R의 단자전압을 출력으로 선택한 경우에는 HPF의 특성을 나타낸다. 전달함수, 주파수 전달함수, 절점주파수와 근사화 이득곡선의 작도 그리고 그 특성의 정의 과정은 5.2절과 유사하므로 5.3절에서는 그 과정을 따라 필요한 경우에 특징들만 간단히 요약한다.

(1) 전달함수

그림 5.7의 전달함수는 분압법칙을 적용하여 간단히 구할 수 있다. 즉,

$$H(s) = \frac{R}{R + 1/Cs} = \frac{s}{s + 1/RC} = \frac{s}{s + \omega_c} \tag{5.22}$$

여기서 시정수는 $\tau = RC[\sec]$이고 절점주파수는

$$\omega_c = \frac{1}{RC}\,[rad/\sec] \tag{5.23}$$

이때 식 (5.22)는 1차 필터회로이므로 절점주파수는 차단주파수와 같다.

(2) 주파수 전달함수

식 (5.22)로부터 전달함수는 다음과 같다.

$$H(s)|_{s=j\omega} = H(j\omega) = \left.\frac{s}{s + 1/RC}\right|_{s=jw} = \left.\frac{s}{s + \omega_c}\right|_{s=j\omega} \tag{5.24}$$

주파수 전달함수와 이득 및 위상은

$$H(j\omega) = \frac{j\omega}{j\omega + 1/RC} = \frac{j\omega}{j\omega + \omega_c} = g(\omega)\angle\phi(\omega) \tag{5.25}$$

$$g(\omega) = \frac{\omega}{\sqrt{\omega^2 + (1/RC)^2}} = \frac{\omega}{\sqrt{\omega^2 + \omega_c^2}}$$

$$\phi(\omega) = 90^o - \tan^{-1}(\omega RC) = 90^o - \tan^{-1}\left(\frac{\omega}{\omega_c}\right)$$

(3) 차단주파수

차단주파수는 활성영역인 통과대역이나 직류이득의 -3[dB] 또는 $1/\sqrt{2} \fallingdotseq 0.707$이 되는 주파수로, 이 주파수를 경계로 필터의 활성영역이나 차단영역 또는 대역폭 등을 정하여 이용한다. 1차 필터와 같이 차단주파수가 절점주파수와 동일한 값으로 주어지는 경우도 있지만, 실제로 Bode 선도를 작도할 때의 절점주파수와는 다른 의미임을 주목해야 한다. 식 (5.25)의 전달함수 이득으로부터 차단주파수를 구하면 다음과 같다.

$$\frac{\omega}{\sqrt{\omega^2+(1/RC)^2}} = \frac{\omega}{\sqrt{\omega^2+\omega_c^2}} \equiv \frac{1}{\sqrt{2}} \tag{5.26}$$

$$\omega = \omega_c = \frac{1}{RC}\ [rad/\sec] \tag{5.27}$$

그림 5.7의 회로 역시 전달함수가 1차인 필터이므로 차단주파수와 절점주파수는 동일한 값이다.

(4) 이득과 위상 특성

절점주파수를 경계로 근사화 이득에 대한 점근선을 구하면 다음과 같다.

$$H(j\omega) = \frac{j\omega}{j\omega + 1/RC} = \frac{j\omega}{j\omega+\omega_c} \qquad \omega_c = \frac{1}{RC} \tag{5.28}$$

구간 ①	구간 ②

ω_c=1/RC

$$① \ \omega \ll \omega_c \text{ 구간 : } H(j\omega) = \left.\frac{j\omega}{j\omega+\omega_c}\right|_{\omega \ll \omega_c} \fallingdotseq \frac{j\omega}{\omega_c} \tag{5.29}$$

$$\begin{aligned} g(\omega) &\fallingdotseq 20\log\left(\frac{\omega}{\omega_c}\right) = 20\log(\omega) - 20\log(\omega_c) \\ &= 20[dB/dec] - K[dB] \end{aligned}$$

$$\phi(\omega) = \angle \frac{j\omega}{\omega_c} = 90^o$$

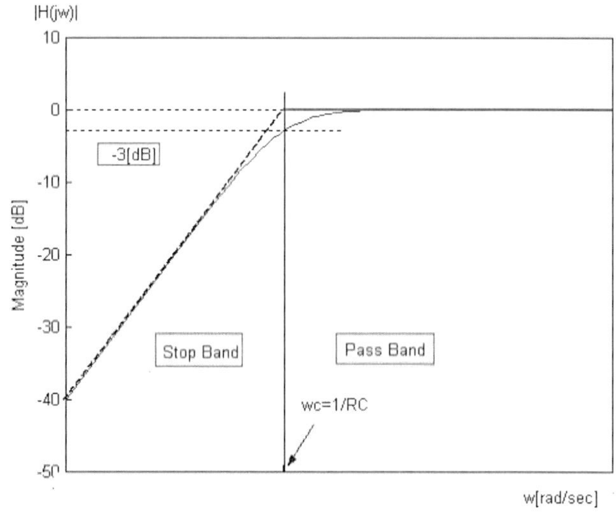

그림 5.8 $H(j\omega)=\dfrac{j\omega}{j\omega+1/RC}=\dfrac{j\omega}{j\omega+\omega_c}$의 이득곡선

② $\omega \gg \omega_c$ 구간 : $H(jw)=\left.\dfrac{j\omega}{j\omega+\omega_c}\right|_{\omega\gg\omega_c} \fallingdotseq \dfrac{j\omega}{jw}=1$ (5.30)

$$g(\omega)=20\log(1)=0[dB]$$
$$\phi(\omega)=\angle 1=0^o$$

절점주파수 구간에서의 이득 특성을 그리면 그림 5.8과 같다.

(5) 주파수응답의 결과

결국 이 회로의 전달함수 형태는

$$H(s)=\frac{s}{s+1/RC}=\frac{s}{s+a} \quad : 1\text{차 } HPF \tag{5.31}$$

$$H(j\omega)=\frac{j\omega}{j\omega+1/RC}=\frac{j\omega}{j\omega+\omega_c} \quad : \omega_c=\frac{1}{RC} \tag{5.32}$$

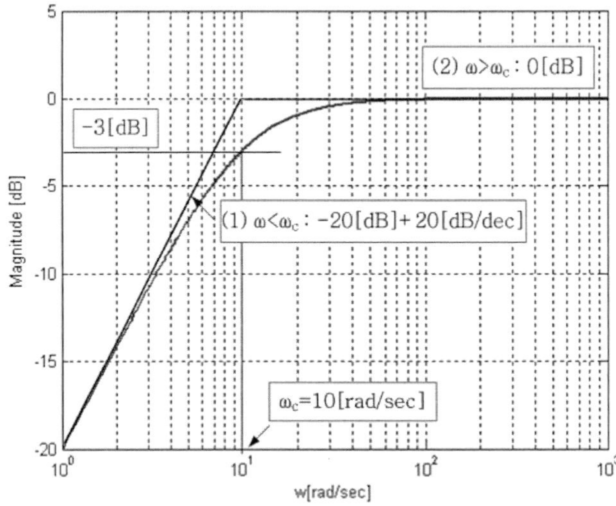

그림 5.9 그림 5.8의 이득 특성

① 이득 특성 :

1) ω_c는 차단주파수 및 절점주파수

2) $\omega > \omega_c$(BW)은 통과대역(pass band)

3) $\omega < \omega_c$ 영역은 차단대역(stop band)

4) 1차 고역통과 필터(1st order HPF) 특성

② 위상 특성

1) 위상은 $0^o < \phi(\omega) < 90^o$:

2) 1차 진상회로(1st order phase-lead circuit)

다음은 인덕터를 포함한 회로의 필터 해석이다. 이 예를 통해 1차 HPF와 인덕터 특성을 이해할 수 있다.

예제 5.2 R=50[Ω], R_L=50[Ω], L=100[mH]인 다음과 같은 회로가 있다. (1) 부하저항 R_L이 없는 경우와 (2) R_L이 있는 경우에 이득곡선과 차단주파수를 구하라.

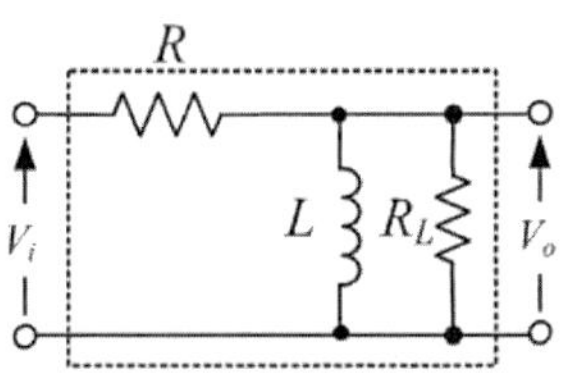

그림 5.10 부하회로

[풀이] (1) R_L이 없는 경우

이 경우에는 RL HPF이다. 이하는 자세한 설명 없이 그 결과들을 정리한다. 전달 함수와 절점주파수는

$$H_f(s) = \frac{Ls}{Ls+R} = \frac{s}{s+R/L} = \frac{s}{s+\omega_c} \quad \text{(a)}$$

$$H_f(j\omega) = \frac{j\omega L}{j\omega L+R} = \frac{j\omega}{j\omega+R/L} = \frac{j\omega}{j\omega+\omega_c} \quad \text{(b)}$$

$$\omega_c = \frac{R}{L} = \frac{50}{0.1} = 500\,[rad/\sec] \quad \text{(c)}$$

따라서 절점주파수를 기준으로 2개의 구간에서 이득의 점근선과 위상을 구하면 이하와 같다.

$$H_f(j\omega) = \frac{j\omega}{j\omega+500} \quad \omega_c = 500\ [\text{rad/sec}] \quad \text{(d)}$$

구간 ①	구간 ②

ω_c=500

① $\omega \ll \omega_c$ 구간 : $H_f(j\omega) = \left.\frac{j\omega}{j\omega+500}\right|_{\omega \ll 500} \fallingdotseq \frac{j\omega}{500}$ (c)

$$g(\omega) = 20\log\left(\frac{\omega}{500}\right) = 20\log(\omega) - 20\log(500)$$
$$= 20[dB/dec] - 54[dB]$$
$$\phi(\omega) = \angle\frac{j\omega}{500} = 90^o$$

② $\omega \gg \omega_c$ 구간 : $H_f(jw) = \left.\frac{j\omega}{j\omega+500}\right|_{\omega \gg 500} \fallingdotseq \frac{j\omega}{jw} = 1$ (d)

$$g(\omega) = 20\log(1) = 0[dB]$$
$$\phi(\omega) = \angle 1 = 0^o$$

(2) R_L이 있는 경우

$$H_L(s) = \frac{Ls\|R_L}{R+Ls\|R} = \frac{\frac{R_L}{R+R_L}s}{s+\frac{R_L}{R+R_L}\times\frac{R}{L}} = \frac{Ks}{s+\omega_{CL}} \quad \text{(e)}$$

$$K = \frac{R_L}{R+R_L} = \frac{50}{50+50} = \frac{1}{2} \quad \text{(f)}$$

$$\omega_{CL} = K\times\frac{R}{L} = K\omega_c = \frac{1}{2}\times 500 = 250\,[rad/\sec] \quad \text{(g)}$$

$$H_L(j\omega) = \frac{j\omega K}{j\omega+\omega_{CL}},\ \omega_{CL} = 250\,[rad/\sec]$$

(h)

여기서는 풀이 (1)과 구별하기 위해 구간을 ③ 및 ④로 구분하였다. 이 구간은 (2)의 해석에서 사용된 주파수 구간이다.

구간 ③	구간 ④

ω_{cL}=250

③ $\omega \ll \omega_{cL}$ 구간 : $H_L(j\omega) = \left. \dfrac{j\omega K}{j\omega + 250} \right|_{\omega \ll 250} \fallingdotseq \dfrac{j\omega}{500}$ (i)

$$\begin{aligned} g(\omega) &= 20\log(\frac{\omega}{500}) = 20\log(\omega) - 20\log(500) \\ &= 20[\text{dB}/dec] - 54[\text{dB}] \\ \phi(\omega) &= \angle j\omega = 90^o \end{aligned}$$

④ $\omega \gg \omega_c$ 구간 : $H_L(jw) = \left. \dfrac{j\omega K}{j\omega + 250} \right|_{\omega \gg 250} \fallingdotseq \dfrac{j\omega K}{jw} = K = \dfrac{1}{2}$ (j)

$$\begin{aligned} g(\omega) &= 20\log(\frac{1}{2}) \fallingdotseq -6[dB] \\ \phi(\omega) &= \angle K = 0^o \end{aligned}$$

①~④의 결과를 나타내면 그림 5.11과 같다.

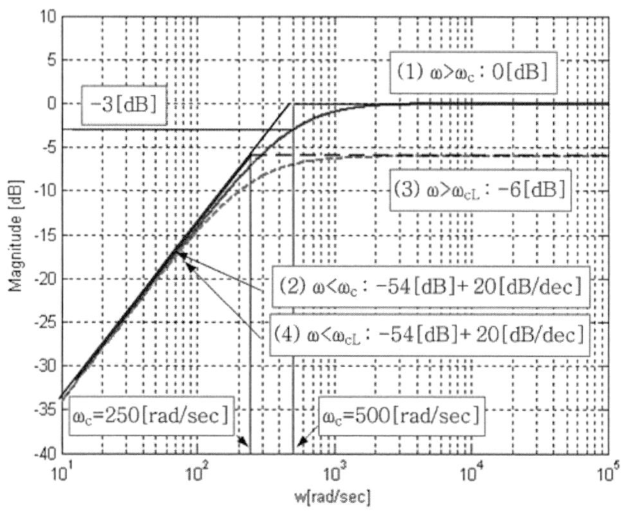

그림 5.11 예제 5.2의 이득 특성

5.4 대역통과 필터

일정 영역의 주파수 성분을 필터링하는 경우에는 BPF가 사용된다. BPF는 2차 이상의 필터로 설계해야하고 수동회로에서는 주로 R, L 및 C를 결합하여 구성한다. 2차 이상의 필터들은 활성영역의 주파수 특성인 공진주파수, 대역폭 등의 해석과 설계가 복잡하다. RLC 직렬회로나 병렬회로가 기본적으로 이용될 수 있다. BPF는 다음과 같은 특징이 있다.

※ 대역통과 필터의 특징

(1) 필터특성: 상, 하한 차단주파수(ω_{c1}, ω_{c2}) 내의 주파수 대역의 신호를 통과

(2) 대역폭(BW) : 상한 차단주파수와 하한 차단주파수 사이의 통과대역

(3) 차단주파수 : $|H(j\omega)| = 1/\sqrt{2}$ (-3[dB](70.7[%]))인 점의 주파수

(4) 중심(공진)주파수 : 2개의 차단주파수의 기하학적 평균

(5) Q 계수 : 대역폭에 대한 공진주파수 비

(6) Q가 클수록 대역폭이 좁아지고 공진주파수에 대한 선택도가 좋아짐

(Q>10 : 협대역, Q<10 : 광대역)

(7) 수동회로 구성 : RLC 회로, 2차 필터 특성

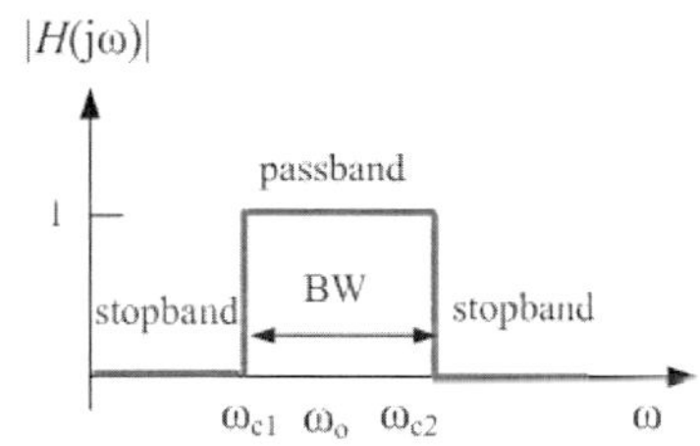

그림 5.12 이상적인 대역통과 필터 특성

5.4.1 대역통과 수동필터의 설계

LPF나 HPF는 RL 또는 RC 회로로 간단히 설계할 수 있다. 물론 그 특성도 비교적 안정한 편으로 해석 및 설계가 쉽다. 이러한 회로필터는 1개의 차단주파수가 존재하고 이것이 절점주파수이다. 따라서 근사화 이득곡선을 그리기 쉽고 그 결과로 특성도 간단히 해석할 수 있다. 하지만 BPF는 주로 2차 필터로 구성되며 용도 상 비교적 여러 가지 특징들이 정의되어 사용된다.

그림 5.12는 이상적인 BPF의 주파수 특성을 나타낸다. BPF의 기본적이며 실용적인 회로는 RLC 회로로 설계하지만, 그림 5.13과 같이 LPF와 HPF의 결합으로도 얻을 수 있다. 대역폭을 결정하는 상, 하한 절점주파수를 그림 5.13과 같이 설계하는 방안이다. 결국, 그림 5.14와 같이 회로를 종속으로 접속하되 LPF의 차단주파수를 상한 절점주파수로, HPF의 차단주파수를 하한 절점주파수로 설계함으로써 그림 5.13(c)와 같은 대역폭을 가진 BPF를 설계할 수 있다.

RC는 비교적 안정한 특성의 LPF나 HPF로 구성할 수 있다. BPF의 상한 차단주파수는 그림 5.14와 같이 LPF의 차단주파수로 설정하고 하한 차단주파수는 HPF의 차단주파수로 설계하여 필터 설계가 가능하다. 이러한 구조 중 하나가 R 및 C로 구성한 그림 5.15와 같은 회로로, LPF 및 HPF 회로의 전달함수를 다음과 같이 설계한다.

$$H_l(s) = \frac{\omega_{c2}}{s+\omega_{c2}} = \frac{1/R_1C_1}{s+1/R_1C_1} \tag{5.33}$$

$$H_h(s) = \frac{s}{s+\omega_{c1}} = \frac{s}{s+1/R_2C_2} \tag{5.34}$$

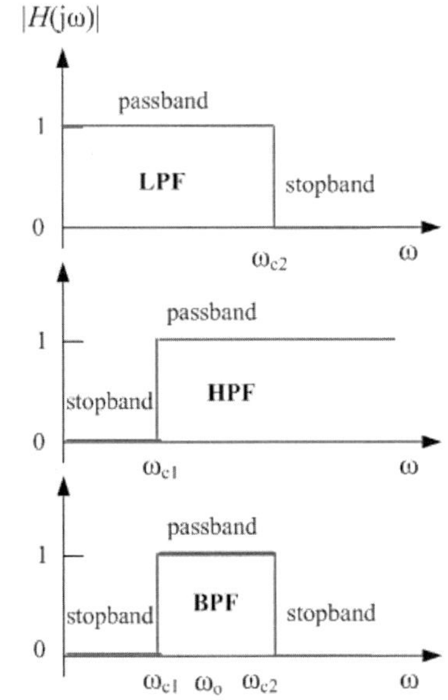

그림 5.13 대역통과 필터의 설계

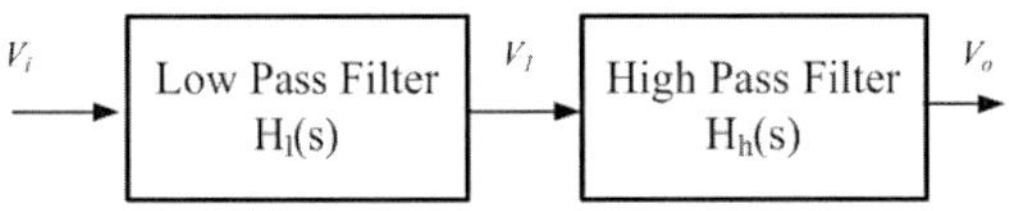

그림 5.14 대역통과 필터의 구성

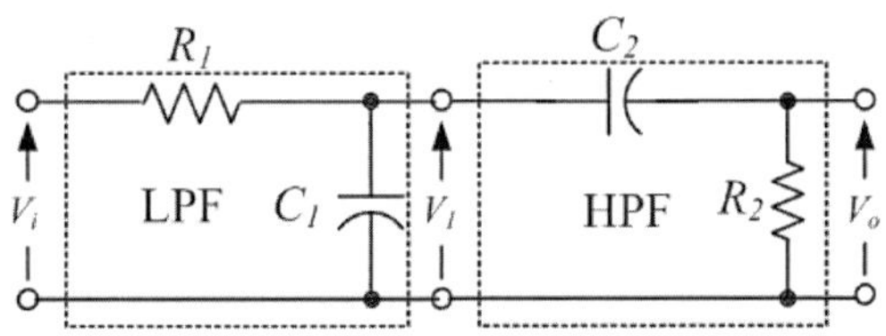

그림 5.15 대역통과 필터의 설계 예

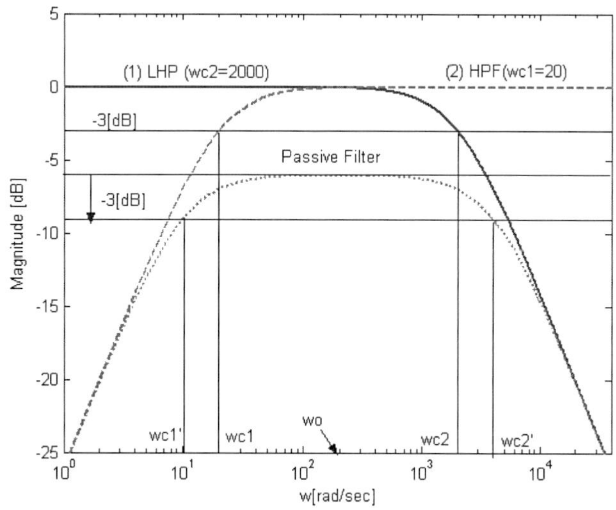

그림 5.16 설계한 필터의 특성

그림 5.14와 같은 구조로 BPF 동작을 하기 위하여 그림 5.15와 같이 수동회로를 결합하는 방법이다. 그림 5.16은 식 (5.33) 및 (5.34)의 전달함수에 대하여 차단주파수를 ω_{c1}=20[rad/sec], ω_{c2}=2000[rad/sec]로 설계한 경우에 각각의 LPF와 HPF 그리고 그림 5.15와 같이 구성한 BPF의 주파수 특성을 나타낸다. 그림 5.16에서 알 수 있는 바와 같이, 그림 5.15처럼 설계하면 중심주파수 대역에서 이득은 약 -6[dB] 정도가 되며 차단주파수도 설계 값과는 다르게 대략 ω_{c1}=10[rad/sec] 및 ω_{c2}=4000[rad/sec]로 나타난다. 이러한 결과는 수동회로에서는 그림 5.15와 같이 접속하면 후단의 회로(예에서는 HPF)가 부하처럼 동작하여 앞 단의 회로에 전류, 전압을 변화시키기 때문에 발생하는 것이다. 즉, 부하효과(load effect)가 그 원인이다.

실제로 그림 5.15의 전달함수를 구하면 다음과 같다.

$$H_o(s) = \frac{R_2C_2s}{R_1R_2C_1C_2s^2 + (R_1C_1 + R_1C_2 + R_2C_2)s + 1}$$

$$= \frac{\frac{1}{R_1C_1}s}{s^2 + (\frac{1}{R_2C_2} + \frac{R_1C_2}{R_1R_2C_1C_2} + \frac{1}{R_2C_2})s + \frac{1}{R_1C_1} \times \frac{1}{R_2C_2}}$$

$$= \frac{\omega_{c2}s}{s^2 + (\omega_{c1} + \omega_{c1}\omega_{c2}(R_1C_2) + \omega_{c2})s + \omega_{c1}\omega_{c2}} \quad (5.35)$$

그림 5.16은 식 (5.35)에 대한 이득 특성으로 주파수응답은 BPF를 나타낸다. 그러나 활성영역에서도 약 6[dB] 정도 감쇠되고 대역폭도 설계 값보다 크다. 실제 이득이 감소된 부분은 증폭하면 되지만 수종소자로는 이득의 증폭이 불가능하다. 따라서 설계 목표에 맞는 특성을 얻지 못한다.

실제 설계하기 위한 필터의 전달함수는 식 (5.34)와 (5.35)로부터 다음과 같다.

$$H_o(s) = H_l(s)H_h(s) = \frac{\omega_{c1}s}{(s+\omega_{c1})(s+\omega_{c2})}$$

$$= \frac{\omega_{c1}s}{s^2+(\omega_{c1}+\omega_{c2})s+\omega_{c1}\omega_{c2}} \tag{5.36}$$

따라서 그림 5.15의 필터 특성, 식 (5.35)가 식 (5.36)의 특성과 유사해지기 위해서는 식 (5.35)의 분모다항식 중 $\omega_{c1}\omega_{c2}(R_1C_2)$의 영향이 최소가 되도록 즉, R_1C_2 값을 작도록 설계해야한다.

부하효과는 필터뿐만 아니라 회로설계 시 반드시 고려해야 하는 중요한 문제 중 하나이다. Op amp와 같은 능동소자를 사용하면 이러한 부하효과를 개선할 수 있을 뿐만 아니라 앞에서와 같은 특성의 필터 구현도 쉽다. 이에 대한 좀 더 구체적인 사항은 6.3.1절의 능동필터에서 다룬다.

※ 수동회로로 2차 대역필터의 설계

(1) LPF와 종속으로 HPF를 연결

(2) 부하효과로 정확한 특성을 얻기 곤란함

(3) 필터의 해석 및 설계가 다소 복잡함

5.4.2 직렬형 RLC 대역통과 필터

LPF로는 고주파 영역을 차단시키고 HPF로는 저주파 영역을 차단시킴으로써 BPF를 구성할 수 있음을 5.4.1절에서 보였다. 하지만 이러한 경우에는 2개 회로 상호간에 부하효과를 고려해야 한다. 수동소자로 BPF를 구성하는 회로는 그림 5.17과 같이 RLC 회로로 간단히 설계할 수 있다. RLC 직렬회로나 병렬회로는 입출력의 선택에 따라 다양한 필터 특성을 얻을 수 있다. 그림 5.17과 같이 R의 단자전압을 출력으로 선택하면 이 필터는 BPF 특성을 나타낸다. 실제로 BPF나 BRF 해석이나 설계하는 경우에 공진주파수는 물론 대역폭에 대한 상, 하한 절점주파수를 정의하거나 이들 사이의 관계들을 구하는 경우에 여러 가지 복잡한 과정들이 요구된다.

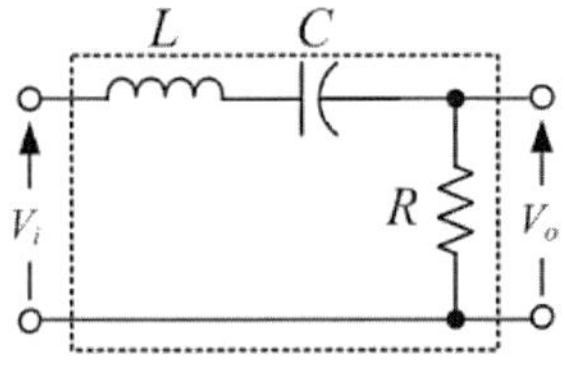

그림 5.17 RLC 대역통과 필터

(1) 전달함수

그림 5.17에 대해 분압법칙을 적용하여 전달함수를 구하면 다음과 같다.

$$H(s) = \frac{RCs}{LCs^2 + RCs + 1} = \frac{\frac{R}{L}s}{s^2 + \frac{R}{L}s + \frac{1}{LC}} = \frac{\frac{\omega_o}{Q_o}s}{s^2 + \frac{\omega_o}{Q_o}s + \omega_o^2} \tag{5.37}$$

여기서 특성방정식(characteristic equation)은

$$\begin{aligned} p(s) &= s^2 + \frac{R}{L}s + \frac{1}{LC} \\ &= s^2 + \frac{\omega_o}{Q_o}s + \omega_o^2 \\ &= s^2 + 2\zeta\omega_o s + \omega_o^2 = 0 \end{aligned} \tag{5.38}$$

식 (5.38)에서 고유주파수는 $\omega_o^2 = 1/LC$이므로 $\omega_o L = 1/\omega_o C$이고 따라서 양변을 R로 나누면

$$\frac{\omega_o L}{R} = \frac{1}{\omega_o CR} \tag{5.39}$$

또한 식(5.38)에서 $\omega_o/Q_o = R/L$이고 따라서 $Q_o = \omega_o L/R$이므로

$$Q_o = \frac{\omega_o L}{R} = \frac{1}{\omega_o CR} \tag{5.40}$$

가 성립된다. 이때 식 (5.38)의 2번째 식은 공진이나 필터와 같은 주파수응답을 기술할 경우에 이용하고, 3번째 식은 시간응답을 설명할 경우에 사용한다. 물론, 두 식은 등가 식이므로 특성을 설명하는데 상호관계를 이용하기도 한다.

Q_o는 공진주파수, ω_o에서의 Q 계수로 식 (5.38)으로부터 다음과 같은 관계로 표현할 수 있다.

$$Q_o = \frac{1}{2\zeta} \tag{5.41}$$

여기서 ζ는 제동비(damping ratio)로써 시간 특성을 기술하는데 사용한다. 또한 공진주파수, ω_o는 시스템의 내부 특성을 나타내는 고유주파수(natural frequency), ω_n과 같다. 즉, 식 (5.39)로부터

$$\omega_o = \omega_n = \frac{1}{\sqrt{LC}} \tag{5.42}$$

(2) 주피수 전달함수

식 (5.37)의 수파수 전달함수를 구하면 다음과 같다.

$$H(j\omega) = \frac{j\frac{\omega_o}{Q_o}\omega}{(\omega_o^2 - \omega^2) + j\frac{\omega_o}{Q_o}\omega} = \frac{ju/Q_o}{(1-u^2) + ju/Q_o} \tag{5.43}$$

여기서 수식을 간편하게 하기 위하여 도입한 u는 주파수 비로 다음과 같다.

$$u \equiv \frac{\omega}{\omega_o} \tag{5.44}$$

따라서 식 (5.43)의 이득과 위상은 다음과 같이 구해진다.

$$g(\omega) = |H(j\omega)| = \frac{u/Q_o}{\sqrt{(1-u^2)^2 + (u/Q_o)^2}} \tag{5.45}$$

$$\phi(\omega) = \angle H(j\omega) = 90^o - \tan^{-1}(\frac{u/Q_o}{1-u^2}) \tag{5.46}$$

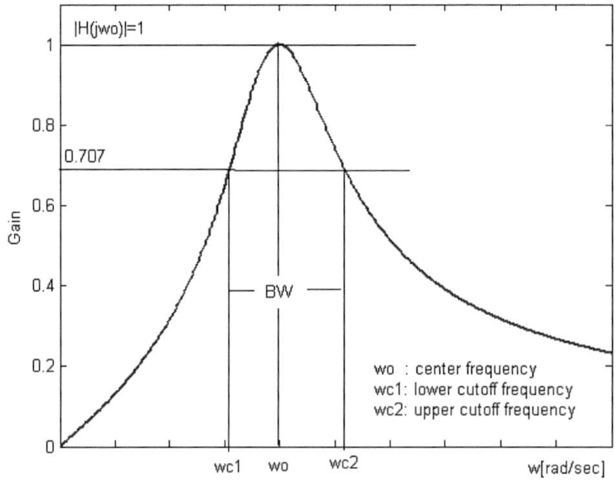

그림 5.18 2차 대역통과 필터의 전형적인 주파수 이득 특성

일반적으로 전달함수 식 (5.37) 또는 식 (5.43)의 주파수 변화에 대한 이득 특성(식 (5.45))은 그림 5.18과 같이 주어진다. 중심주파수는 이득 최대인 1(0[dB])로 나타나는 주파수로, 공진주파수 또는 고유주파수 식 (5.42)으로 구해진다. 이 필터는 종 모양의 형태로 중심주파수를 중심으로 좌우에 이득의 $1/\sqrt{2} \fallingdotseq 0.707$(또는 -3[dB])이 되는 2개의 차단주파수(ω_{c1} 및 ω_{c2})가 존재한다. 이들 2개 주파수 사이의 차를 대역폭(BW)라 한다. 결국, 그림 5.17과 같은 RLC BPF는 그림 5.18의 특성을 구하여 이용하는 것이다.

(3) 차단주파수의 유도

만약 중심주파수, $\omega = \omega_o$에서의 이득을 구하면

$$u = \frac{\omega}{\omega_o}\bigg|_{\omega=\omega_o} \Leftrightarrow u_o = 1 \tag{5.47}$$

식 (5.45)에서

$$|H(j\omega_o)| = 1 \tag{5.48}$$

차단주파수는 활성영역의 이득(여기서는 $\omega = \omega_o$(중심주파수)에서의 이득으로 $|H(j\omega_o)| = 1$임)은 이 값의 $1/\sqrt{2} \fallingdotseq 0.707$이 되는 점의 주파수이므로

$$\frac{u/Q_o}{\sqrt{(1-u^2)^2 + (u/Q_o)^2}} \equiv \frac{1}{\sqrt{2}}\Bigg|_{u=u_c} \qquad u_c \equiv \frac{\omega_c}{\omega_o} \tag{5.49}$$

따라서 이 조건을 만족하는 주파수를 구하면 다음과 같다.

$$(1-u^2)^2 + (u/Q_o)^2 = 2(u/Q_o)^2$$

$$u_c^2 \pm \frac{1}{Q_o}u_c - 1 = 0 \tag{5.50}$$

식 (5.50)의 해를 구하면

$$① \ u_c^2 - \frac{1}{Q_o}u_c - 1 = 0 \qquad \Rightarrow u_c = \frac{1}{2Q_o} \pm \sqrt{\left(\frac{1}{2Q_o}\right)^2 + 1}$$

$$u_c > 0\text{인 경우 :} \qquad u_c = \frac{\omega_c}{\omega_o} = \frac{1}{2Q_o} + \sqrt{\left(\frac{1}{2Q_o}\right)^2 + 1} \tag{5.51}$$

$$② \ u_c^2 + \frac{1}{Q_o}u_c - 1 = 0 \qquad \Rightarrow u_c = -\frac{1}{2Q_o} \pm \sqrt{\left(\frac{1}{2Q_o}\right)^2 + 1}$$

$$u_c > 0\text{인 경우 :} \qquad u_c = \frac{\omega_c}{\omega_o} = -\frac{1}{2Q_o} + \sqrt{\left(\frac{1}{2Q_o}\right)^2 + 1} \tag{5.52}$$

결국 다음과 같은 반전력점 주파수를 구할 수 있다.

$$\omega_c = \omega_0\left[\pm\frac{1}{2Q_o} + \sqrt{\left(\frac{1}{2Q_o}\right)^2 + 1}\right] \tag{5.53}$$

따라서 그림 5.17의 수동필디는 차단주파수로 다음과 같은 하한 및 상한 차난주파수 2개를 갖는다.

$$\omega_{c1} = \omega_o\left[-\frac{1}{2Q_o} + \sqrt{\left(\frac{1}{2Q_o}\right)^2 + 1}\right] \tag{5.54}$$

$$\omega_{c2} = \omega_o\left[+\frac{1}{2Q_o} + \sqrt{\left(\frac{1}{2Q_o}\right)^2 + 1}\right] \tag{5.55}$$

이 주파수는 4.2절에서 직렬공진조건에서의 반전력점 주파수(half power point frequency), 식 (4.44) 및 (4.45)와 일치한다. 차단주파수가 2개이므로 이 필터의 이득 특성은 대역폭 영역에서 최대(BPF) 또는 최소(BRF) 값을 갖는다. 이때 그림 5.17이나 식 (5.27) 또는 (5.43)은 다음과 같은 주파수에서 최대치를 나타낸다.

$$\omega_o = \sqrt{\omega_{c1} \times \omega_{c2}} \tag{5.56}$$

이 주파수는 공진주파수 또는 중심주파수이며 2차 BPF의 점근선을 얻기 위한 절점주파수이다.

다음은 차단주파수 및 전달함수로부터 구해진 주파수 특성들로 4.2절의 직렬공진조건을 해석할 경우에 얻은 결과들, 식 (4.46)~(4.49)와 동일하다.

$$Q_o = \frac{\omega_o L}{R} = \frac{1}{\omega_o CR} = \frac{1}{R}\sqrt{\frac{L}{C}} \tag{5.57}$$

$$BW = \omega_{c2} - \omega_{c1} = \frac{\omega_o}{Q_o} = \frac{R}{L} = \omega_o^2 RC \tag{5.58}$$

$$\omega_{c1} \times \omega_{c2} = \omega_o^2 = \frac{1}{LC} \tag{5.59}$$

$$Q_o = \frac{\omega_o}{BW} = \frac{\omega_o}{\omega_{c2} - \omega_{c1}} = \frac{f_o}{f_2 - f_1} \tag{5.60}$$

(4) 이득과 위상 특성

근사화 이득곡선의 점근선을 구하기 위한 절점주파수는 1차 필터에서 차단주파수와 같다. 일반적으로 절점주파수는 유한 영점과 극점의 절대치와 같다. 유한 영점은 이득을 20 [dB/dec] 비율로 증폭시키는 반면, 유한 극점은 20[dB/dec]로 감쇠시킨다. 2차 이상의 필터에서는 이러한 극점과 영점들 중에 공액복소수 근이 존재할 수 있고 또한 모든 주파수 전달함수는 실수와 허수로 나타낼 수 있으므로 해석하는 수식의 형태에 따라 이득곡선의 근사화 작도 방법이 다를 수 있다.

2차 회로시스템에서 2개의 근이 실수이면 3장에서와 같이 2개의 절점주파수로 구분하여 점근선을 구하여 근사화 이득곡선을 얻을 수 있다. 그러나 공액복소수인 경우에는 1개의 절점주파수를 이용하여 구하는 것이 편리하다. 여기에서는 특성근이 공액복소수인 경우에 절점주파수를 구하고 근사화 이득곡선을 구하는 과정을 소개한다.

주파수 전달함수 식 (5.43)을 다시 인용하면

$$H(j\omega) = \frac{j\dfrac{\omega_o}{Q_o}\omega}{(\omega_o^2 - \omega^2) + j\dfrac{\omega_o}{Q_o}\omega} = \frac{ju/Q_o}{(1-u^2) + ju/Q_o} \qquad (u = \frac{\omega}{\omega_o}) \tag{5.61}$$

앞에서 기술한 바와 같이, 식 (5.61)의 절점주파수, ω_{co}는 중심주파수와 같이 $\omega_{co} = \omega_o$이다. 따라서 $u_{co} = 1$이다. 식 (5.62)의 절점주파수를 경계주파수로 하여 근사화 Bode 선도를 구하면 다음과 같다.

$$H(j\omega) = \frac{ju/Q_o}{(1-u^2) + ju/Q_o} \tag{5.62}$$

$$u_{co} = \frac{\omega_{co}}{\omega_o} = 1 \tag{5.63}$$

구간 ①	구간 ②

$u_{co} = 1$

① $u \ll u_{co}$=1 구간 : $H(j\omega) = \left. \frac{ju/Q_o}{(1-u^2)+ju/Q_o} \right|_{u \ll u_{co}=1} \fallingdotseq ju/Q_o = \frac{j\omega}{\omega_o Q_o}$ (5.64)

$$\begin{aligned} g(\omega) &= 20\log\left(\frac{\omega}{\omega_o Q_o}\right) = 20\log\omega - 20\log(\omega_o Q_o) \\ &= -K_1 + 20\,[dB/dec] \\ \phi(\omega) &= 90^o \end{aligned}$$

② $u \gg u_{co}$=1 구간 : $H(j\omega) = \left. \frac{ju/Q_o}{(1-u^2)+ju/Q_o} \right|_{u \gg u_{co}=1} \fallingdotseq \frac{ju/Q_o}{-u^2} = \frac{1}{juQ_o} = \frac{\omega_o}{j\omega Q_o}$

$$\begin{aligned} g(\omega) &= 20\log\left(\frac{\omega_o}{\omega Q_o}\right) = 20\log\left(\frac{\omega_o}{Q_o}\right) - 20\log\omega \\ &= K_2[dB] - 20[dB/dec] \\ \phi(\omega) &= -90^o \end{aligned}$$

(5.65)

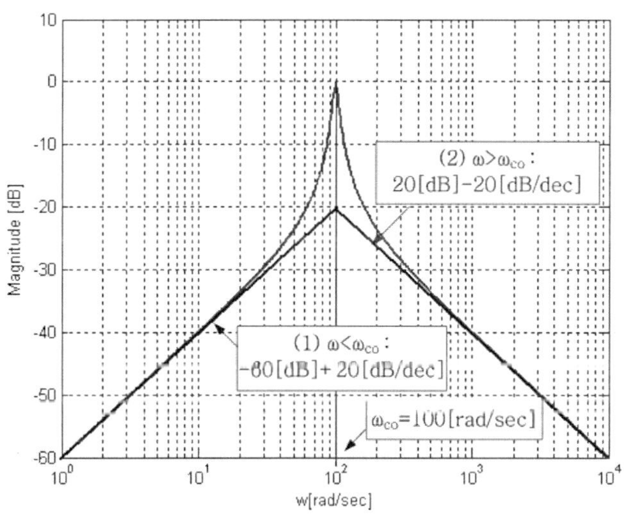

그림 5.19 $H(s) = \frac{10s}{s^2+10s+10000}$ 인 필터의 근사화 이득곡선

그림 5.17과 같은 회로의 주파수응답 특성을 관찰하기 위하여, 식 (5.66)의 전달함수와 같은 필터에 식 (5.64) 및 (5.65)을 고려하여 이득곡선을 구하면 그림 5.19와 같다.

$$H(s) = \frac{10s}{s^2+10s+10000} \tag{5.66}$$

식 (5.66)의 1개 절점주파수는 ω_{co}=100[rad/sec]이고 하한 및 상한 차단주파수는 식 (5.54) 및 (5.55)에 의해 ω_{c1}=95 및 ω_{c2}=105[rad/sec]이다. 그림 5.19로부터 그림 5.17과 같은 회로는 BPF임을 알 수 있다. 이때 대역폭은 BW=10[rad/sec]이며 Q 계수는 $Q_o = 10$이다.

참고로 절점주파수를 기준으로 점근선을 구하고 이득곡선을 그리는 방법 이외에, 특정한 주파수에 대해 이득 및 위상을 계산하여 이 값들로부터 근사치 이득곡선을 구할 수도 있다. 다음의 주파수 전달함수에 대해

$$H(j\omega) = \frac{ju/Q_o}{(1-u^2)+ju/Q_o} \qquad (u = \frac{\omega}{\omega_o}) \tag{5.67}$$

다음은 특정한 주파수에 대한 이득 및 위상의 계산 과정이다.

$$① \ \omega = 0 : u = 0 : H(j\omega) = \left. \frac{ju/Q_o}{(1-u^2)+ju/Q_o} \right|_{u=0} \fallingdotseq j\frac{1}{Q_o}u \tag{5.68}$$

$$g(\omega) = 0, \text{ or } -\infty\,[dB], \quad \phi(\omega) = 90^o$$

$$② \ \omega = \omega_o : u = 1 : H(j\omega) = \left. \frac{ju/Q_o}{(1-u^2)+ju/Q_o} \right|_{u=1} \fallingdotseq \frac{ju/Q_o}{ju/Q_o} = 1 \tag{5.69}$$

$$g(\omega) = 1, \text{ or } 0\,[dB], \quad \phi(\omega) = 0^o$$

$$③ \ \omega = \omega_{c1}, \omega_{c2} \quad : g(\omega_c) = \frac{1}{\sqrt{2}} = 0.707, \ -3[dB], \ \phi(\omega) = \pm 45^o \tag{5.70}$$

$$④ \ \omega = \infty : u = \infty : g(\omega) = 0, \ -\infty\,[dB], \ \phi(\infty) = -90^o \tag{5.71}$$

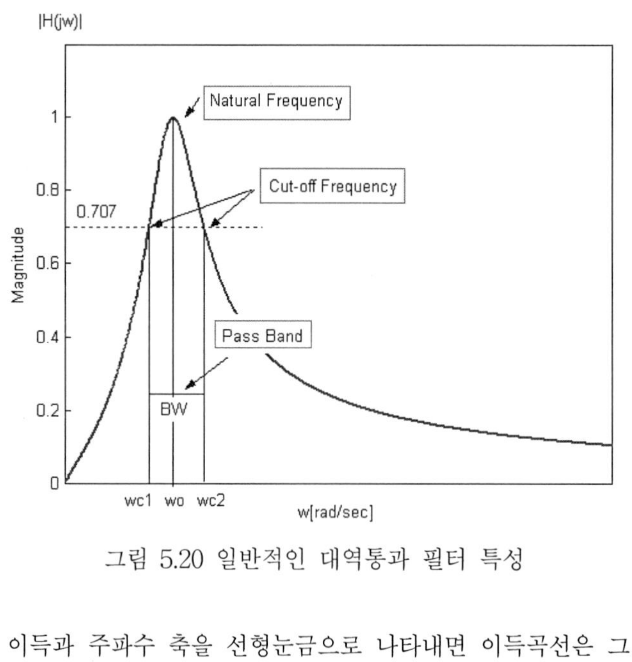

그림 5.20 일반적인 대역통과 필터 특성

이 결과들을 토대로, 이득과 주파수 축을 선형눈금으로 나타내면 이득곡선은 그림 5.20과 같은 형태

로 나타난다. 이 그림에서도 차단주파수와 필터의 특성을 잘 알 수 있을 것이다. 이러한 선형눈금 이득곡선도 그 특징이 있으나 주파수응답 설계에는 대수눈금 이용이 편리한 점이 많아 자주 사용된다. (이하에서 필터 설계에서는 Bode 선도 중 근사화 이득곡선 작도 과정만 기술한다.)

(5) 주파수응답의 결과

그림 5.17 회로는 다음과 같은 전달함수로 표현되며 이러한 형태의 전달함수를 가진 회로나 시스템은 일정 대역폭을 가진 BPF이다.

$$H(s) = \frac{\frac{R}{L}s}{s^2 + \frac{R}{L}s + \frac{1}{LC}} = \frac{\frac{\omega_o}{Q_o}s}{s^2 + \frac{\omega_o}{Q_o}s + \omega_o^2} \tag{5.72}$$

※ 이득 및 위상 특성

1) ω_{c1}, ω_{c2}는 하한 및 상한 차단주파수로 반전력점 주파수임

2) $\omega_{co} - \omega_o - \sqrt{\omega_{c1}\,\omega_{c2}}$ 로 절점주파수가 중심주파수임

3) $\omega_{c1} < \omega < \omega_{c2}$ 은 통과영역(pass band)

4) $BW = \omega_{c2} - \omega_{c1} = \dfrac{\omega_o}{Q_o}$: 대역폭

5) $\omega_o = \sqrt{\omega_{c1}\omega_{c2}} = \dfrac{1}{\sqrt{LC}} = \omega_n$ 공진/고유/중심주파수

6) 대역통과 필터(BPF) 특성임

7) 위상은 $-90^o < \phi(\omega) < 90^o$

다음 예에서는 공액복소수 근인 경우에 절점주파수 결정과 근사화 이득곡선을 구하는 과정인 식 (5.61)~(5.65) 과정을 주파수 비, u 대신 ω를 직접 사용하는 방법을 소개한다.

예제 5.3 그림 5.21과 같은 회로에서 R=50[Ω], L=0.5[H], C=50[μF]이다. 근사화 이득곡선을 그리고 이 결과로부터 상, 하한 차단주파수와 중심주파수를 구하라.

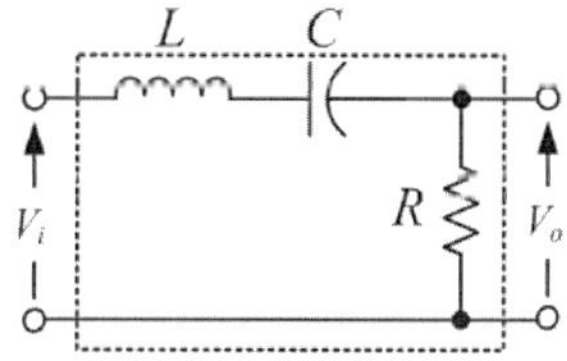

그림 5.21 RLC 회로

[풀이] 회로로부터 전달함수와 주파수 전달함수를 구하면

$$H(s) = \frac{100s}{s^2 + 100s + 40000} \tag{a}$$

$$H(j\omega) = \frac{j100\omega}{(j\omega)^2 + j100\omega + 40000} \tag{b}$$

이 전달함수의 특성근(characteristic roots)은 공액복소수이다. 따라서 이 경우에 근사화 이득곡선의 점근선을 구하기 위한 절점주파수는 2차 항과 상수항으로부터 다음과 같이 선택한다.

$$\omega_{co}^2 = 40000 \ \Rightarrow \ \omega_{co} = 200[\text{rad/sec}] \tag{c}$$

여기서는 주파수 전달함수 식 (b)에 대해 식 (c)를 직접 적용하는 방법을 사용한다.

구간 ①	구간 ②

ω_{co}=200

① $\omega \ll \omega_{co}$ 구간 : $H(j\omega) = \left.\dfrac{j100\omega}{(j\omega)^2 + j100\omega + 40000}\right|_{\omega \ll 200} \fallingdotseq \dfrac{j100\omega}{40000} = \dfrac{j\omega}{400}$ (d)

$$g(\omega) = 20\log\left(\frac{\omega}{400}\right) = 20\log(\omega) - 20\log(400)$$
$$= -52[dB] + 20[dB/dec]$$
$$\phi(\omega) = 90^o$$

② $\omega \gg \omega_{co}$ 구간 : $H(j\omega) = \left.\dfrac{j100\omega}{(j\omega)^2 + j20\omega + 40000}\right|_{\omega \gg 100} \fallingdotseq \dfrac{j100\omega}{(j\omega)^2} = \dfrac{100}{j\omega}$ (e)

$$g(\omega) = 20\log\left(\frac{100}{\omega}\right) = 20\log(100) - 20\log(\omega)$$
$$= 40[dB] - 20[dB/dec]$$
$$\phi(\omega) = -90^o$$

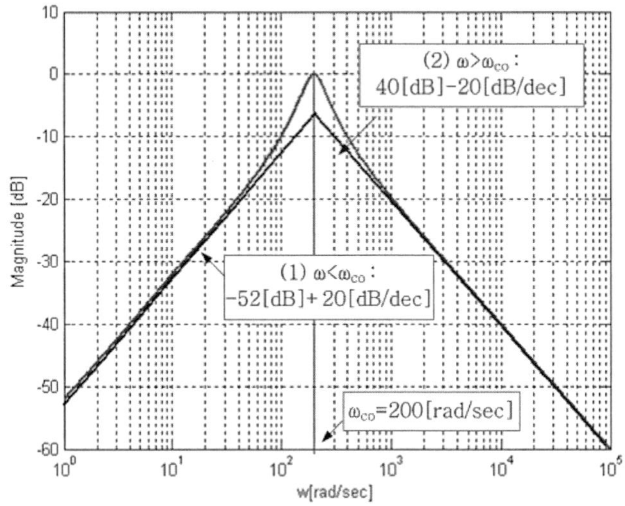

그림 5.22 $H(s) = \dfrac{100s}{s^2 + 100s + 40000}$ 의 근사화 이득곡선

식 (c)~(e)를 이용하여 근사화 이득곡선을 구하면 그림 5.22와 같다. 여기에서 점근선의 결정 과정은 식 (5.61)~(5.65)와 유사한 것을 알 수 있다. 물론, 점근선 결과는 2 과정에서 동일하게 얻어진다.

$$\omega_o = \frac{1}{\sqrt{LC}} = 200\ [rad/\sec] \tag{f}$$

$$Q_o = \omega_o/100 = 2.0 \tag{g}$$

$$\omega_{c2,\,c1} = \omega_0\left[\sqrt{\frac{1}{(2Q_o)^2}+1} \pm \frac{1}{2Q_o}\right] = 156.65,\ \ 256.16[rad/\sec] \tag{h}$$

$$BW = \frac{\omega_o}{Q_o} = \frac{200}{2} = 100\ [rad/\sec] \tag{i}$$

5.4.3 병렬형 RLC 대역통과 필터

RLC 회로는 소자들의 구성에 따라 기본적인 4가지 특성의 필터를 설계할 수 있다. 그림 5.23은 L과 C를 병렬로 구성하여 대역통과 특성을 얻는 필터이다. 이 회로는 RLC 직렬형 BPF인 그림 5.17과 유사한 특성의 필터이다.

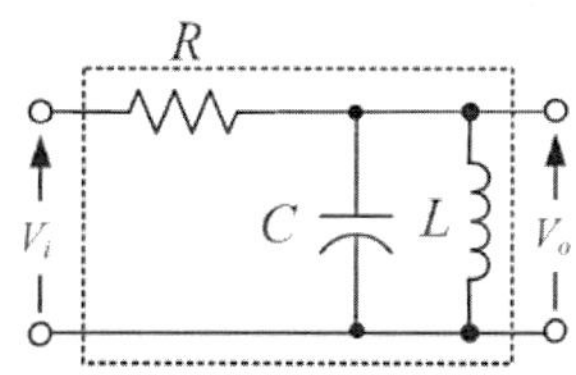

그림 5.23 병렬형 대역통과 필터

(1) 전달함수

그림 5.23에서 입출력 사이의 전달함수를 구하면

$$H(s) = \frac{Ls \| \frac{1}{Cs}}{R + Ls \| \frac{1}{Cs}} = \frac{\frac{1}{RC}s}{s^2 + \frac{1}{RC}s + \frac{1}{LC}} = \frac{\frac{\omega_o}{Q_o}s}{s^2 + \frac{\omega_o}{Q_o}s + \omega_o^2} \tag{5.73}$$

따라서 특성방정식은 다음과 같다.

$$\begin{aligned} p(s) &= s^2 + \frac{1}{RC}s + \frac{1}{LC} \\ &= s^2 + \frac{\omega_o}{Q_o}s + \omega_o^2 = 0 \end{aligned} \tag{5.74}$$

여기서 Q 계수와 공진/중심주파수는

$$Q_o = \frac{R}{\omega_o L} = \omega_o CR \tag{5.75}$$

$$\omega_o = \frac{1}{\sqrt{LC}} \tag{5.76}$$

5.4.2절의 식 (5.37)과 식 (5.73)을 비교해보면 분모 및 분자에 s^1 항의 계수, R/L이 $1/RC$ 바뀐 것 이외에 표현식들은 거의 동일하다. Q_o나 ω_o 등은 그림 5.23의 LC가 병렬결합으로 되어 있어 병렬공진조건들과 동일하게 주어진다. 따라서 이들 요소들로 표기한 전달함수, 차단주파수, 중심주파수 관계식들은 유사하다. 따라서 치환 관계를 주의깊게 고려해서 중요한 몇 가지 결과들을 정리하면 다음과 같다.

① 주파수 전달함수: $$H(j\omega) = \frac{j\frac{\omega_o}{Q_o}\omega}{(\omega_o^2 - \omega^2) + j\frac{\omega_o}{Q_o}\omega} = \frac{ju/Q_o}{(1-u^2)+ju/Q_o} \quad \left(u \equiv \frac{\omega}{\omega_o}\right) \tag{5.77}$$

② 이득 : $$g(w) = |H(j\omega)| = \frac{u/Q_o}{\sqrt{(1-u^2)^2 + (u/Q_o)^2}} \tag{5.78}$$

③ 위상 : $$\phi(\omega) = \angle H(j\omega) = 90^o - \tan^{-1}\left(\frac{u/Q_o}{1-u^2}\right) \tag{5.79}$$

④ 상, 하한 차단주파수 : $$\omega_{c2,\,c1} = \omega_0\left[\pm\frac{1}{2Q_o} + \sqrt{\left(\frac{1}{2Q_o}\right)^2 + 1}\right] \tag{5.79a}$$

⑤ 기타 특성:

$$Q_o = \frac{R}{\omega_o L} = \omega_o CR = R\sqrt{\frac{C}{L}} \tag{5.80}$$

$$BW = \omega_{c2} - \omega_{c1} = \frac{\omega_o}{Q_o} = \frac{\omega_o^2 L}{R} = \frac{1}{RC} \tag{5.81}$$

$$\omega_{c1} \times \omega_{c2} = \omega_o^2 = \frac{1}{LC} \tag{5.82}$$

$$Q_o = \frac{\omega_o}{BW} = \frac{\omega_o}{\omega_{c2} - \omega_{c1}} = \frac{f_o}{f_2 - f_1} \tag{5.83}$$

물론, 절점주파수 및 점근선을 구하는 근사화 이득곡선 작도 과정도 유사하므로 여기서 자세한 증명은 생략하고 간단한 예를 보인다.

예제 5.4 그림 5.23과 같은 회로에서 R=1000[Ω], L=2.5[H], C=10[μF]이다. 근사화 이득곡선을 그리고 이 결과로부터 상, 하한 차단주파수와 중심주파수를 구하라.

[풀이] 그림 5.23에서 전달함수를 구하면

$$H(s) = \frac{\frac{1}{RC}s}{s^2 + \frac{1}{RC}s + \frac{1}{LC}} \tag{a}$$

식 (a)에 주어진 소자 값을 적용하면

$$H(s) = \frac{100s}{s^2 + 100s + 40000} \tag{b}$$

이다. 이 식은 5.4.2절의 예제 5.3의 식 (a)와 동일하다. 따라서 나머지 풀이 과정은 예제 5.3과 유사하다. 근사화 이득곡선 과정은 생략하고 중심주파수나 차단주파수 등을 구하면 다음과 같다.

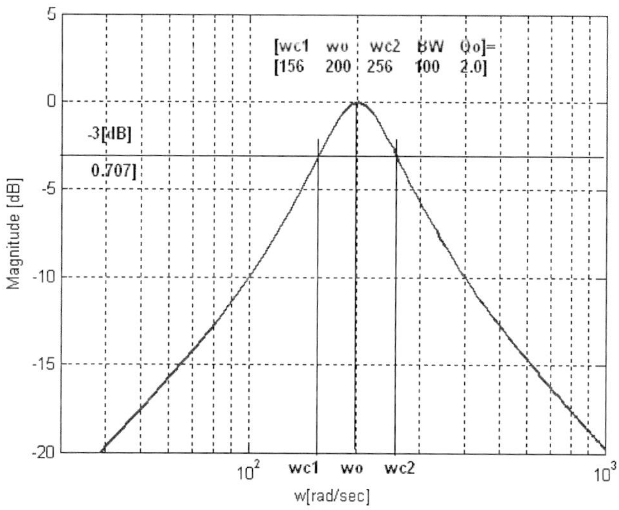

그림 5.24 예제 5.4의 이득곡선

$$\omega_o = \frac{1}{\sqrt{LC}} = \frac{1}{\sqrt{2.5 \times 10 \times 10^{-6}}} = 200[rad/\sec] \tag{c}$$

$$\frac{\omega_o}{Q_o} = \frac{1}{RC} = 100 \;\Rightarrow\; Q_o = \frac{\omega_o}{100} = \frac{200}{100} = 2.0 \tag{d}$$

$$\omega_{c2,\,c1} = \omega_0\left[\sqrt{\frac{1}{(2Q_o)^2}+1} \pm \frac{1}{2Q_o}\right] = 256.15,\;\; 156.15[rad/\sec] \tag{e}$$

$$BW = \frac{\omega_o}{Q_o} = \frac{200}{2} = 100\ [rad/\sec] \tag{f}$$

5.5 크기 및 주파수 스케일링

5.5.1 크기 및 주파수 스케일링

회로소자들 중, 저항은 대략 kΩ($10^3 \sim 10^6\,[\Omega]$) 정도의 것들이 실용적으로 사용된다. 하지만, 커패시터는 기껏해야 수십 ㎌ 정도로 대개는 $10^{-6} \sim 10^{-9}$ 정도의 것들이 이용된다. 또한 인덕터는 주로 mH 정도이고 주파수는 저주파에서 ㎒ 심지어 ㎓까지 광범위의 것들이 취급된다. 이와 같이 실용적 스케일의 소자들을 해석이나 설계에 사용하면 회로 구현에 직접 이용할 수 있다. 그렇지만 계산과정이 복잡하여 기본적인 해석법이나 원리를 익히는데 별 도움이 되지 못한다. 그러므로 대부분의 회로이론 서적에는 해석과 설계 방법을 학습하기 위해 실용적인 값은 아니지만 연산하기 쉽도록 간단하며 단순한 수치의 소자들을 가정하여 사용하는 것이 일반적이다.

※ 스케일링과 그 특성

(1) 해석 및 설계에서는 목표를 얻는데 필요한 방법을 이해하는데 초점

(2) R, L 및 C나 또는 Z, I, V 등을 작은 단위로 하여 해석법을 학습
  (소수점, 분수 또는 멱승 등을 피하여 학습의 편리성, 효율성 목적)

(3) 실제로 실용적인 소자의 값은 아주 크거나 작은 것이 많아 계산복잡하다. 반도체 회로에서는 R은 주로 kΩ ($10^3 \sim 10^6$ 정도)의 큰 양이며 10진 단위도 아니며 C는 수 ㎌나 nF ($10^{-6} \sim 10^{-9}$)정도의 작은 양

(4) 해석은 간단한 숫자로 하고 실용설계에서는 스케일링을 통해 계수 변환

(5) 크기(또는 진폭/이득)과 주파수 스케일링 과정이 있음

(6) 회로나 필터 해석과 설계를 학습하는데 효율적인 방법임

예컨대, RC LPF를 해석하는 경우에 $R=1[\Omega]$, $C=1[F]$로 선택하여 주파수 이득 특성을 구한다. 이때 차단주파수는 $\omega_c = 1[rad/\mathrm{sec}]$인데, 이 값은 그래프 결과에서 간단히 확인할 수 있다. 또한 계산 과정이나 결과들도 쉽게 얻어진다. 하지만 저항 $R=1[\Omega]$ 값은 실용 저항으로는 너무 적고, 커패시터 $C=1[F]$는 너무 커 거의 실용화가 불가능한 값이다. 또한 $\omega_c = 1[rad/\mathrm{sec}]$도 필터에서 매우 작은 값이다. 따라서 차단주파수를 실용 값인 $\omega_c = 10^3[rad/\mathrm{sec}]$이거나 또는 $f_c = 200\,[㎑]$로 구현하기 위해서는 저항과 커패시터를 실용화가 가능한 소자 값으로 선택해야 한다. 이러한 경우에 크기 또는 주파수 스케일링을 사용하는 것이다.

해석은 간단한 수치의 소자들을 사용하는 것이 편리하나, 실제로 회로 해석이나 설계를 하는 경우에는 실용적인 소자 값들이어야 한다. 따라서 해석 상 편리한 수치로 사용한 것들에 대해 실용적인

값으로 변환할 필요가 있다. 이러한 과정이 스케일링(scaling)이다. 이와 같은 스케일링에는 크기/진폭 스케일링(magnitude/amplitude scaling) 및 주파수 스케일링(frequency scaling)이 있다. 진폭은 임피던스의 크기와 비례하므로 임피던스 스케일링(impedance scaling)이라고도 한다.

(1) 진폭 스케일링

일반적으로 진폭 스케일링은 임피던스 크기의 변환이므로 진폭 스케일링 인자(scaling factor), k_m을 정의해보자. 예를 들어, RLC 직렬회로의 임피던스, Z라 하고, $Z^{'} = k_m Z$으로 진폭 스케일링하면 다음과 같은 기본 식을 만족한다.

$$\begin{aligned}\hat{Z}(\hat{\omega})) \Rightarrow k_m Z(\omega) &= k_m (R + j\omega L + \frac{1}{j\omega C}) \\ &= k_m R + j\omega(k_m L) + \frac{1}{j\omega(C/k_m)} \\ &= \widehat{R}^{'} + j\hat{\omega}\hat{L} + \frac{1}{j\hat{\omega}\hat{C}} \\ &= \hat{Z}(\hat{\omega})\end{aligned} \tag{5.84}$$

따라서 Z인 임피던스를 $\hat{Z}$ 사이에 다음 관계식들이 성립된다.

$$\hat{R} = k_m R \tag{5.85}$$

$$\hat{L} = k_m L \tag{5.86}$$

$$\hat{C} = \frac{C}{k_m} \tag{5.87}$$

$$\hat{\omega} = \omega \tag{5.88}$$

즉, R 및 L 소자는 k_m배가 되고 C는 $1/k_m$이 된다. 이와 같이 진폭 스케일링하더라도 주파수응답에 관계된 특성들은 스케일링에 의해 변화되지 않는다. 다음은 몇 가지 주파수 특성들의 스케일링 결과이다.

① 공진/중심주파수 : $\widehat{\omega_o} = \frac{1}{\sqrt{\hat{L}\hat{C}}} = \frac{1}{\sqrt{k_m L \times \frac{C}{k_m}}} = \frac{1}{\sqrt{LC}} = \omega_o$ (5.89)

② Q 계수 : $\widehat{Q_o} = \frac{\omega_o \hat{L}}{\hat{R}} = \frac{\omega_o k_m L}{k_m R} = \frac{\omega_o L}{R} = Q_o$ (5.90)

③ 차단주파수 : $\widehat{\omega_c} = \frac{1}{\hat{R}\hat{C}} = \frac{1}{k_m R \times \frac{C}{k_m}} = \frac{1}{RC} = \omega_c$ (5.91)

④ 전달함수 : $\hat{H}(s) = \frac{\frac{\widehat{\omega_o}}{\widehat{Q_o}} s}{s^2 + \frac{\widehat{\omega_o}}{\widehat{Q_o}} s + \widehat{\omega_o^2}} = \frac{\frac{\omega_o}{Q_o} s}{s^2 + \frac{\omega_o}{Q_o} s + \omega_o^2} = H(s)$ (5.92)

여기서 주목할 것은 진폭 스케일링에 의해서 주파수 전달함수가 변하지 않는다는 점이다.

(2) 주파수 스케일링

한편, 수동소자들 중에 저항은 주파수에 영향을 받지 않으나 커패시터와 인덕터는 주파수에 의해 임피던스가 변화된다. 주파수 스케일링은 다음과 같은 기본 식을 만족한다.

$$\begin{aligned} Z(\omega) \Rightarrow Z(\hat{\omega})|_{\hat{\omega}=k_f\omega} &= \hat{R} + j\hat{\omega}\hat{L} + \left.\frac{1}{j\hat{\omega}\hat{C}}\right|_{\hat{\omega}=k_f\omega} \\ &= \hat{R} + j\omega(k_f\hat{L}) + \frac{1}{j\omega(k_f\hat{C})} \\ &= R + j\omega L + \frac{1}{j\omega C} \\ &= Z(\omega) \end{aligned} \tag{5.93}$$

따라서 주파수 스케일링하면 다음 관계로 주어진다.

$$\hat{R} = R \tag{5.94}$$

$$\hat{L} = \frac{L}{k_f} \tag{5.95}$$

$$\hat{C} = \frac{C}{k_f} \tag{5.96}$$

$$\hat{\omega} = k_f\omega \tag{5.97}$$

주파수 스케일링하면 공진주파수, 차단주파수 같은 특성은 주파수 스케일 인자에 따라 변한다.

① 공진/중심주파수 : $$\widehat{\omega_o} = \frac{1}{\sqrt{LC}} = \frac{1}{\sqrt{\frac{L}{k_f}\times\frac{C}{k_f}}} = k_f \times \frac{1}{\sqrt{LC}} = k_f\omega_o \tag{5.98}$$

② Q 계수 : $$\widehat{Q_o} = \frac{\widehat{\omega_o}\hat{L}}{\hat{R}} = \frac{(k_f\omega_o)\frac{L}{k_f}}{R} = \frac{\omega_o L}{R} = Q_o \tag{5.99}$$

③ 차단주파수 : $$\widehat{\omega_c} = \frac{1}{\hat{R}\hat{C}} = \frac{1}{R\times\frac{C}{k_f}} = k_f \times \frac{1}{RC} = k_f\omega_c \tag{5.100}$$

④ 대역폭 : $$\widehat{BW} = \frac{\widehat{\omega_o}}{\widehat{Q_o}} = \frac{k_f\omega_o}{Q_o} = k_f BW \tag{5.101}$$

(3) 진폭 및 주파수 스케일링

진폭 및 주파수 스케일링을 동시에 수행하면 식 (5.85)~(5.88) 및 식 (5.94)~(5.97)로부터 다음과 같은 관계식들을 얻을 수 있다.

$$\breve{R} = \hat{R} = k_m R \tag{5.102}$$

$$\breve{L} = \frac{1}{k_f}\hat{L} = \frac{k_m}{k_f} L \tag{5.103}$$

$$\breve{C} = \frac{1}{k_f}\hat{C} = \frac{1}{k_m k_f} C \tag{5.104}$$

$$\breve{\omega} = k_f \hat{\omega} = k_f \omega \tag{5.105}$$

여기서 $(\hat{A})$은 진폭 스케일링을, $(\breve{A})$는 진폭 스케일링 결과를 다시 주파수 스케일링한 결과를 나타낸다. 이 경우에도 다음과 같은 몇 가지 주파수 특성을 얻을 수 있다.

① 공진/중심주파수 : $$\breve{\omega}_o = \frac{1}{\sqrt{\breve{L}\breve{C}}} = \frac{1}{\sqrt{\frac{k_m}{k_f}L \times \frac{1}{k_m k_f}C}} = k_f \frac{1}{\sqrt{LC}} = k_f \omega_o \tag{5.106}$$

② Q 계수 : $$\breve{Q}_o = \frac{\breve{\omega}_o \breve{L}}{\breve{R}} = \frac{(k_f \omega_o)\frac{k_m}{k_f}L}{k_m R} = \frac{\omega_o L}{R} = Q_o \tag{5.107}$$

③ 차단주파수 : $$\breve{\omega}_c = \frac{1}{\breve{R}\breve{C}} = \frac{1}{k_m R \times \frac{1}{k_m k_f}C} = k_f \times \frac{1}{RC} = k_f \omega_c \tag{5.108}$$

④ 대역폭 : $$\breve{BW} = \frac{\breve{\omega}_o}{\breve{Q}_o} = \frac{k_f \omega_o}{Q_o} = k_f BW \tag{5.109}$$

5.5.2 스케일링 예제

이 절에서는 2개의 회로를 예로 들어 스케일링 과정과 그 특성을 소개한다.

예제 5.5 (1) 그림 5.25와 같은 회로에서 $R=1[\Omega]$, $C=1[F]$이다. 이 경우에 이득 곡선을 구하고 차단주파수를 계산하라. (2) 이 회로의 R 값은 너무 적고 C 값은 너무 커서 실용적인 값이 아니다. 따라서 이득은 그대로 두고 차단주파수만 ω_c =100[rad/sec]로 주파수 스케일링할 경우에 R' 값을 구하라. 이때 C'=1[μF]로 선택한다고 가정한다.

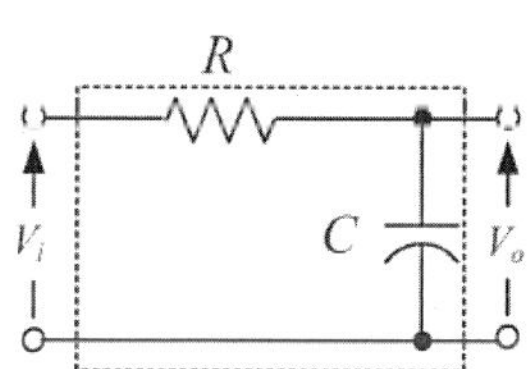

그림 5.25 RC 저역통과 필터

[풀이] (1) 이득곡선과 차단주파수

회로의 전달함수와 주파수 전달함수는

$$\frac{V_o(s)}{V_i(s)} = H(s) = \frac{1/Cs}{R+1/Cs} = \frac{1/RC}{s+1/RC} \tag{a}$$

$$H(j\omega) = \frac{1/RC}{j\omega+1/RC} = \frac{\omega_c}{j\omega+\omega_c} \quad (\omega_c \equiv \frac{1}{RC}) \tag{b}$$

여기서 주어진 회로의 차단주파수는 다음과 같다.

$$\omega_c = \frac{1}{RC} = \frac{1}{1\times 1} = 1\,[rad/\mathrm{sec}] \tag{c}$$

주파수응답으로 직류이득 $H(0)=1$에 대해 $1/\sqrt{2}=0.707\ (-3\,[dB])$인 차단주파수는 ω_c=1[rad/sec]이다. 그림 5.26에서 원 회로의 이득곡선을 볼 수 있다.

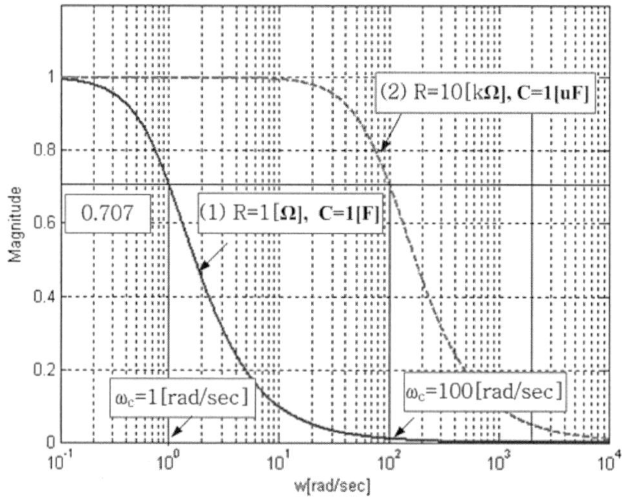

그림 5.26 ω_c=100[rad/sec]로 주파수 스케일링 한 결과

(2) 주파수 스케일링

한편, 주파수 스케일링을 통해 차단주파수를 ω_c=100[rad/sec]로 변화하는 것이 목적이다. 따라서 차단주파수는 $\hat{\omega_o} = 1/\hat{R}\hat{C}$이고 $\hat{C}$=1[μF]가 주어졌으므로 복잡한 스케일링 과정을 거치지 않더라도 $\hat{R} = 1/(\hat{\omega_o}\hat{C}) = 1/(100\times 1\times 10^{-6}) = 10\,[\mathrm{k\Omega}]$으로 구하면 된다. 여기서는 주파수 스케일링 과정을 구체적으로 확인하기 위해 구체적인 해석 과정을 나타내면 다음과 같고 그 결과를 그림 5.26에서 보여준다.

$$\omega_c = 1\,[rad/\mathrm{sec}] \Rightarrow \hat{\omega_c} = 100\,[rad/\mathrm{sec}] \tag{d}$$

따라서 주파수 스케일링 다음과 같다.

$$\hat{\omega_c} = k_f \omega_c \Rightarrow k_f = \frac{\hat{\omega}_c}{\omega_c} = \frac{100}{1} = 100 \tag{e}$$

$$\hat{C} = \frac{1}{k_m k_f} C \Rightarrow k_m = \frac{1}{k_f} \times \frac{C}{\hat{C}} = \frac{1}{100} \times \frac{1}{10^{-6}} = 10^4 \tag{f}$$

$$\hat{R} = k_m R = 10^4 \times 1 = 10\,[\mathrm{k}\Omega] \tag{g}$$

$$\omega_c = \frac{1}{\hat{R}\hat{C}} = \frac{1}{10^4 \times 10^{-6}} = 100\,[rad/\mathrm{sec}] \tag{h}$$

예제 5.6 (1) 그림 5.27과 같은 BPF 회로에서 R=1[Ω], L=1[H], C=1[F]이다. 이 경우에 이득곡선을 구하고 중심주파수, 대역폭 및 Q 계수를 계산하라. (2) 이 회로에 대해 Q 계수는 동일하게 유지하고 중심주파수를 $\omega_o = 500[rad/\mathrm{sec}]$가 되도록 R 및 L 값을 설계하라. 이때 C=1[μF] 커패시터를 채용한다고 한다.

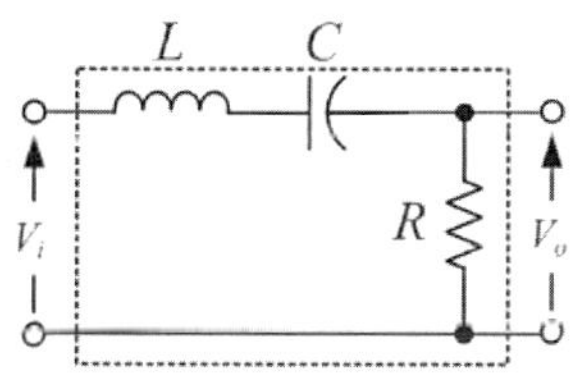

그림 5.27 RLC 대역통과 필터회로

[풀이] (1) 이득곡선과 주파수 특성

그림 5.27의 회로에서 전달함수를 구하면

$$H(s) = \frac{\frac{R}{L}}{s^2 + \frac{R}{L}s + \frac{1}{LC}} = \frac{s}{s^2 + s + 1} \tag{a}$$

$$H(j\omega) = \frac{j\omega}{(j\omega)^2 + j\omega + 1} \tag{b}$$

따라서 중심주파수는

$$\omega_o = \frac{1}{\sqrt{LC}} = 1\,[\mathrm{rad/sec}] \tag{c}$$

이다. 이때 회로의 주파수 이득곡선은 그림 5.28에서 주어진다.

(2) 중심주파수의 변경

식 (c)로 주어진 중심주파수, ω_o=1[rad/sec]를 주파수 스케일링을 통해 $\hat{\omega_o} = 500\,[rad/\mathrm{sec}]$의 필터로 변환하기 위한 소자 값, $\hat{R}$ 및 $\hat{L}$을 구하면 다음과 같다. 여기서 $\hat{C}$=1[μF]로 선택한다고 가정하였다. 그림 5.28에서 점선은 스케일링 소자를 사용한 경우에 이득 특성을 보여준다.

$$k_f = \frac{\widehat{\omega_o}}{\omega_o} = \frac{500}{1} = 500$$

$$k_m = \frac{1}{k_f \widehat{C}} = \frac{1}{500 \times 1 \times 10^{-6}} = 2 \times 10^3 (e)$$

$$\widehat{R} = k_m R = 2 \times 10^3 \times 1 = 2\,[\mathrm{k\Omega}]$$

$$\widehat{L} = \frac{k_m L}{k_f} = \frac{2 \times 10^3 \times 1}{500} = 4\,[H]$$

$$\widehat{C} = 1\,[\mu \mathrm{F}]$$

$$\widehat{\omega_o} = \frac{1}{\sqrt{L' C'}} = \frac{1}{\sqrt{4 \times 1 \times 10^{-6}}} = 500\,[rad/\sec]$$

$$\widehat{Q_o} = \frac{\widehat{\omega_o}\widehat{L}}{\widehat{R}} = \frac{500 \times 4}{2000} = 1 = Q_o$$

$$\widehat{BW} = \frac{\widehat{\omega_o}}{\widehat{Q_o}} = \frac{500}{1} = 500\,[rad/\sec]$$

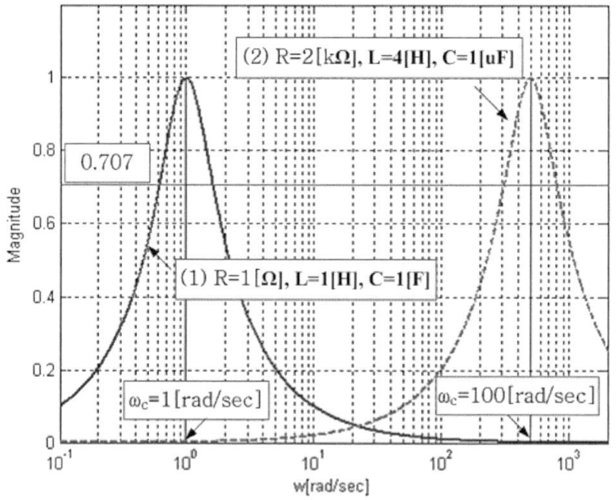

그림 5.28 ω_c=100[rad/sec]로 주파수 스케일링 한 결과

5.6 대역차단 필터

일정 대역의 주파수 성분을 차단하기 위해서는 그림 5.29와 같은 특성의 대역차단 필터(BRF)가 사용된다. BRF도 수동회로에서는 주로 R, L 및 C를 결합하여 2차 필터로 구성할 수 있다. 이때에도 RLC 직렬회로나 병렬회로가 기본적으로 이용될 수 있다. 2차 BPF와 유사하게 이 필터도 활성영역의 주파수 특성인 중심주파수, 대역폭 등의 해석과 설계가 복잡하다. 또한 점근선으로 근사화 이득

곡선을 구하는데 한계가 있다. BRF는 다음과 같은 특징이 있다.

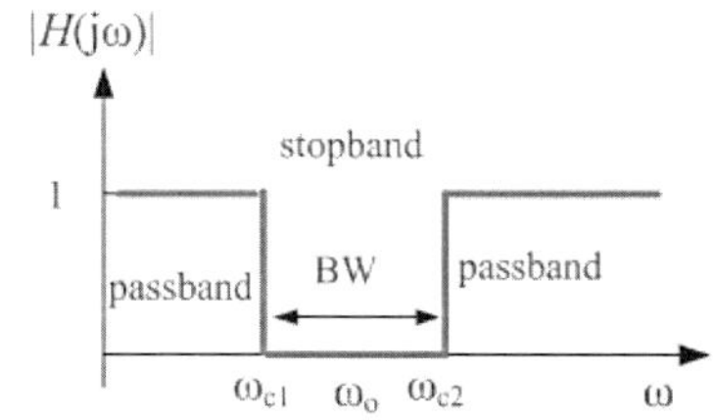

그림 5.29 이상적인 대역차단 필터 특성

※ 대역차단 필터의 특징

(1) 필터특성 : 상, 하한 차단주파수($\omega_{c1,}$ ω_{c2}) 내의 신호를 차단

(2) 대역폭(BW) : 상, 하한 차단주파수 사이의 차단주파수 대역

(3) 차단주파수 : $|H(j\omega)| = 1/\sqrt{2}$ (-3[dB](70.7[%]))인 점의 주파수

(4) 중심(공진)주파수 : 2개의 상, 하한 차단주파수의 기하학적 평균

(5) Q 계수 : 공진 또는 중심주파수의 대역폭에 대한 비

(6) 수동회로 구성 : RLC 회로, 2차 필터 특성

5.6.1 직렬형 RLC 대역차단 필터

(1) 전달함수

그림 5.30은 직렬형 RLC BRF의 한 예로, 이 회로의 전달함수는 다음과 같다.

$$H(s) = \frac{LCs^2 + 1}{LCs^2 + RCs + 1} = \frac{s^2 + \frac{1}{LC}}{s^2 + \frac{R}{L}s + \frac{1}{LC}} = \frac{s^2 + \omega_o^2}{s^2 + \frac{\omega_o}{Q_o}s + \omega_o^2} \tag{5.110}$$

여기서 Q 계수와 공진/고유주파수는

$$Q_o = \frac{\omega_o L}{R} = \frac{1}{\omega_o RC}$$

$$\omega_o = \omega_n = \frac{1}{\sqrt{LC}}$$

이 경우에 Q 계수는 입력전압에 대한 L 또는 C의 단자전압 비를 나타낸다. 따라서 그림 5.30과 같은 구조의 필터를 구성하더라도 Q 값을 직렬공진조건과 동일하다. 식 (5.110)에서 보면 BRF의 전달함수는 허수인 2개의 영점을 갖는다. 만약 Q 계수가 매우 크면 협대역 특성을 나타낼 것이며 차단주파수를 경계로 통과영역에서는 이득이 $1/\sqrt{2}$ 보다 큰 값을 나타낼 것이다.

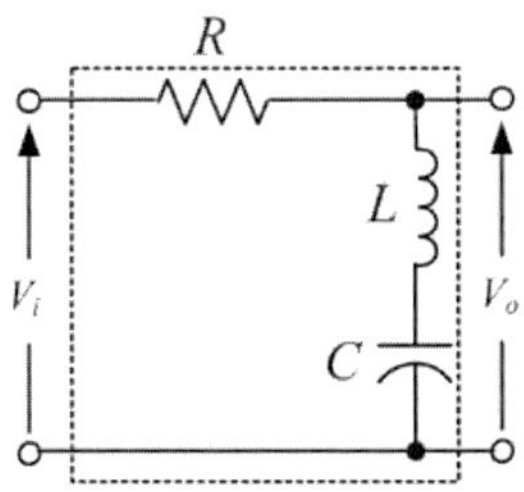

그림 5.30 직렬형 대역차단 필터

(2) 주파수 전달함수

식 (5.108)의 주파수 전달함수와 이득 및 위상은 다음과 같다.

$$H(j\omega) = \frac{(j\omega)^2 + \omega_o^2}{(j\omega)^2 + j\dfrac{\omega_o}{Q_o}\omega + \omega_o^2} = \frac{\omega_o^2 - \omega^2}{(\omega_o^2 - \omega^2) + j\dfrac{\omega_o}{Q_o}\omega} \tag{5.111}$$

$$H(j\omega) = \frac{1-u^2}{(1-u^2) + ju/Q_o} \qquad (\because u \equiv \frac{\omega}{\omega_o}) \tag{5.112}$$

$$g(w) = |H(j\omega)| = \frac{1-u^2}{\sqrt{(1-u^2)^2 + (u/Q_o)^2}} \tag{5.113}$$

$$\phi(\omega) = \angle H(j\omega) = -\tan^{-1}(\frac{u/Q_o}{1-u^2}) \tag{5.114}$$

일반적으로 이득 및 위상 특성을 해석하는 경우에는 식 (5.111)을 직접 이용하기도 한다. 하지만 차단주파수 등의 지표들을 산출하거나 증명하는 경우는 식 (5.112)와 같이 주파수 비, $u = \omega/\omega_o$를 이용하는 것이 편리하다.

(3) 차단주파수

차단주파수는 그림 5.29에서 알 수 있는 바와 같이, 직류이득, $H(0) = g(0) = 1$(BPF에서는 중심주파수, ω_o에서의 이득임을 주목하라.)의 $1/\sqrt{2}$ 가 되는 주파수이므로

$$\left.\frac{1-u^2}{\sqrt{(1-u^2)^2 + (u/Q_o)^2}} \equiv \frac{1}{\sqrt{2}}\right|_{u=u_c} \tag{5.115}$$

이 식에서

$$\sqrt{(1-u_c^2)^2 + (u_c/Q_o)^2} = \sqrt{2}\,(1-u_c^2)$$

$$\left(u_c^2-1\right)^2=(u_c/Q_o)^2 \Rightarrow u_c^2-1=\pm u_c/Q_o$$

따라서 다음 방정식을 얻는다.

$$u_c^2 \pm \frac{1}{Q_o}u_c-1=0 \tag{5.116}$$

식 (5.116)은 BPF회로의 식 (5.50)과 동일하다. 참고로 식 (5.116)로부터의 차단주파수 유도 및 관련 수식들을 정리하면 다음과 같다.

① $u_c^2-\frac{1}{Q_o}u_c-1=0 \qquad \Rightarrow u_c=\frac{1}{2Q_o}\pm\sqrt{\left(\frac{1}{2Q_o}\right)^2+1}$

$$u_c>0\text{인 경우 :}\qquad u_c=\frac{\omega_c}{\omega_o}=\frac{1}{2Q_o}+\sqrt{\left(\frac{1}{2Q_o}\right)^2+1} \tag{5.117}$$

② $u_c^2+\frac{1}{Q_o}u_c-1=0 \qquad \rightarrow u_c=-\frac{1}{2Q_o}\pm\sqrt{\left(\frac{1}{2Q_o}\right)^2+1}$

$$u_c>0\text{인 경우 :}\qquad u_c=\frac{\omega_c}{\omega_o}=-\frac{1}{2Q_o}+\sqrt{\left(\frac{1}{2Q_o}\right)^2+1} \tag{5.118}$$

결국 그림 5.30의 수동필터는 차단주파수로 다음과 같은 하한 및 상한 차단주파수 2개를 갖는다.

$$\omega_{c1}=\omega_o\left[-\frac{1}{2Q_o}+\sqrt{\left(\frac{1}{2Q_o}\right)^2+1}\right] \tag{5.119}$$

$$\omega_{c2}=\omega_o\left[+\frac{1}{2Q_o}+\sqrt{\left(\frac{1}{2Q_o}\right)^2+1}\right] \tag{5.120}$$

이 주파수는 4장에서 직렬공진조건에서의 반전력점 주파수나 5.3.2절의 BPF의 차단주파수와 일치한다. 차단주파수가 2개이므로 이 필터의 이득 특성은 대역폭 영역에서 최대(BPF) 또는 최소(BRF) 값을 갖는다. 이때 그림 5.30이나 식 (5.110) 전달함수 또는 식 (5.111)은 다음과 같은 주파수에서 최대치를 나타낸다.

$$\omega_o=\sqrt{\omega_{c1}\times\omega_{c2}} \tag{5.121}$$

이 주파수는 공진주파수 또는 중심주파수이며 2차 BRF의 점근선을 얻기 위한 절점주파수이기도 하다.

다음은 차단주파수 및 전달함수로부터 구한 주파수 특성들로 4장의 직렬공진조건을 해석할 경우와 5.3.2절의 BPF 해석에서 얻은 결과들과 동일하다.

$$Q_o=\frac{\omega_o L}{R}=\frac{1}{\omega_o CR}=\frac{1}{R}\sqrt{\frac{L}{C}} \tag{5.122}$$

$$BW=\omega_{c2}-\omega_{c1}=\frac{\omega_o}{Q_o}=\frac{R}{L}=\omega_o^2 RC \tag{5.123}$$

$$\omega_{c1} \times \omega_{c2} = \omega_o^2 = \frac{1}{LC} \tag{5.124}$$

$$Q_o = \frac{\omega_o}{BW} = \frac{\omega_o}{\omega_{c2} - \omega_{c1}} = \frac{f_o}{f_2 - f_1} \tag{5.125}$$

(4) 이득과 위상 특성

주파수 전달함수 식 (5.111) 및 (5.112)을 다시 인용하면

$$H(j\omega) = \frac{\omega_o^2 - \omega^2}{(\omega_o^2 - \omega^2) + j\frac{\omega_o}{Q_o}\omega} = \frac{1-u^2}{(1-u^2)+ju/Q_o} \quad (u \equiv \frac{\omega}{\omega_o}) \tag{5.126}$$

앞에서 기술한 바와 같이, 식 (5.126)의 절점주파수는 중심주파수와 같은 $\omega_{co} = \omega_o$이다. 따라서 $u_{co} = 1$이다. $u_{co} = 1$를 절점주파수를 경계로 하여 근사화 Bode 선도를 구하면 다음과 같다.

$$H(j\omega) = \frac{1-u^2}{(1-u^2)+ju/Q_o} \quad u_{co} = \frac{\omega_{co}}{\omega_o} \tag{5.127}$$

구간 ①	구간 ②

$u_{co} = \omega_{co}/\omega_o$

① $u \ll u_{co} = 1$ 구간 : $H(j\omega) = \left.\frac{1-u^2}{(1-u^2)+ju/Q_o}\right|_{u \ll u_{co}} \fallingdotseq 1$ (5.128)

$$g(\omega) = 20\log(1) = 0\,[dB]$$
$$\phi(\omega) = 0^o$$

② $u \gg u_{co} = 1$ 구간 : $H(j\omega) = \left.\frac{1-u^2}{(1-u^2)+ju/Q_o}\right|_{u \gg u_{co}} \fallingdotseq \frac{-u^2}{-u^2} = 1$ (5.129)

$$g(\omega) = 20\log(1) = 0\,[dB]$$
$$\phi(\omega) = 0^o$$

절점주파수를 기준으로 점근선을 구하면 식 (5.128) 및 (5.129)와 같이 모두 0[dB]이다. 따라서 두 구간에서 점근선이 같다. 실제로 그림 5.30 회로 또는 식 (5.108)의 전달함수는 BRF의 전형적인 예로 절점주파수를 전후로 하여 차단영역이 발생한다. 따라서 차단영역의 근사치 이득 특성을 구하기 위해 다른 척도들을 이용해야 한다. 우선, 중심주파수에서의 주파수응답은 다음과 같다.

③ $u = u_{co} = 1$: $H(j\omega) = \left.\frac{1-u^2}{(1-u^2)+ju/Q_o}\right|_{u = u_{co} = 1} \fallingdotseq 0$

$$g(\omega) = 20\log(0) = -\infty\,[dB]$$
$$\phi(\omega) = 0^o$$

(5.130)

식 (5.119) 및 (5.120)으로 주어진 차단주파수는 이득곡선이 -3[dB]와 교차하는 점이다. 따라서 식 (5.128)~(5.130)과 -3[dB] 교차점으로부터 근사화 이득곡선을 추정한다. 그림 5.31은 근사화 이득곡선의 예를 보여준다. 이 그림에서 중심주파수. ω_o에서의 계산 상 이득은 $-\infty$이다. 이때 BRF에서 점근선을 구해 이득곡선을 근사화하는 것은 쉽지 않다.

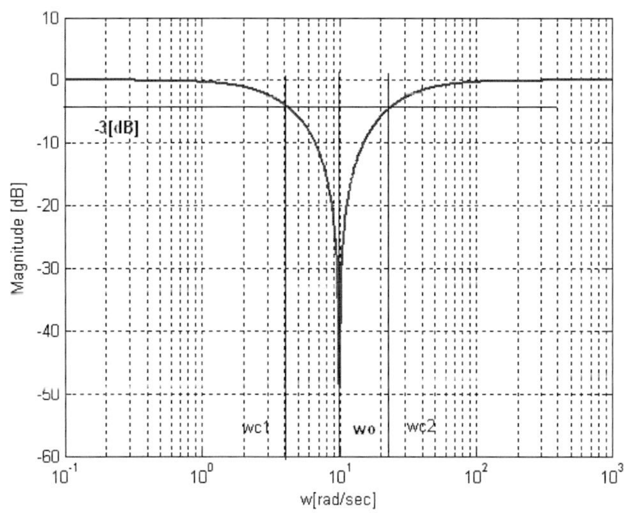

그림 5.31 대역차단 필터의 주파수 특성

참고로 절점주파수를 기준으로 점근선을 구하고 이득곡선을 그리는 방법 이외에, 특정한 주파수에 대해 이득 및 위상을 계산하여 이 값들로부터 근사치 이득곡선을 구할 수도 있다. 식 (5.126)을 다시 쓰면

$$H(j\omega) = \frac{1-u^2}{(1-u^2)+ju/Q_o} \qquad (u \equiv \frac{\omega}{\omega_o}) \tag{5.131}$$

다음은 특정한 주파수에 대한 이득 및 위상의 계산 과정이다.

① $\omega = 0 : u = 0 : H(j\omega) = \left. \frac{1-u^2}{(1-u^2)+ju/Q_o} \right|_{u=0} \fallingdotseq \frac{1}{1} = 1$

$$g(\omega) = 1, \text{ or } 20\log(1) = 0[dB]$$
$$\phi(\omega) = 0^o$$

$$② \omega = \omega_o : u = 1 : H(j\omega) = \left. \frac{1-u^2}{(1-u^2)+ju/Q_o} \right|_{u=1} \fallingdotseq \frac{0}{j/Q_o}$$

$$g(w) = 0,\ \text{or}\ 20\log(0) = -\infty\,[dB]$$
$$\phi(\omega) = -90^o$$

$$③ \omega = \omega_{c1}, \omega_{c2} \quad : g(\omega_c) = \frac{1}{\sqrt{2}} = 0.707,\ -3[dB]$$
$$\phi(\omega) = \pm 45^o$$

$$④ \omega = \infty : u = \infty : g(\omega) = 1,\ \text{or}\ 20\log(1) = 0[dB]$$
$$\phi(\infty) = 90^o$$

그림 5.32는 이러한 과정으로 추정한 이득곡선의 한 예를 나타낸다.

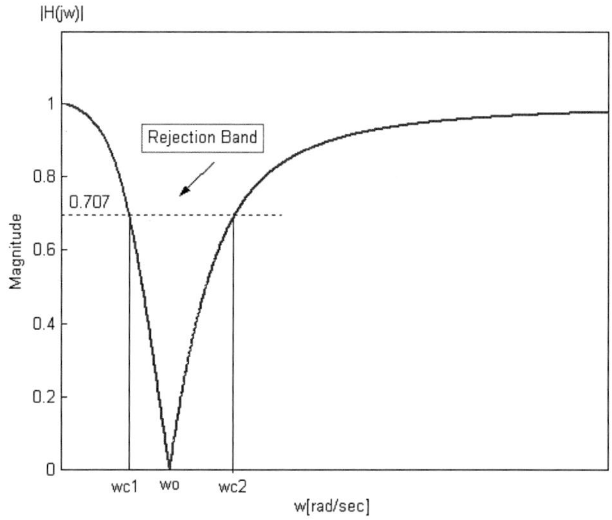

그림 5.32 대역차단 필터의 주파수 특성(선형눈금)

(5) 주파수응답의 결과

다음은 그림 5.30과 같은 2차 대역차단 수동필터의 전형적인 전달함수이다.

$$H(s) = \frac{s^2 + \frac{1}{LC}}{s^2 + \frac{R}{L}s + \frac{1}{LC}} = \frac{s^2 + \omega_o^2}{s^2 + \frac{\omega_o}{Q_o}s + \omega_o^2} \tag{5.132}$$

$$H(j\omega) = \frac{(j\omega)^2 + \omega_o^2}{(j\omega)^2 + j\frac{\omega_o}{Q_o}\omega + \omega_o^2} = \frac{\omega_o^2 - \omega^2}{(\omega_o^2 - \omega^2) + j\frac{\omega_o}{Q}\omega} \tag{5.133}$$

※ 이득 및 위상 특성

1) ω_{c1}, ω_{c2}는 상, 하한 차단주파수

2) $\omega_{c1} < \omega < \omega_{c2}$ 은 차단영역(stop band)

3) $BW = \omega_{c2} - \omega_{c1} = \dfrac{\omega_o}{Q_o}$: 대역폭

4) $\omega_o = \sqrt{\omega_{c1}\omega_{c2}} = \dfrac{1}{\sqrt{LC}} = \omega_n$ 공진/고유/중심주파수

5) 대역차단 필터(BRF) 특성임

6) 위상은 $-90^o < \phi(\omega) < 90^o$

예제 5.7 그림 5.33과 같은 회로가 있다. R=10[kΩ], L=5[H]이고 C=0.05[μF]인 경우에 중심주파수와 차단주파수를 구하고 이득곡선을 그려라.

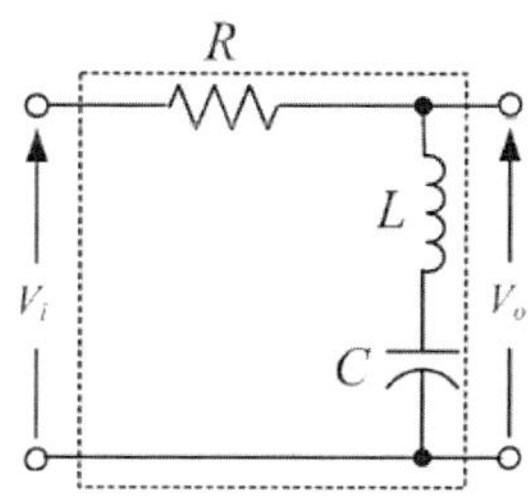

그림 5.33 대역차단 필터

[풀이] 그림 5.33에서 전달함수를 구하면 다음과 같다.

$$H(s) = \frac{s + (2000)^2}{s^2 + 2000s + (2000)^2} \tag{a}$$

$$H(j\omega) = \frac{(j\omega)^2 + 2000^2}{(j\omega)^2 + j2000\omega + 2000^2} \tag{b}$$

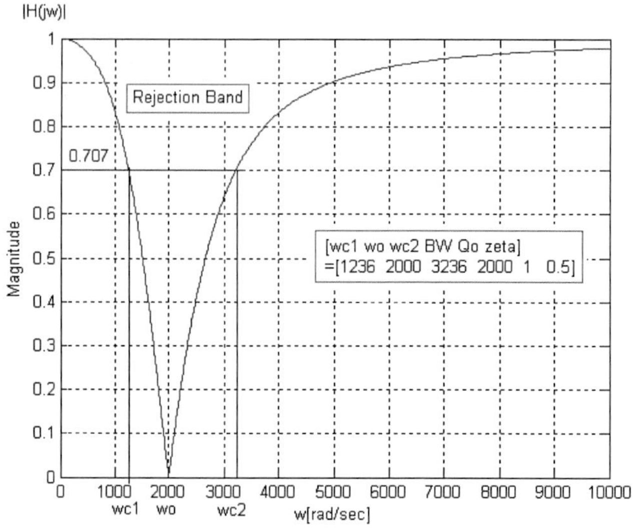

그림 5.34 예제 5.7의 주파수 특성

또한 각 특성을 계산하면

$$\omega_o = \frac{1}{\sqrt{LC}} = \frac{1}{\sqrt{5 \times 0.05 \times 10^{-6}}} = 2000[rad/\sec] \tag{c}$$

$$Q_o = \frac{\omega_o L}{R} = \frac{2000 \times 5}{10 \times 10^3} = 1.0 \tag{d}$$

$$\omega_{c2,\,c1} = \omega_0 \left[\sqrt{\frac{1}{(2Q_o)^2} + 1} \pm \frac{1}{2Q_o} \right]_{\substack{Q_o = 1 \\ \omega_o = 2000}} = 3236,\ 1236[\text{rad/sec}] \tag{e}$$

$$BW = \omega_{c2} - \omega_{c1} = 2000\ [rad/\sec] \tag{f}$$

그림 5.34는 선형눈금으로 그린 주파수 이득 특성이다.

5.6.2 병렬형 RLC 대역차단 필터

RLC 회로는 소자들의 구성에 따라 다양한 특성의 필터를 설계할 수 있다. 그림 5.35는 L과 C를 병렬로 구성하고 저항의 단자전압을 출력으로 설계한 BRF 회로이다. 이 회로는 RLC 병렬형 BRF인 그림 5.30과 유사한 필터 특성을 나타낸다. 병렬형 RLC BPF인 그림 5.23과 같은 회로에서 출력을 저항의 단자전압으로 바꾼 것이다.

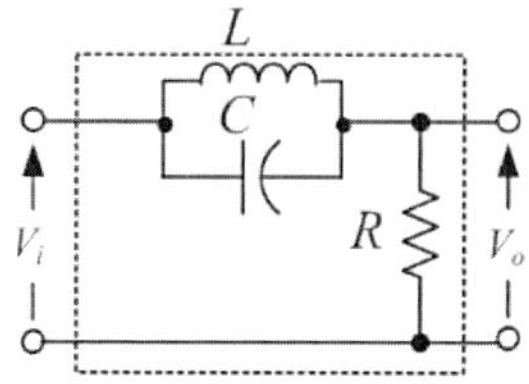

그림 5.35 대역차단 필터

(1) 전달함수

그림 5.35에서 입출력 사이의 전달함수를 구하면 다음과 같다.

$$H(s) = \frac{R}{Ls \| \frac{1}{Cs} + R} = \frac{s^2 + \frac{1}{LC}}{s^2 + \frac{1}{RC}s + \frac{1}{LC}} = \frac{s^2 + \omega_o^2}{s^2 + \frac{\omega_o}{Q_o}s + \omega_o^2} \quad (5.134)$$

따라서 특성방정식은 다음과 같다.

$$\begin{aligned} p(s) &= s^2 + \frac{1}{RC}s + \frac{1}{LC} \\ &= s^2 + \frac{\omega_o}{Q_o}s + \omega_o^2 = 0 \end{aligned} \quad (5.135)$$

여기서

$$Q_o = \omega_o CR = \frac{R}{\omega_o L} \quad (5.136)$$

$$\omega_o = \frac{1}{\sqrt{LC}} \quad (5.137)$$

5.6.1절의 식 (5.110)과 이 절의 식 (5.134)를 비교해보면 분모 및 분자에 s^1 항의 계수, R/L이 $1/RC$로 변경되었음을 알 수 있다. 또한 Q_o는 병렬공진조건과 같으나 ω_o는 동일하다. 그러나 Q_o와 ω_o 등으로 표기한 전달함수, 차단주파수, 중심주파수 관계식들은 동일하다. 따라서 결과 식들을 간단히 정리하면 다음과 같다.

① 주파수 전달함수: $$H(j\omega) = \frac{\omega_o^2 - \omega^2}{(\omega_o^2 - \omega^2) + j\frac{\omega_o}{Q_o}\omega} = \frac{1-u^2}{(1-u^2) + ju/Q_o} \quad (5.138)$$

② 이득 : $$g(w) = |H(j\omega)| = \frac{1-u^2}{\sqrt{(1-u^2)^2 + (u/Q_o)^2}} \quad (5.139)$$

③ 위상 : $$\phi(\omega) = \angle H(j\omega) = -\tan^{-1}\left(\frac{u/Q_o}{1-u^2}\right) \quad (5.140)$$

④ 상, 하한 차단주파수 : $\omega_{c2,\,c1} = \omega_0 \left[\pm \dfrac{1}{2Q_o} + \sqrt{\dfrac{1}{(2Q_o)^2} + 1} \right]$ (5.141)

⑤ 기타 : $Q_o = \dfrac{R}{\omega_o L} = \omega_o CR = R\sqrt{\dfrac{C}{L}}$ (5.142)

$$BW = \omega_{c2} - \omega_{c1} = \frac{\omega_o}{Q_o} = \frac{\omega_o^2 L}{R} = \frac{1}{RC} \tag{5.143}$$

$$\omega_{c1} \times \omega_{c2} = \omega_o^2 = \frac{1}{LC} \tag{5.144}$$

$$Q_o = \frac{\omega_o}{BW} = \frac{\omega_o}{\omega_{c2} - \omega_{c1}} = \frac{f_o}{f_2 - f_1} \tag{5.145}$$

물론, 절점주파수 및 점근선을 구하는 근사화 이득곡선 작도 과정도 동일하므로 여기서 자세한 증명은 생략하고 간단한 예를 보인다.

예제 5.8 그림 5.35와 같은 회로가 있다. R=10[kΩ], L=5[H]이고 C=0.05[μF]인 경우에 중심주파수, 반전력점 및 공진주파수 그리고 이득곡선을 구하라.

[풀이] 전달함수는

$$H(s) = \frac{s^2 + \dfrac{1}{LC}}{s^2 + \dfrac{1}{RC}s + \dfrac{1}{LC}} = \frac{s + (2000)^2}{s^2 + 2000s + (2000)^2} \tag{a}$$

$$H(j\omega) = \frac{(j\omega)^2 + \omega_n^2}{(j\omega)^2 + j\dfrac{\omega_o}{Q_o}\omega + \omega_n^2} = \frac{(j\omega)^2 + 2000^2}{(j\omega)^2 + j2000\omega + 2000^2} \tag{b}$$

로 예제 5.7의 결과와 동일하다. 따라서 나머지 결과들도 예제 5.7을 참고하면 된다.

5.7 RLC 수동필터

5.7.1 저역통과 필터

LPF는 RC 소자로 간단히 구성할 수 있다는 것을 5.2절에서 설명하였다. 이러한 LPF 특성은 RLC 직렬 또는 병렬회로로도 얻을 수 있다. 그림 5.36은 직렬형태로 C의 전압을 출력으로 선택함으로써 저역통과 특성이 나타나는 수동필터이다. 5.2절의 그림 5.2(a) 회로는 1차 LPF이고 그림 5.36의 RLC 회로는 2차 LPF이다. 특히, 이 회로는 제동비가 $\zeta \le 1/\sqrt{2}$, 또는 Q 계수가 $Q_o \ge 1/\sqrt{2}$인 경우(특성근이 공액복소수임)에는 직류이득 이상의 첨두치(peak value)가 나타나는 특징이 있다. 또한 첨두치 주파수는 공진주파수나 차단주파수보다 낮은 영역에서 나타난다.

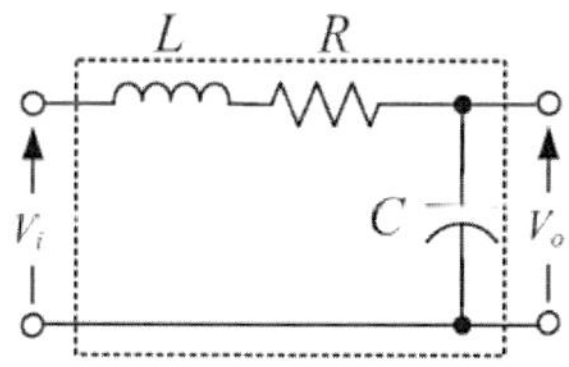

그림 5.36 RLC 저역통과 필터

(1) 전달함수

그림 5.36의 전달함수를 구하면 다음과 같다.

$$H(s) = \frac{\frac{1}{LC}}{s^2 + \frac{R}{L}s + \frac{1}{LC}} = \frac{\omega_o^2}{s^2 + \frac{\omega_o}{Q_o}s + \omega_o^2} \tag{5.146}$$

이 전달함수의 특성방정식은

$$\begin{aligned} p(s) &= s^2 + \frac{R}{L}s + \frac{1}{LC} \\ &= s^2 + \frac{\omega_o}{Q_o}s + \omega_o^2 \\ &= s^2 + 2\zeta\omega_o s + \omega_o^2 = 0 \end{aligned} \tag{5.147}$$

여기서 Q 계수 및 고유주파수는 다음과 같다.

$$Q_o = \frac{\omega_o L}{R} = \frac{1}{\omega_o RC} \tag{5.148}$$

$$\omega_o = \frac{1}{\sqrt{LC}} \tag{5.149}$$

식 (5.146)은 2차 LPF의 전형적인 형태이다.

(2) 주파수 전달함수

주파수 전달함수는 식 (5.146)으로부터

$$H(j\omega) = \frac{\omega_o^2}{(\omega_o^2 - \omega^2) + j\dfrac{\omega_o}{Q_o}\omega} = \frac{1}{(1-u^2) + ju/Q_o} \qquad (\because u \equiv \frac{\omega}{\omega_o}) \tag{5.150}$$

이고 이득 및 위상은 다음과 같다.

$$g(w) = |H(j\omega)| = \frac{1}{\sqrt{(1-u^2)^2 + (u/Q_o)^2}} \tag{5.151}$$

$$\phi(\omega) = \angle H(j\omega) = -\tan^{-1}\left(\frac{u/Q_o}{1-u^2}\right) \tag{5.152}$$

이때 직류이득, $H(0)=1$이다.

(3) 차단주파수

이 필터는 1개의 차단주파수가 존재하고 직류이득 H(0)=1의 $1/\sqrt{2}$ 되는 다음 조건

$$\left.\frac{1}{\sqrt{(1-u^2)^2 + (u/Q_o)^2}} \equiv \frac{1}{\sqrt{2}}\right|_{u=u_c} \tag{5.153}$$

을 만족하는 주파수이다. 따라서 이 식으로부터

$$(1-u_c^2)^2 + (u_c/Q_o)^2 = 2$$

$$u_c^4 - 2\left(1 - \frac{1}{2Q_o^2}\right)u_c^2 - 1 = 0$$

$$u_c^2 = \left(1 - \frac{1}{2Q_o^2}\right) \pm \sqrt{\left(1 - \frac{1}{2Q_o^2}\right)^2 + 1}$$

$$u_c^2 \geq 0 \Rightarrow u_c = \sqrt{\left(1 - \frac{1}{2Q_o^2}\right) \pm \sqrt{\left(1 - \frac{1}{2Q_o^2}\right)^2 + 1}} \tag{5.154}$$

$u_c = \omega_c/\omega_o \geq 0$이므로 차단주파수는 다음과 같이 구해진다.

$$\omega_c = \omega_o\sqrt{\left(1 - \frac{1}{2Q_o^2}\right) + \sqrt{\left(1 - \frac{1}{2Q_o^2}\right)^2 + 1}} \tag{5.155}$$

이 필터는 LPF이므로 대역폭은 다음과 같다.

$$BW = \omega_c \tag{5.156}$$

(4) 첨두치

그림 5.36의 LPF는 제동비가 $1/\sqrt{2}$ 이하이거나 Q 계수가 $1/\sqrt{2}$ 이상인 경우에 직류이득, $H(0)$=1보다 큰 첨두치(공진첨두치(resonance peak value)라 하기도 함)가 발생한다. 이러한 특징

은 RL나 RC 회로로 구성된 5.2절의 1차 LPF에서는 나타나지 않는 현상이다. 이와 같이 첨두치가 나타나는 주파수를 첨두치 주파수(peak value frequency)라 한다.

첨두치 주파수는 이득, 식 (5.151)의 극대 조건, $dg(\omega)/d\omega \equiv 0$을 이용하여 구하면 된다. 즉,

$$\frac{dg(\omega)}{du} = \frac{d}{du}\left[u^4 - 2\left(1 - \frac{1}{2Q_o^2}\right)u^2 + 1\right]^{-1/2}$$

$$= -\frac{1}{2}\left[u^4 - 2\left(1 - \frac{1}{2Q_o^2}\right)u^2 + 1\right]^{-3/2} \times \left[4u^3 - 4\left(1 - \frac{1}{2Q_o^2}\right)u\right]$$

$$= -\frac{2u^3 - 2\left(1 - \frac{1}{2Q_o^2}\right)u}{\left[u^4 - 2\left(1 - \frac{1}{2Q_o^2}\right)u^2 + 1\right]^{3/2}} \equiv 0$$

$$u_p^3 - \left(1 - \frac{1}{2Q_o^2}\right)u_p = 0 \quad \Leftrightarrow \quad u_p\left(u_p^2 - \left(1 - \frac{1}{2Q_o^2}\right)\right) = 0$$

따라서 $u_p = \omega_p/\omega_o \equiv 0$이거나 다음 식이 만족되어야 한다.

$$u_p^2 \equiv 1 - \frac{1}{2Q_o^2} \tag{5.157}$$

$u_p \geq 0$이어야 하므로 $1 - \frac{1}{2Q_o^2} \geq 0$이다. 따라서

$$Q_o \geq \frac{1}{\sqrt{2}} \fallingdotseq 0.707 \tag{5.158}$$

즉, 주파수 이득의 최대치는 ① $u_p = \omega_p/\omega_o = 0$, 즉,

$$\omega_p = 0 \tag{5.159}$$

인 주파수와 ② $Q_o \geq 0.707$ ($Q_o = 1/(2\zeta)$이므로 $\zeta \leq 0.707$)인 경우에 다음과 같은 주파수에서 나타난나.

$$u_p \equiv \frac{\omega_p}{\omega_o} = \sqrt{1 - \frac{1}{2Q_o^2}} \tag{5.160}$$

$$\omega_p = \omega_o\sqrt{1 - \frac{1}{2Q_o^2}} \tag{5.161}$$

결국, 첨두치 주파수 식 (5.159) 및 (5.161)에 의해 첨두치를 구하면 다음과 같다.

① $\omega_p = 0$, ($u_p = 0$)인 경우

$$g_p(\omega_p) = g(0) = H(0) = \left.\frac{1}{\sqrt{(1-u_p^2)^2 + (u_p/Q_o)^2}}\right|_{u_p=0} = 1 \text{ or } 0[dB] \tag{5.162}$$

② $\omega_p = \omega_o \sqrt{1-\dfrac{1}{2Q_o^2}}$, $\left(u_p = \sqrt{1-\dfrac{1}{2Q_o^2}} \quad (Q_o \geq 1/\sqrt{2}, \zeta \leq \sqrt{2}) \right)$의 경우

$$g_p(\omega_p) = \left. \frac{1}{\sqrt{(1-u_p^2)^2 + (u_p/Q_o)^2}} \right|_{u_p = \sqrt{1-1/(2Q_o^2)}} = \frac{Q_o}{\sqrt{1-\left(\dfrac{1}{2Q_o}\right)^2}} \tag{5.163}$$

일반적으로 첨두치, $M_p \equiv g_p(\omega_p)$가 나타나는 주파수는 고유주파수, ω_o와 다르다. 즉,

$$\omega_p = \omega_o \sqrt{1-2\zeta^2} = \omega_o \sqrt{1-\frac{1}{2Q_o^2}} \quad (\zeta \leq 1/\sqrt{2}) \tag{5.164}$$

$$g_p(\omega_p) \equiv M_p = \frac{|V_o(j\omega)|_{\max}}{|V_i(j\omega)|} = \frac{1}{2\zeta\sqrt{1-\zeta^2}} = \frac{Q_o}{\sqrt{1-\left(\dfrac{1}{2Q_o}\right)^2}} \tag{5.165}$$

식 (5.155)의 차단주파수, ω_c와 식 (5.161)의 첨두치 주파수, ω_p 및 고유주파수(또는 공진주파수), ω_o 사이에는 다음 관계가 성립한다.

$$\omega_p \leq \omega_o \leq \omega_c \tag{5.166}$$

만약 $Q_o \to \infty$ 이면

$$|V_o(j\omega)|_{\max} \fallingdotseq Q_o |V_i(j\omega)| \tag{5.167}$$

$$\omega_p \fallingdotseq \omega_o \tag{5.168}$$

만약, $Q_o = 1/\sqrt{2}$ 이면

$$\omega_p = 0 \tag{5.169}$$

한편, 공진주파수는 첨두치 주파수와는 다르며, 따라서 다음의 반전력점 주파수, ω_{c1} 및 ω_{c2}는 공진상태에서만 유효한 정의이다.

$$\omega_{c1} = \omega_o \left[\sqrt{1+\left(\frac{1}{2Q_o}\right)^2} - \frac{1}{2Q_o} \right] \tag{5.170}$$

$$\omega_{c2} = \omega_o \left[\sqrt{1+\left(\frac{1}{2Q_o}\right)^2} + \frac{1}{2Q_o} \right] \tag{5.171}$$

물론 공진상태에서 대역폭과 RLC LPF의 $BW = \omega_c$는 다르다는 사실도 주목해야 한다.

(5) 이득과 위상 특성

근사화 이득곡선을 구하기 위한 점근선을 결정하려면 절점주파수부터 구해야 한다. 주파수 전달 함수는 식 (5.146)이나 (5.150)에 의해

$$H(j\omega)=\frac{\omega_o^2}{(j\omega)^2+j\dfrac{\omega_o}{Q_o}\omega+\omega_o^2} \tag{5.172}$$

$$H(j\omega)=\frac{\omega_o^2}{(\omega_o^2-\omega^2)+j\dfrac{\omega_o}{Q_o}\omega}=\frac{1}{(1-u^2)+ju/Q_o} \qquad (u=\frac{\omega}{\omega_o}) \tag{5.173}$$

이다. 절점주파수는 위 2 식에 의해 구한다. 전달함수는 2차이므로 2개의 절점주파수를 결정할 수 있으나 LFP이고 근사이득의 점근선을 구하는 것이므로 식 (5.172)를 사용해 1개 절점주파수를 구하는 것이 편리하다. 즉, 절점주파수, ω_{co}는 다음 식을 만족하는 주파수이다.

$$\omega_{co}^2 \equiv \omega_o^2 \Leftrightarrow \omega_{co}=\omega_o \tag{5.174}$$

따라서 절점주파수는 고유주파수와 같다. 결국 식 (5.172)의 주파수 전달함수와 식 (5.174)의 절점주파수에 대해 다음 전달함수의 점근선을 구한다.

$$H(j\omega)=\frac{\omega_o^2}{(j\omega)^2+j\dfrac{\omega_o}{Q_o}\omega+\omega_o^2} \qquad (\omega_{co}=\omega_o) \tag{5.175}$$

구간 ①	구간 ②

$\omega_{co}=\omega_o$

① $\omega \ll \omega_{co}$ 구간 : $$H(j\omega)=\left.\frac{\omega_o^2}{(j\omega)^2+j\dfrac{\omega_o}{Q_o}\omega+\omega_o^2}\right|_{\omega \ll \omega_{co}} \fallingdotseq \frac{\omega_o^2}{\omega_o^2}=1 \tag{5.176}$$

$$g(\omega)=20\log(1)=0\,[\mathrm{dB}]$$
$$\phi(\omega)=0^o$$

② $\omega \gg \omega_{co}$ 구간 : $$H(j\omega)=\left.\frac{\omega_o^2}{(j\omega)^2+j\dfrac{\omega_o}{Q_o}\omega+\omega_o^2}\right|_{\omega \gg \omega_{co}} \fallingdotseq \frac{\omega_o^2}{(j\omega)^2} \tag{5.177}$$

$$\begin{aligned} g(\omega) &= 20\log\left(\frac{\omega_o^2}{\omega^2}\right)=20\log\omega_o^2-20\log\omega^2 \\ &= 40\log\omega_o\,[\mathrm{dB}]-40\,[\mathrm{dB}/dec] \\ \phi(\omega) &= 180^o \end{aligned}$$

해석 결과와 같이 절점주파수 이하에서 점근선은 0[dB]이고 그 이상의 주파수영역에서는 -40[dB/dec]의 기울기로 감쇠하는 LPF 특성을 나타낸다. 5.2절의 감쇠율이 -20[dB/dec]인 1차 LPF에 비해 2차 LPF의 감쇠율이 2배가 됨을 주목해야한다.

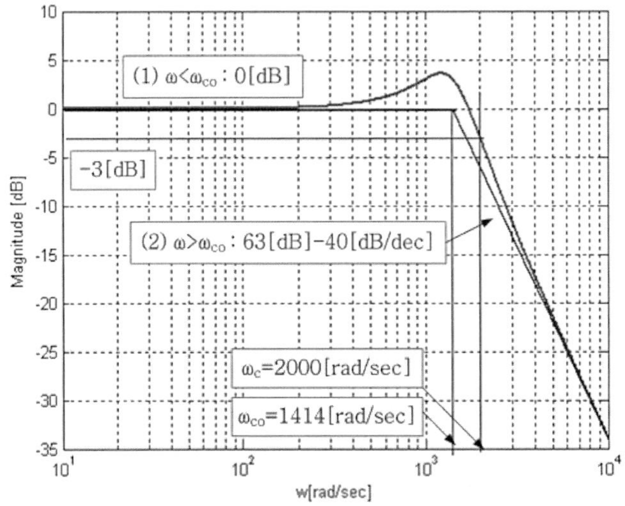

그림 5.37 2차 저역통과 필터 특성

그림 5.37은 다음과 같은 전달함수를 가진 필터의 근사화 이득 특성을 보여준다.

$$H(s) = \frac{2\times10^6}{s^2+10^3s+2\times10^6} \tag{5.178}$$

이 필터의 공진주파수는 $\omega_o = \sqrt{2}\times10^3[rad/\sec]$이고 절점주파수, ω_{co}와 같다. 또한 $\omega_o/Q_o = 10^3$ 이므로 $Q_o = \omega_o/10^3 = \sqrt{2}$ 이다. 따라서 차단주파수는 식 (5.155)에 의해 $\omega_c = 2000[rad/\sec]$이며 첨두치 주파수는 식 (5.164)에 의해 $\omega_p = 1225[rad/\sec]$이다.

그림 5.38은 2차 LPF의 예로 이득곡선과 첨두치 및 주파수응답에서 사용되는 각종 특성 주파수를 보여준다.

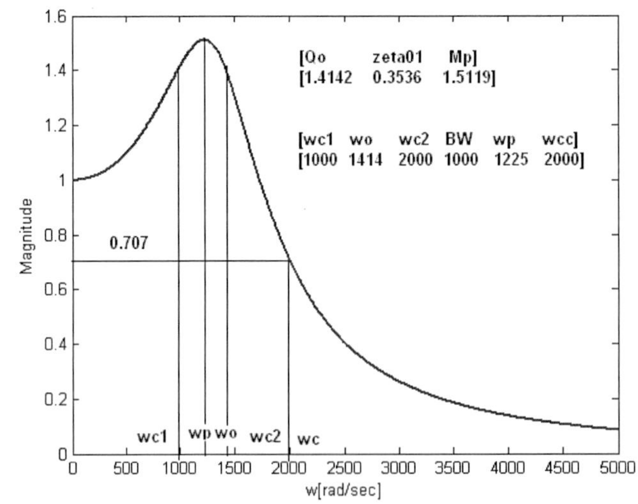

그림 5.38 2차 저역통과 필터와 주파수 특성 예

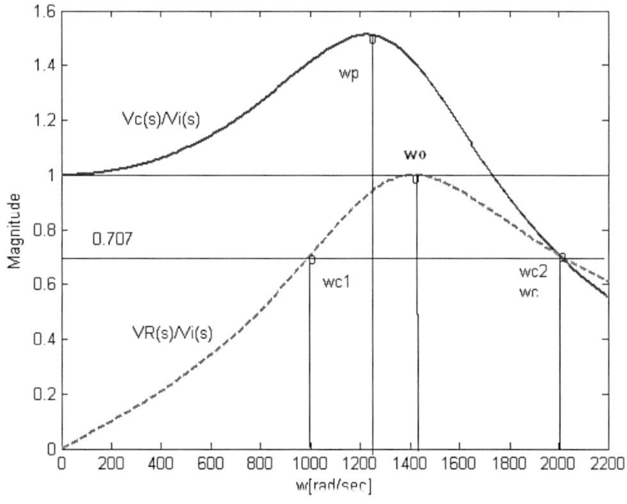

그림 5.39 2차 저역통과 필터와 공진 특성

그림 5.39는 RLC 회로의 주파수응답 중 하나인 공진 특성을 나타낸다. LPF로 $H_f(s)=V_c(s)/V_i(s)$의 관계를, 공진조건으로 저항의 전압(이 특성은 전류 특성과 동일)에 대한 $H_r(s)=V_R(s)/V_i(s)$의 주파수응답을 보인다. 이 결과에서 알 수 있듯이, 공진 해석에서는 ω_o, Q_o, ω_{c1}, ω_{c2}가 정의되지만 LPF에서는 ω_p, ω_c, M_p 등이 정의되어 사용된다. 따라서 이러한 차이점을 이해하고 주파수응답 특성을 기술해야 한다. 일반적으로 RLC 직렬회로를 필터로 이용하는 경우에는 주파수 특성들 사이에 다음 관계가 성립한다.

(1) LPF인 경우 : $\omega_p < \omega_o < \omega_{c2} = \omega_c$ (5.179)

(2) HPF인 경우 : $\omega_c = \omega_{c1} < \omega_o < \omega_p$ (5.180)

(3) BPF인 경우 : $\omega_{c1} < \omega_o = \omega_p < \omega_{c2}$ (5.181)

여기서 ω_{c1} 및 ω_{c2}는 공진상태에서 상, 하한 차단주파수(또는 반전력점 주파수)이고 ω_o는 고유주파수(공진 또는 중심주파수)를 나타낸다. 또한 ω_c 및 ω_p는 차단주파수와 첨두치 주파수를 정의한다.

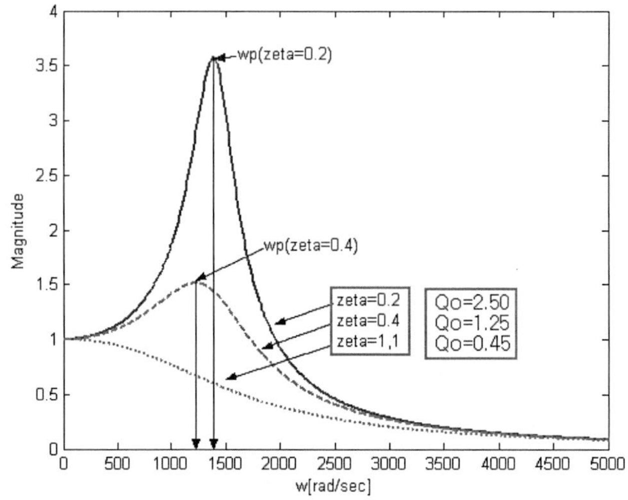

그림 5.40 그림 5.36 회로필터의 첨두치 특성

한편, 2차 필터에서는 제동비(혹은 Q 계수)의 크기에 따라 첨두치가 발생한다. 첨두치가 발생하는 조건은 식 (5.158)과 같으며 이 경우에 첨두치 주파수는 식 (5.164)로, 첨두치는 식 (5.165)으로 주어진다. 즉,

① RLC 회로의 첨두치는 LPF 및 HPF 회로에서 나타나는 특성

② 제동비 $\zeta < 1/\sqrt{2} \fallingdotseq 0.707$ 또는 $Q_o > 1/\sqrt{2} \fallingdotseq 0.707$인 경우에 발생

③ 첨두치, Mp는 제동비에 반비례하고 Q 계수에 비례하는 특성

(6) 주파수응답의 결과

그림 5.36의 2차 RLC LPF의 전달함수는 다음과 같다.

$$H(s) = \frac{\dfrac{1}{LC}}{s^2 + \dfrac{R}{L}s + \dfrac{1}{LC}} = \frac{\omega_o^2}{s^2 + \dfrac{\omega_o}{Q_o}s + \omega_o^2} \tag{5.182}$$

$$H(j\omega) = \frac{\omega_o^2}{(j\omega)^2 + j\dfrac{\omega_o}{Q_o}\omega + \omega_o^2} = \frac{\omega_o^2}{(\omega_o^2 - \omega^2) + j\dfrac{\omega_o}{Q_o}\omega} \tag{5.183}$$

※ 이득 및 위상 특성

1) ω_c는 차단주파수로 상한 반전력점 주파수, $\omega_c = \omega_{c2}$임

2) $0 \le \omega \le \omega_c$은 통과영역(pass band)

3) $BW=\omega_c$는 통과영역 대역폭

4) 2차 LPF로 감쇠율 40[dB/dec] 특성을 나타냄

5) $\zeta \le 0.707(Q_o \ge 0.707)$인 경우에 직류이득, H(0)보다 큰 첨두치 발생

6) 첨두치 주파수는 $\omega_p = \omega_o\sqrt{1-2\zeta^2} = \omega_o\sqrt{1-\dfrac{1}{2Q_o^2}}$

7) 반전력점 주파수, ω_{c1} 및 ω_{c2}는 공진조건에서 정의되고 $\omega_c = \omega_{c2}$

8) 위상은 $-180^o < \phi(\omega) < 0^o$

9) 수동필터이나 출력 이득이 제한적으로 증폭되는 특성이 나타남

예제 5.9 그림 5.41과 같은 회로에서 R=500[Ω], L=0.5[H], C=1[μF]이다. 전달함수와 ω_o, ω_p, M_p, ω_c 및 근사화 이득곡선을 구하라.

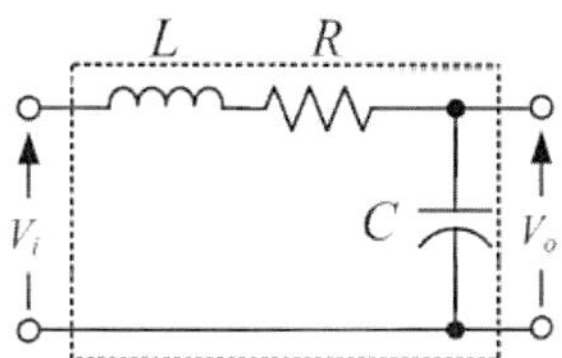

그림 5.41 RLC 필터

[풀이] 회로에서 전달함수를 구하면

$$H(s) = \frac{\frac{1}{LC}}{s^2+\frac{R}{L}s+\frac{1}{LC}} = \frac{(1000\sqrt{2})^2}{s^2+1000s+(1000\sqrt{2})^2} \quad \text{(a)}$$

$$H(j\omega) = \frac{(j\omega)^2+\omega_o^2}{(j\omega)^2+j\frac{\omega_o}{Q_o}\omega+\omega_o^2} = \frac{(1000\sqrt{2})^2}{(j\omega)^2+j1000\omega+(1000\sqrt{2})^2} \quad \text{(b)}$$

이때 ω_o, ω_p, M_p, ω_c를 구하면 다음과 같다.

$$\omega_o = 1000\sqrt{2},\ Q_o = \omega_o/1000 = 1.414[\text{rad/sec}] \quad \text{(c)}$$

$$\omega_p = \omega_o\sqrt{1-1/(2Q_o^2)} = 1000\sqrt{2}\times\sqrt{1-1/4} = 1247[\text{rad/sec}] \quad \text{(d)}$$

$$g_p(\omega) = \frac{Q_o}{\sqrt{1-1/(2Q_o^2)}} = \frac{\sqrt{2}}{\sqrt{1-1/4}} = 1.51,\ \ 3.6[dB] \quad \text{(e)}$$

$$\omega_c = \omega_o\sqrt{(1-1/(2Q_o^2))+\sqrt{(1-1/(2Q_o^2))^2+1}} = 2000\,[\text{rad/sec}] \quad \text{(f)}$$

예제 5.10 그림 5.41과 같은 필터가 있다. ω_p=1463[rad/sec], ζ=0.2이고 C=1[μF]인 경우에 L, R 및 차단주파수, ω_c 그리고 첨두치 M_p, 첨두치 주파수 ω_p를 구하라.

[풀이] $\omega_o = \dfrac{\omega_p}{\sqrt{1-2\zeta^2}} = \dfrac{1463}{\sqrt{1-2\times 0.2^2}} = 1525\,[rad/\sec]$ (a)

$$L = \frac{1}{C\times\omega_o^2} = \frac{1}{10^{-6}\times(1525)^2} = 0.43\,[H] \quad (b)$$

$$R = 2\zeta\omega_o \times L = 2\times 0.2\times 1525\times 0.43 = 261\,[\Omega] \quad (c)$$

이때 M_p 및 ω_c를 구하면 다음과 같다.

$$Q_o = \frac{\omega_o L}{R} = 1525\times 0.43/261 = 2.51 \quad (d)$$

$$M_p = \frac{Q_o}{\sqrt{1-1/(2Q_o^2)}} = 2.56 \quad (e)$$

$$\omega_c = \omega_o\sqrt{\left(1-\frac{1}{2Q_o^2}\right)+\sqrt{\left(1-\frac{1}{2Q_o^2}\right)^2+1}} = 2303\,[rad/\sec] \quad (f)$$

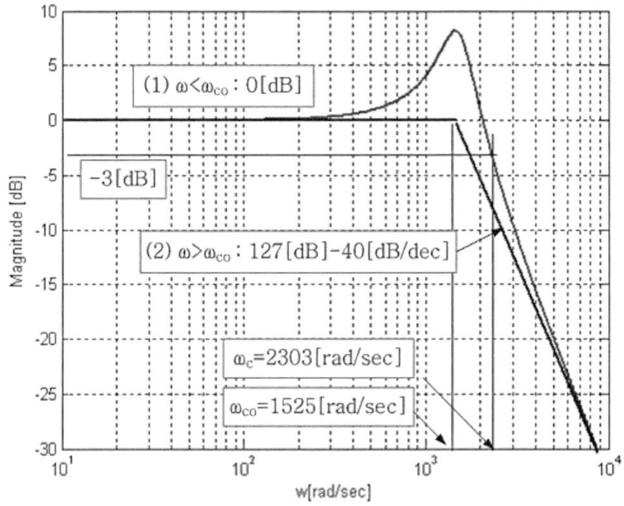

그림 5.42 예제 5.10의 이득곡선

이들 식들로부터 전달함수를 구하면

$$H(s) = \frac{2.327\times 10^6}{s^2+607s+2.327\times 10^6} \quad (g)$$

이 전달함수에 대해 식 (5.172)~(5.177)을 참고하여 이득곡선을 구하면 그림 5.42와 같다.

5.7.2 고역통과 필터

RLC 소자를 직렬 또는 병렬로 구성하면 LPF(5.7.1절), BPF(5.3절), 또는 BRF(5.5절) 특성도 얻을 수 있다. 물론, RLC 회로로 HPF도 설계할 수 있다. 5.7.1절에서는 RLC 직렬회로에서 C의 단자전압을 출력으로 선택하는 경우에 나타나는 저역통과 특성을 해석하였다. 이 절에서는 그림 5.43과 같이, L의 단자전압을 출력신호로 선택하는 경우에 나타나는 HPF 특성을 기술한다. 5.7.1절의 2차 저역통과 회로와 유사하게 제동비가 $\zeta \leq 1/\sqrt{2}$, 또는 $Q_o \geq 1/\sqrt{2}$ 경우(이 경우에는 특성근이 공액복소수이다)에는 활성영역($\omega \geq \omega_c$) 이득, H(∞)=1 이상의 첨두치가 나타나는 특징이 있다. 또한 이 필터의 차단주파수는 첨두치 주파수보다 낮은 값이며 공진조건에서의 반전력점 주파수 중 하한 차단주파수와 동일하다.

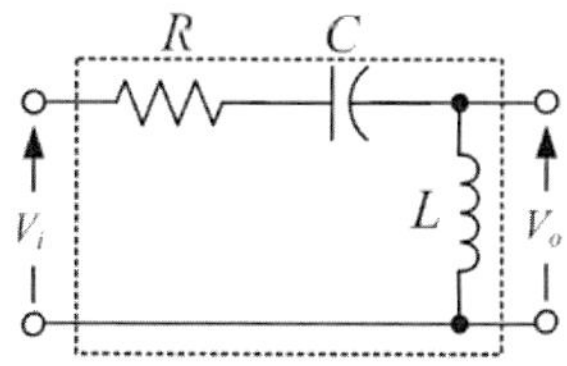

그림 5.43 RLC 고역통과 필터

(1) 전달함수

그림 5.43의 전달함수를 구하면 다음과 같다.

$$H(s) = \frac{s^2}{s^2 + \frac{R}{L}s + \frac{1}{LC}} = \frac{s^2}{s^2 + \frac{\omega_o}{Q_o}s + \omega_o^2} \tag{5.184}$$

이 전달함수는 2차 HPF의 전형적인 형태이다. 이때 특성방정식은

$$\begin{aligned} p(s) &= s^2 + \frac{R}{L}s + \frac{1}{LC} \\ &= s^2 + \frac{\omega_o}{Q_o}s + \omega_o^2 \\ &= s^2 + 2\zeta\omega_o s + \omega_o^2 = 0 \end{aligned}$$

여기서 Q 계수 및 고유주파수, ω_o는 다음과 같다.

$$Q_o = \frac{\omega_o L}{R} = \frac{1}{\omega_o RC} \tag{5.185}$$

$$\omega_o = \frac{1}{\sqrt{LC}} \tag{5.186}$$

(2) 수파수 전달함수

그림 5.43 회로의 주파수 전달함수는

$$H(j\omega) = \frac{-\omega^2}{(\omega_o^2 - \omega^2) + j\frac{\omega_o}{Q_o}\omega} = \frac{-u^2}{(1-u^2) + ju/Q_o} \quad (u \equiv \frac{\omega}{\omega_o}) \tag{5.187}$$

이고 이득 및 위상은 다음과 같다.

$$g(w) = |H(j\omega)| = \frac{u^2}{\sqrt{(1-u^2)^2 + (u/Q_o)^2}} \tag{5.188}$$

$$\phi(\omega) = \angle H(j\omega) = 180^o - \tan^{-1}(\frac{u/Q_o}{1-u^2}) \tag{5.189}$$

이때 직류이득, $H(0) = 0$이고 HPF의 활성영역의 이득, $H(\infty) = 1$이다.

(3) 차단주파수

이 필터 역시 1개의 차단주파수가 존재하고 다음 조건을 만족하는 주파수이다.

$$\left.\frac{u^2}{\sqrt{(1-u^2)^2 + (u/Q_o)^2}} \equiv \frac{1}{\sqrt{2}}\right|_{u=u_c} \tag{5.190}$$

이 조건식으로부터

$$\begin{aligned}
&(1-u_c^2)^2 + (u_c/Q_o)^2 = 2u^4 \\
&u_c^4 + 2\left(1 - \frac{1}{2Q_o^2}\right)u_c^2 - 1 = 0 \\
&u_c^2 = \left(\frac{1}{2Q_o^2} - 1\right) \pm \sqrt{\left(\frac{1}{2Q_o^2} - 1\right)^2 + 1} \\
&u_c^2 \geq 0 \Rightarrow u_c = \sqrt{\left(\frac{1}{2Q_o^2} - 1\right) \pm \sqrt{\left(\frac{1}{2Q_o^2} - 1\right)^2 + 1}}
\end{aligned}$$

$u_c = \omega_c/\omega_o \geq 0$이므로 차단주파수는 다음과 같다.

$$\omega_c = \omega_o\sqrt{\left(\frac{1}{2Q_o^2} - 1\right) + \sqrt{\left(\frac{1}{2Q_o^2} - 1\right)^2 + 1}} \tag{5.191}$$

이 필터는 HPF이므로 활성영역은 ω_c 이상의 주파수 대역이다. 따라서 대역폭은

$$BW = \omega_c \sim \infty \tag{5.192}$$

(4) 첨두치

그림 5.43과 같은 2차 HPF(또는 그림 5.36과 같은 2차 LPF)는 제동비가 $1/\sqrt{2}$ 이하이거나 Q 계수가 $1/\sqrt{2}$ 이상인 경우에 활성영역의 이득, $H(\infty)$보다 큰 첨두치가 발생한다. 첨두치는 이득, 식 (5.188)의 극대조건, $dg(\omega)/du \equiv 0$으로 구하면 된다. 즉,

$$\frac{dg(\omega)}{du} = \frac{2u}{\left[(1-u^2)^2 + \left(\frac{u}{Q_o}\right)^2\right]^{1/2}} - \frac{1}{2}u^2 \frac{-4u(1-u^2) + \frac{2u}{Q_o^2}}{\left[(1-u^2)^2 + \left(\frac{u}{Q_o}\right)^2\right]^{3/2}}$$

$$= \frac{2u\left[(1-u^2)^2 + \left(\frac{u}{Q_o}\right)^2\right] + \left[2u^3(1-u^2) - \frac{u^3}{Q_o^2}\right]}{\left[(1-u^2)^2 + \left(\frac{u}{Q_o}\right)^2\right]^{3/2}} \equiv 0$$

따라서

$$2u\left[(1-u^2)^2 + \left(\frac{u}{Q_o}\right)^2\right] + u^3\left[2(1-u^2) - \frac{1}{Q_o^2}\right] = 0$$

이 식을 풀어 u_p를 구하면 다음과 같다.

$$u_p = \pm \frac{1}{\sqrt{1 - \frac{1}{2Q_o^2}}} = \pm \frac{1}{\sqrt{1-2\zeta^2}} \tag{5.193}$$

$u_p \geq 0$ 이어야 하므로 $Q_o \geq \sqrt{2}\,(\because 1 - 1/(2Q_o^2) \geq 0)$ 또는 $\zeta \leq \sqrt{2}\,(\because 1 - 2\zeta^2 \geq 0)$이어야 하고 이때

$$u_p = \frac{1}{\sqrt{1 - \frac{1}{2Q_o^2}}} = \frac{1}{\sqrt{1-2\zeta^2}}$$

즉, 주파수 이득의 최대치는 $u_p = \omega_p/\omega_o = \infty$, $\omega_p = \infty$ 인 주파수와 $\zeta < 0.707$인 경우에

$$u_p \equiv \frac{\omega_p}{\omega_o} = \frac{1}{\sqrt{1 - \frac{1}{2Q_o^2}}} \tag{5.194}$$

$$\omega_p = \frac{\omega_o}{\sqrt{1 - \frac{1}{2Q_o^2}}} \tag{5.195}$$

이때에 첨두치 주파수와 첨두치는 다음과 같다.

① $\omega_p = \infty$, $(u_p = \infty)$ 인 경우

$$g_p(\omega_p) = g(\infty) = H(0) = \left.\frac{u_p^2}{\sqrt{(1-u_p^2)^2 + (u_p/Q_o)^2}}\right|_{u_p=0} = 0,\ -\infty\ [dB] \tag{5.196}$$

② $\omega_p = \dfrac{\omega_o}{\sqrt{1-1/(2Q_o^2)}}$, ($\zeta \le 1/\sqrt{2}$, $Q_o \ge 1/\sqrt{2}$)인 경우

$$g_p(\omega_p) = \frac{u_p^2}{\sqrt{(1-u_p^2)^2+(u_p/Q_o)^2}}\Bigg|_{u_p=\frac{1}{\sqrt{1+1/(2Q_o^2)}}} = \frac{Q_o}{\sqrt{1-\left(\frac{1}{2Q_o}\right)^2}} \tag{5.197}$$

$$g_p(\omega_p) = \frac{|V_o(j\omega)|_{\max}}{|V_i(j\omega)|} = \frac{Q_o}{\sqrt{1-\left(\frac{1}{2Q_o}\right)^2}} \tag{5.198}$$

이때 각각의 주파수 사이에는 다음 관계가 성립한다.

$$\omega_c \le \omega_o \le \omega_p \tag{5.199}$$

만약 Q_o가 크면

$$|V_o(j\omega)|_{\max} \fallingdotseq Q_o|V_i(j\omega)| \tag{5.200}$$

$$\omega_p \fallingdotseq \omega_o \tag{5.201}$$

한편, 공진주파수는 첨두치 주파수와는 다르며, 따라서 다음의 반전력점 주파수, ω_{c1} 및 ω_{c2}는 공진조건에서만 유효한 정의이다.

$$\omega_{c1} = \omega_o\left[\sqrt{1+\left(\frac{1}{2Q_o}\right)^2} - \frac{1}{2Q_o}\right] \tag{5.202}$$

$$\omega_{c2} = \omega_o\left[\sqrt{1+\left(\frac{1}{2Q_o}\right)^2} + \frac{1}{2Q_o}\right] \tag{5.203}$$

다시 말해서 그림 5.43과 같이 L을 출력으로 선택한 회로는 2차 HPF이지 공진회로가 아닌 것이다. 물론 공진상태에서 대역폭과 RLC LPF의 $BW = \omega_c$와는 다르다는 사실도 주목해야 한다.

(5) 이득과 위상 특성

근사화 이득곡선을 구하기 위한 점근선을 결정하려면 절점주파수부터 구해야 한다. 주파수 전달함수는 식 (5.184)에 의해

$$H(j\omega) = \frac{(j\omega)^2}{(j\omega)^2 + j\dfrac{\omega_o}{Q_o}\omega + \omega_o^2} \tag{5.204}$$

이다. 전달함수는 2차이나 HFP이고 근사이득의 점근선을 구하는 것이므로 식 (5.204)를 사용해 1개 절점주파수를 구하는 것이 편리하다. 즉, 절점주파수, ω_{co}는 다음 식을 만족하는 주파수이다.

$$\omega_{co}^2 \equiv \omega_o^2 \Leftrightarrow \omega_{co} = \omega_o \tag{5.205}$$

따라서 절점주파수는 고유주파수와 같다. 결국 식 (5.204)의 주파수 전달함수와 식 (5.205)의 절점주파수에 대해 다음 전달함수의 점근선을 구한다.

$$H(j\omega) = \frac{(jomega)^2}{(j\omega)^2 + j\frac{\omega_o}{Q_o}\omega + \omega_o^2} \qquad (\omega_{co} = \omega_o) \tag{5.206}$$

구간 ①	구간 ②

$\omega_{co} = \omega_o$

$$① \ \omega \ll \omega_{co} \text{ 구간 : } H(j\omega) = \left.\frac{(j\omega)^2}{(j\omega)^2 + j\frac{\omega_o}{Q_o}\omega + \omega_o^2}\right|_{\omega \ll \omega_{co}} \fallingdotseq \frac{(j\omega)^2}{\omega_o^2} \tag{5.207}$$

$$\begin{aligned} g(\omega) &= 20\log\left(\frac{\omega^2}{\omega_o^2}\right) = 20\log(\omega^2) - 20\log(\omega_o^2) \\ &= 40\,[\mathrm{dB}/dec] - 40\log\omega_o\,[\mathrm{dB}] \\ \phi(\omega) &= 180^o \end{aligned}$$

$$② \ \omega \gg \omega_{co} \text{ 구간 : } H(j\omega) = \left.\frac{(j\omega)^2}{(j\omega)^2 + j\frac{\omega_o}{Q_o}\omega + \omega_o^2}\right|_{\omega \gg \omega_{co}} \fallingdotseq \frac{(j\omega)^2}{(j\omega)^2} = 1 \tag{5.208}$$

$$\begin{aligned} g(\omega) &= 20\log(1) = 0\,[\mathrm{dB}] \\ \phi(\omega) &= 0^o \end{aligned}$$

결국 절점주파수 이상에서 점근선은 0[dB]이고 그 이하의 주파수영역에서는 +40[dB/dec]의 기울기로 증가하는 HPF 특성을 나타낸다. 5.2절의 1차 HPF에 비해 2차 LPF의 증가율이 2배가 된다. 그림 5.44는 다음과 같은 전달함수의 이득 특성을 보여준다.

$$H(s) - \frac{s^2}{s^2 + 7\times10^2 s + 10^6} \tag{5.209}$$

이 필터의 중심주파수는 절점주파수와 같으며 $\omega_o = 10^3[rad/\mathrm{sec}]$이다. Q_o는 식 (5.185)에 의하여 $Q_o = 1.428$이며 $\omega_c = 710[rad/\mathrm{sec}]$이다. 또한 첨두치와 그 주파수는 각각 $M_p = 1.528$, 및 $\omega_p = 1151[rad/\mathrm{sec}]$이다. 그림 5.45는 2차 HPF의 예로 이득곡선과 첨두치 및 주파수응답에서 사용되는 각종 특성 주파수를 보여준다.

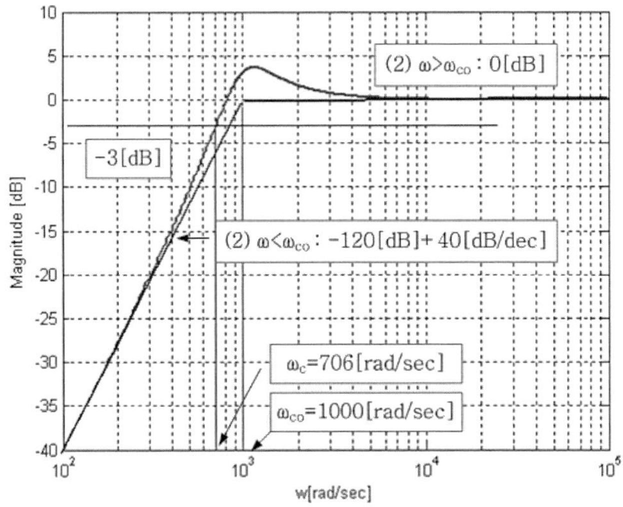

그림 5.44 2차 고역통과 필터

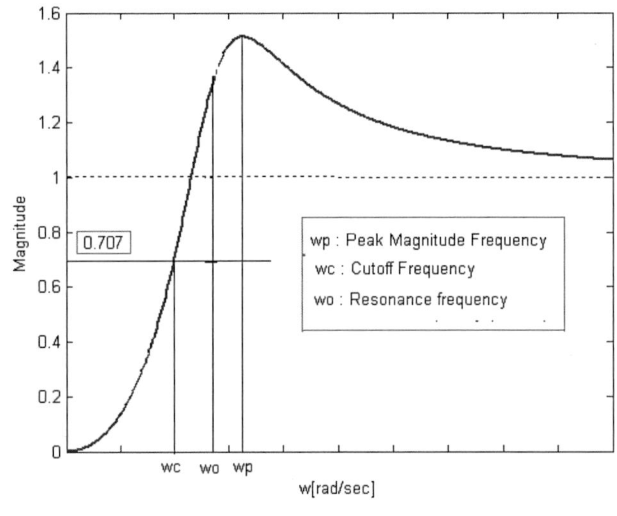

그림 5.45 2차 고역통과 필터와 특성 주파수 예

(5) 주파수응답의 결과

그림 5.43의 2차 HPF의 전달함수는

$$H(s) = \frac{s^2}{s^2 + \frac{R}{L}s + \frac{1}{LC}} = \frac{s^2}{s^2 + \frac{\omega_o}{Q_o}s + \omega_o^2} \tag{5.210}$$

$$H(j\omega)=\frac{(j\omega)^2}{(j\omega)^2+j\frac{\omega_o}{Q_o}\omega+\omega_o^2}=\frac{-\omega^2}{(\omega_o^2-\omega^2)+j\frac{\omega_o}{Q_o}\omega} \tag{5.211}$$

※ 이득 및 위상 특성

1) ω_c는 차단주파수로 하한 반전력점 주파수, $\omega_c=\omega_{c1}$임
2) $\omega_c \le \omega \le \infty$은 통과영역(pass band)
3) $BW=\omega_c \sim \infty$는 통과영역 대역폭
4) 2차 LPF로 차단주파수 이하에서 증가율은 40[dB/dec] 특성을 나타냄
5) $\zeta \le 0.707(Q_o \ge 0.707)$인 경우에 직류이득, H(0)보다 큰 첨두치 발생
6) 첨두치 주파수는 $\omega_p=\dfrac{\omega_o}{\sqrt{1-\dfrac{1}{2Q_o^2}}}$
7) 반전력점 주파수, ω_{c1} 및 ω_{c2}는 공진조건에서 정의되고 $\omega_c=\omega_{c1}$
8) 위상은 $0^o<\phi(\omega)<180^o$
9) 수동필터이나 출력 이득은 제한적으로 증폭 특성을 나타냄

예제 5.11 다음과 같은 수동회로 필터가 있다. L=0.5[H], C=2[μF]인 경우에 ω_c, ω_o 및 M_p를 구하고 근사화 Bode 선도의 이득곡선을 그려라.

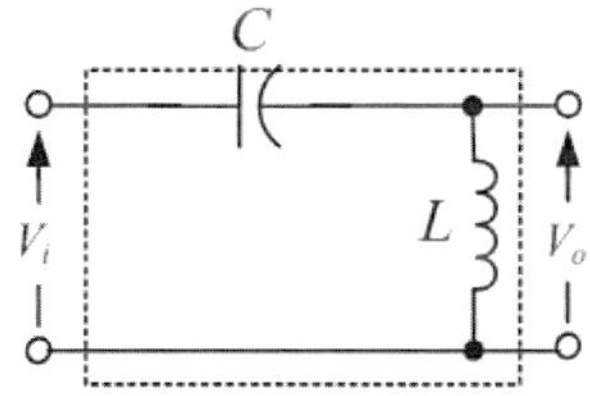

그림 5.46 2차 고역통과 필터회로

[풀이] 회로에서 전달함수를 구하면

$$H(s)=\frac{s^2}{s^2+\frac{1}{LC}}=\frac{s^2}{s^2+(1000)^2} \tag{a}$$

$$H(j\omega)=\frac{(j\omega)^2}{(j\omega)^2+\omega_o^2}=\frac{(j\omega)^2}{(j\omega)^2+(1000)^2} \tag{b}$$

따라서 공진주파수, 제동비 및 Q 계수를 구하면

$$\omega_o=1000,\ \zeta=0<0.707,\ Q_o=1/(2\zeta)=\infty>0.707 \tag{c}$$

한편, $Q_o=\infty>0.707$이므로 첨두치 주파수와 이때 첨두치는

$$\omega_p = \frac{\omega_o}{\sqrt{1-1/(2Q_o^2)}} = \omega_o = 1000[\text{rad/sec}] \qquad \text{(d)}$$

$$M_p = \frac{Q_o}{\sqrt{1-(\frac{1}{2Q_o})^2}} = \infty \qquad \text{(e)}$$

또한 차단주파수

$$\omega_c = \omega_o \sqrt{\left(\frac{1}{2Q_o^2}-1\right)+\sqrt{\left(\frac{1}{2Q_o^2}-1\right)^2+1}} = 644 \ [\text{rad/sec}] \qquad \text{(f)}$$

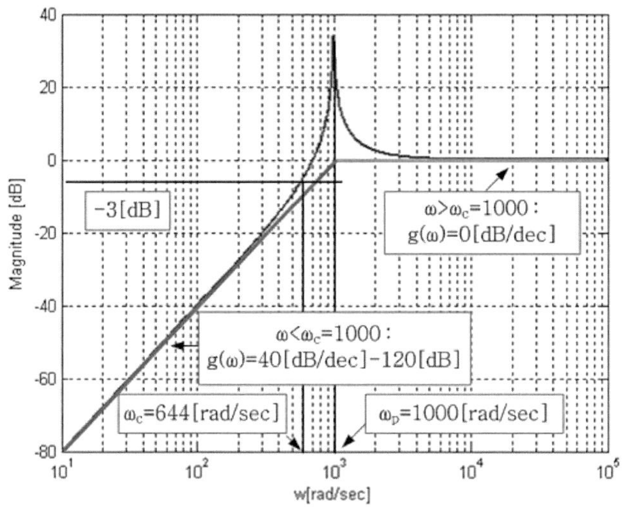

그림 5.47 근사화 이득곡선

절점주파수는 식 (b)의 분모다항식으로부터 $\omega_{co} = 1000[\text{rad/sec}]$이다. 따라서 식 (b)에 대해 점근선을 구할 수 있다.

$$H(j\omega) = \frac{(j\omega)^2}{(j\omega)^2+(1000)^2} \quad (\omega_{co}=1000) \qquad \text{(g)}$$

구간 ①	구간 ②
$\omega_{co}=1000$	

$$\text{①}\ \omega \ll \omega_{co} \text{ 구간 : } H(j\omega) = \left.\frac{(j\omega)^2}{(j\omega)^2+(1000)^2}\right|_{\omega \ll 1000} \fallingdotseq \frac{(j\omega)^2}{(1000)^2} \qquad \text{(h)}$$

$$g(\omega) = 20\log\left(\frac{\omega^2}{10^6}\right) = 20\log(\omega^2) - 20\log(10^6)$$
$$= 40\,[\text{dB}/dec] - 120\,[\text{dB}]$$
$$\phi(\omega) = 180^o$$

$$\text{②}\ \omega \gg \omega_{co} \text{ 구간 : } H(j\omega) = \left.\frac{(j\omega)^2}{(j\omega)^2+(1000)^2}\right|_{\omega \gg 1000} \fallingdotseq \frac{(j\omega)^2}{(j\omega)^2} = 1 \qquad \text{(i)}$$

$$g(\omega) = 20\log(1) = 0[\text{dB}]$$
$$\phi(\omega) = 0^{o}$$

그림 5.47은 점근선 및 실제 이득곡선 이다. 그림 5.47은 일종의 정 K형 (constant K type) HPF이다. 따라서 이 예제에서의 Q_o나 차단주파수 ω_c 등은 그림 5.43의 일반적인 2차 HPF회로에서 R이 없는 경우이다.

※ 전달함수와 수동필터 종류

일반적으로 5장에서의 수동필터에 대한 전달함수와 주파수 이득 특성을 해석하고 그 결과들을 토대로 필터의 종류나 주파수응답 특성을 설명하였다. 이러한 해석은 매우 복잡하고 지루한 과정이 요구된다. 일반적으로 전달함수의 형태로 필터의 종류와 차단주파수를 추정할 수 있다. 지금까지 5장의 필터는 1차 및 2차 전달함수로 표현되었다. 따라서 다음은 전달함수와 필터의 종류를 정리한 것이다.

※ 1차 필터 전달함수의 일반형과 차단주파수
(1) $H_1(s) = \dfrac{K}{s+a} \Rightarrow H(j\omega) = \dfrac{K}{j\omega + \omega_c}$: 1차 LHP
(2) $H_2(s) = \dfrac{s}{s+a} \Rightarrow H(j\omega) = \dfrac{j\omega}{j\omega + \omega_c}$: 1차 HPF
※ 차단주파수 : $\omega_c \equiv a$

※ 2차 필터 전달함수의 일반형과 차단주파수
(1) $H_1(s) = \dfrac{K}{s^2 + a_1 s + a_2}$: 2차 LHP (ω_c : 차단주파수)
(2) $H_2(s) = \dfrac{Ks^2}{s^2 + a_1 s + a_2}$: 2차 HPF(ω_c : 차단주파수)
(3) $H_3(s) = \dfrac{Ks}{s^2 + a_1 s + a_2}$: 2차 BPF (ω_{c1}, ω_{c2} : 차단주파수)
(4) $H_4(s) = \dfrac{K_1 s + K_2}{s^2 + a_1 s + a_2}$: 2차 BRF(ω_{c1}, ω_{c2} : 차단주파수)

제5장 연습문제

[문제 5.1] 그림 P5.1과 같이 R=10[Ω], L=10[mH]인 회로가 있다. (1) 차단주파수, ω_c를 구하라. (2) 근사화 Bode 선도 중 이득곡선을 구하라. (3) 구한 이득곡선을 이용하여 이 필터의 특징을 설명하라.

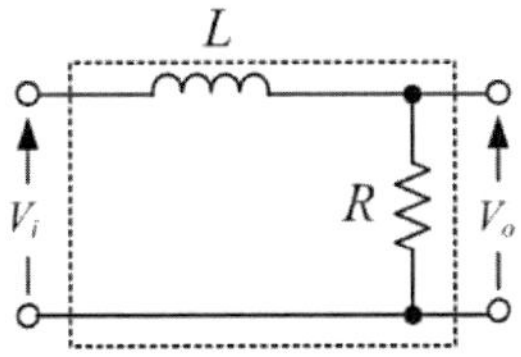

그림 P5.1 RL 필터

[문제 5.2] 그림 P5.2와 같이 코일과 저항을 직렬로 구성한 필터회로가 있다. 이 경우에 R=10[Ω]이고 코일의 인덕턴스는 L_c=0.01[H]이다. 일반적으로 코일에는 작지만 저항성분이 존재한다. 그림에서 코일의 내부저항, R_c가 0 및 2[Ω]인 경우에 직류이득과 차단주파수를 구하라. 또한 각 경우에 근사화 Bode 선도를 그려라. 이 필터의 종류를 말하고 코일의 저항, R_c에 의한 필터 특성 변화를 설명하라.

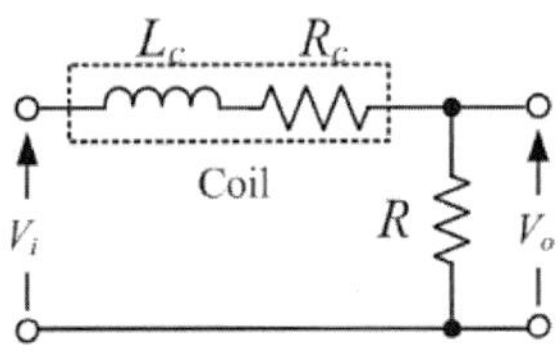

그림 P5.2 코일과 저역통과 필터

[문제 5.3] R=50[Ω], L=0.1[H]인 그림 P5.3과 같은 회로가 있다. 이득곡선을 구하고 그 결과로부터 이 필터의 종류를 밝혀라.

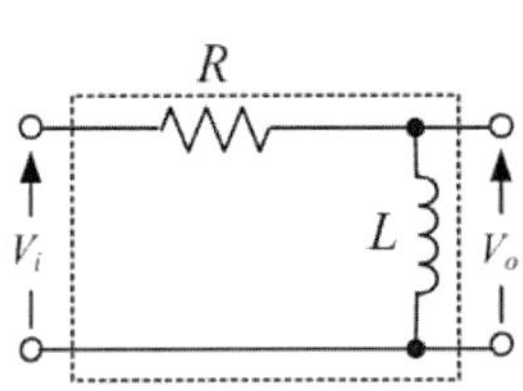

그림 P5.3 RL 회로

[문제 5.4] 그림 P5.4와 같이 $L = 100[mH]$이고 $R = 0.1[\Omega]$인 인덕터를 이용하여 HPF를 구성하였다. R_o=9.9[Ω]인 경우에 차단주파수, ω_c를 구하고 필터 특성을 밝혀라.

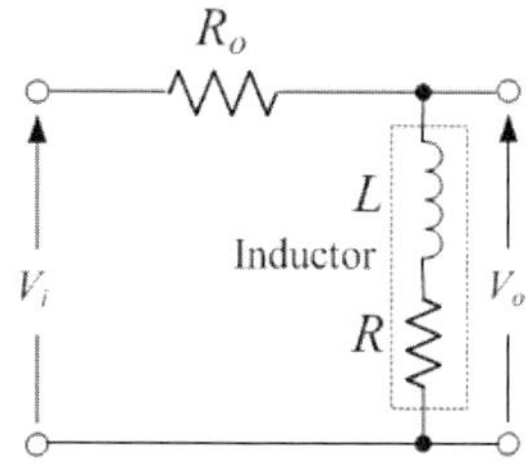

그림 P5.4 인덕터를 사용한 고역통과 필터

[문제 5.5] 그림 P5.5와 같은 필터회로가 있다. (1) 전달함수 $V_o(s)/V_i(s) \equiv H(s)$를 구하라. (2) $\omega_{c1} = 1/R_2C_2$=20[rad/sec] 및 $\omega_{c2} = 1/R_1C_1$=2000[rad/sec]인 경우에 근사화 Bode 선도(이득곡선)를 작도하라.

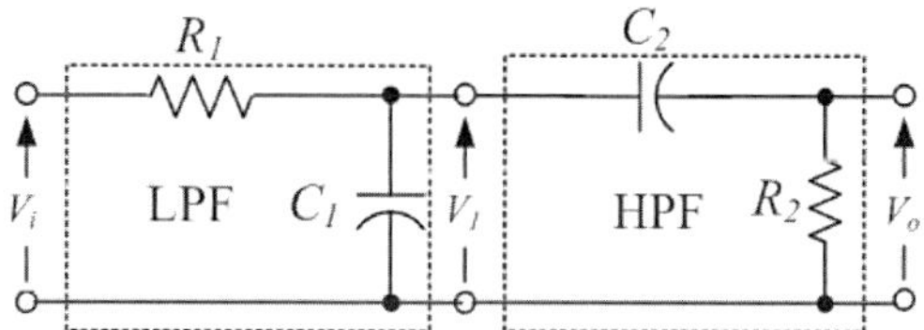

그림 P5.5 대역통과 필터의 설계 예

제 6 장
능동회로 필터 해석 및 설계

6.1 능동필터의 특징

수동필터(passive filter)는 간단한 수동소자 구성으로도 기본적인 주파수 특성을 얻을 수 있으므로 신호처리 분야에 널리 쓰인다. 그러나 대부분의 수동소자 필터는 활성역역인 대역폭 내에서도 이득이 감쇠될 뿐 아니라 설계 방법도 제한되어 있고 대역폭 조절이나 감쇠율 설계에 한계가 있다. 이에 대하여 능동필터(active filter)는 수동소자와 함께 능동소자를 사용한 것으로 능동소자의 특성을 필터 설계에 도입한 것이다. 능동소자, 특히 Op amp(operational amplifier: 연산증폭기)가 사용됨으로써 설계의 다양성 및 편리성 등으로 필터 설계에 탁월한 효과를 보인다. 표 6.1은 수동소자와 능동소자의 특징을 나타낸다.

Op amp는 선형성이 뛰어나고 증폭 등 신호의 가감승제 연산이 가능할 뿐 아니라 수동필터회로에 Op amp를 결합함으로써 여러 가지 형태의 필터 설계가 가능하다는 장점이 있다. 또한 내부저항 성분이 회로특성에 영향을 미치고 고주파에도 취약한 인덕터를 사용하지 않고서도 인덕턴스 특성을 가진 필터를 설계할 수 있다. 일반적으로 능동회로 필터는 능동소자의 주파수 특성으로 인해 동작주파수가 제한되지만 수동필터는 이론적으로 동작주파수의 제한을 받지 않는다. 수동소자는 소비전력이 큰 반면에 가격이 낮으며 주파수 특성도 안정된 편이다.

표 6.1 수동 및 능동필터의 특징

특징	능동필터(Active Filter)	수동필터(Passive Filter)
설계 요소	RLC 소자 및 Op amp	RLC 소자
설계 방법	매우 다양함	비교적 단순함
필터 성능	아주 우수함	기본적인 기능
이득	임의로 증폭 가능	일반적으로 1(0[dB]) 이하
부하효과	간단히 해결 가능	반드시 고려해야함

5장에서 기술한 바와 같이 수동소자만으로도 4종류의 기본 필터를 설계할 수 있다. 그러나 기본 필터 특성을 이용할 목적으로 수동회로를 종속 또는 병렬 결합하는 경우에는 회로 설계가 매우 복잡하게 된다. 왜냐하면 2개 이상의 수동회로를 결합하는 경우에 회로 상호간에 전류, 전압이 서로 영향을 미쳐 회로 특성을 변화시키기 때문이다. 이와 같이 한 회로가 다른 회로의 부하처럼 역할을 하게 되는데 이러한 현상을 부하효과(load effect)라 한다. 부하효과 문제는 전원 설계는 물론 신호처리장치, 보상회로, 필터 등 회로시스템을 설계하는 경우에 반드시 고려해야하는 중요한 문제이다.

※ 인덕터 소자의 전기적 특성

(1) 순수한 인덕턴스 소자 구현은 현실적으로 어려움

(2) 일반적으로 제조하는 인덕터는 저항성분이 항상 존재

(3) 인덕터는 전기적 성능이 불안정하며 노이즈에 취약함

(4) 부피가 크고 가격이 높으므로 집적회로 설계에 부적합

※ 부하효과(load effect)의 특징

(1) 2개의 수동회로, A와 B을 종속/병렬 접속할 경우에 발생

(2) 회로 B가 회로 A에 부하처럼 작용, A 회로특성이 변하는 현상

(3) 회로 A, B 특성이 접속 전 특성을 독립적으로 유지하지 못함

(4) 수동소자로 설계하는 회로에는 반드시 고려해야 함

(5) 능동회로 설계에서는 쉽게 부하효과를 해결할 수 있음

5장에서는 기본적인 필터 특성을 기술하였다. 따라서 응용필터를 구현하거나 설계하는 경우에는 이미 알고 있는 기본 필터들을 이용하는 것이 쉽다. 즉, 기본 필터의 특성들을 직접 확장하는 방법이다. 예컨대, 특성이 다른 2개의 전달함수, $H_A(s)$ 및 $H_B(s)$를 식 (6.1)처럼 이용하기 위하여 그림 6.1처럼 종속으로 결합한다고 생각해 보자.

$$H_o(s) = H_A(s) \times H_B(s) \tag{6.1}$$

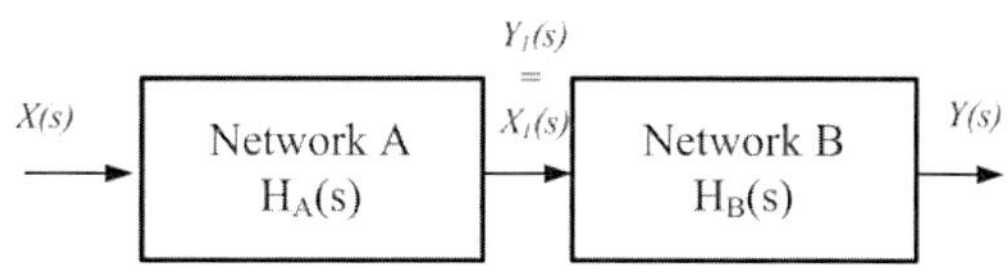

그림 6.1 2개 특성 회로의 이용

만약 2개의 난위이득 필터를 그림 6.1과 같이 결합한다면 차단율을 2배로 증가시킬 수 있다. 다른 2개의 특성을 이용해 별개의 필터 특성을 얻을 수 있다.

좀 더 구체적인 예로 5.1 및 5.2절에서 해석, 설계한 LPF와 HPF를 이용해 BPF를 설계하는 문제를 가정해보자. 일반적으로 LPF 및 HPF가 다음과 같은 특성을 갖는다.

$$H_l(s) = \frac{\omega_{c2}}{s + \omega_{c2}} \tag{6.2}$$

$$H_h(s) = \frac{s}{s + \omega_{c1}} \tag{6.3}$$

여기서 ω_{c1} 및 ω_{c2}는 각 필터의 절점주파수(차단주파수)를 나타낸다.

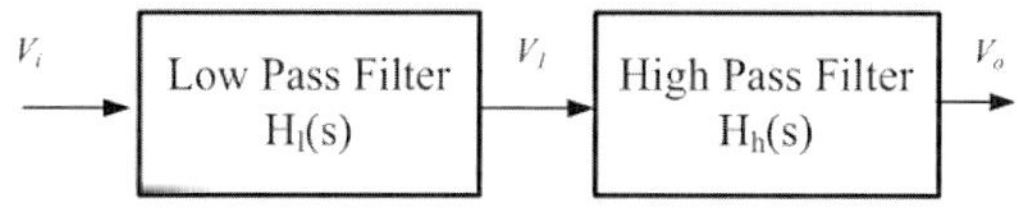

그림 6.2 대역통과 필터의 구성

식 (6.2) 및 (6.3)의 전달함수를 그림 6.2와 같은 구조로 구현하면 간단히 BPF 특성을 얻을 수 있다. 이러한 목적으로 설계된 전체 시스템은 다음과 같은 전형적인 2차 BPF의 특성을 나타낼 것이다.

$$H_o(s) = \frac{\omega_{c2} s}{s^2 + (\omega_{c1} + \omega_{c2})s + \omega_{c1}\omega_{c2}} \tag{6.4}$$

기본적인 LPF 및 HPF를 수동소자 RC로 구현하면

$$H_l(s) = \frac{1/R_1C_1}{s+1/R_1C_1} = \frac{\omega_{c2}}{s+\omega_{c2}} \qquad \omega_{c2} = \frac{1}{R_1C_1} \tag{6.5}$$

$$H_h(s) = \frac{s}{s+1/R_2C_2} = \frac{s}{s+\omega_{c1}} \qquad \omega_{c2} = \frac{1}{R_2C_2} \tag{6.6}$$

따라서 식 (6.4)와 같은 필터 특성을 얻기 위하여 그림 6.3과 같은 구조의 회로를 설계할 수 있다. 하지만 그림 6.3의 전체 전달함수를 구하면 다음과 같다.

$$H_o(s) = \frac{\omega_{c2}s}{s^2+(\omega_{c1}+\omega_{c1}\omega_{c2}R_1C_2+\omega_{c2})s+\omega_{c1}\omega_{c2}} \tag{6.7}$$

결국 그림 6.3의 수동회로로는 설계 목적대로 정확한 전달함수, 식 (6.4)를 얻을 수 없다(5.4.1절 참고). 왜냐하면 후단의 회로가 전단의 회로에 부하처럼 동작하는 부하효과(R_1C_2의 영향) 때문이다.

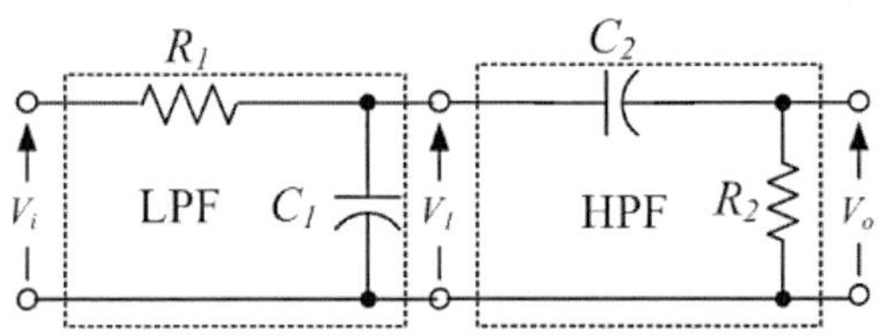

그림 6.3 대역통과 필터의 설계 예

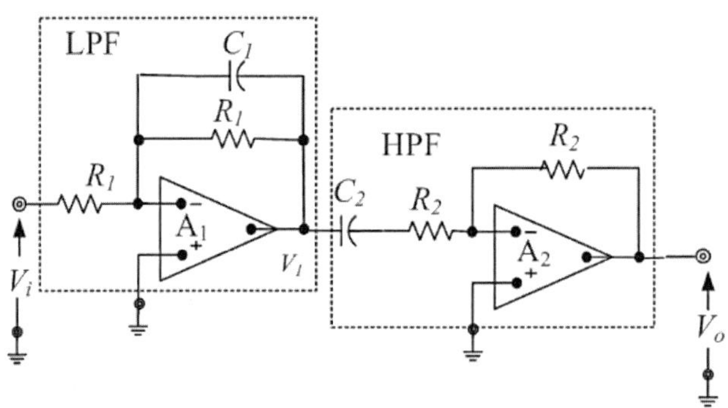

그림 6.4 능동회로로 구성한 대역통과 필터

2개 회로는 그림 6.1과 같이 종속으로 접속할 때 부하효과를 개선하려면 회로 A의 출력 임피던스를 작게 하거나 회로 B의 입력 임피던스를 아주 크게 설계해야한다. Op amp는 사용은 이러한 목적에 알맞은 특성을 가진 소자로 부하효과를 해결하는 가장 간단한 수단으로 쓸 수 있다. 앞에서 수동회로의 부하효과 문제를 해결하기 위하여 그림 6.4와 같이 2개의 필터를 종속으로 결합한 구조로 설계한다. 그림 6.4의 전단과 후단의 각 필터에 대한 전달함수를 구하면

$$H_l(s) = -\frac{1/R_1C_1}{s+1/R_1C_1} = -\frac{\omega_{c2}}{s+\omega_{c2}} \tag{6.8}$$

$$H_h(s) = -\frac{s}{s+1/R_2C_2} = -\frac{s}{s+\omega_{c1}} \tag{6.9}$$

식 (6.6)과 (6.7)을 이용하여 전체 전달함수, $H_o(s) = H_l(s)H_h(s)$를 구하면 식 (6.5)와 같다. 따라서 5.4.1절의 식 (5.35)에서와 같이 회로 상호 간의 영향으로 인한 부하효과(전달함수의 분모다항식, 1차 항의 계수가 변화됨)는 나타나지 않는다. 그림 6.4와 같은 능동회로로 정확한 필터 설계가 가능하다. 다음 예제 6.1은 2차 BPF 설계의 한 예를 보여준다.

예제 6.1 그림 6.5는 대역통과 능동필터이다. (1) 하한 차단주파수를 ω_{c1}=100[rad/sec]이고 상한 차단주파수가 ω_{c2}=10,000[rad/sec]이며 중심주파수에서 이득이 A_m=2.0인 BPF를 설계하기 위한 저항, R_L, R_H 및 R_f를 구하라. 여기서 $C_L = C_H = 0.2[\mu F]$이다. (2) Op amp A_1의 LPF와 A_2의 HPF를 독립적으로 설계할 경우(①)와 LPF와 HPF를 종속으로 접속한 회로(②), 그리고 그림 6.5와 같이 구성한 회로(③)의 이득곡선을 구하라.

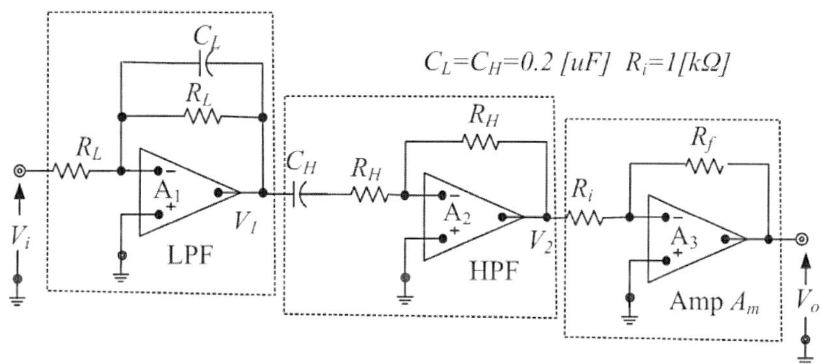

그림 6.5 대역통과 필터의 구성

[풀이] (1) R_L, R_H 및 R_f의 결정

그림 6.5 회로에서 사용된 반전증폭기(inverting amplifier)의 일반적인 전달함수는 다음과 같이 구해진다. (자세한 사항은 6.2절에서 다루어질 것이다.)

$$H(s) = -\frac{Z_2(s)}{Z_1(s)} \tag{a}$$

예컨대, Op amp A_1에서 입력 측과 궤환부의 임피던스 함수는

$$Z_1(s) = R_L \tag{b}$$

$$Z_2(s) = R_L \| \frac{1}{C_L s} = \frac{R_L}{R_L C_L s + 1}$$

(c)

따라서 이 식들을 식 (a)에 대입하여 정리하면 다음과 같은 LPF 형태의 전달함수

를 얻는다.

$$H_l(s) = -\frac{1}{R_L C_L s + 1} \tag{d}$$

그림 6.5와 같은 구조로 BPF를 구현하는 경우, BPF의 상한 차단주파수는 LPF의 차단주파수(ω_{c2})로 설계한다. 따라서 식 (d)의 주파수 전달함수

$$H_l(j\omega) = -\frac{1}{j\omega R_L C_L + 1} \tag{e}$$

에 대하여 저항 R_L은 다음과 같이 구해진다.

$$\omega_{c2} R_L C_L = 1 \Leftrightarrow \omega_{c2} = \frac{1}{R_L C_L} \tag{f}$$

$$R_L = \frac{1}{C_L \times \omega_{c2}} = \frac{1}{0.2 \times 10^{-6} \times 10^4} = 500[\Omega] \tag{g}$$

하한 차단주파수는 HPF의 차단주파수(ω_{c1})로 설계해야하고 따라서 LHP에서와 유사한 과정으로,

$$H_h(s) = -\frac{R_H C_H s}{R_H C_H s + 1} \tag{h}$$

$$H_h(j\omega) = -\frac{j\omega R_H C_H}{j\omega R_H C_H + 1} \tag{i}$$

$$R_H = \frac{1}{C_H \times \omega_{c1}} = \frac{1}{0.2 \times 10^{-6} \times 10^2} = 50[\mathrm{k\Omega}] \tag{j}$$

한편 증폭기, A_3의 이득은 $A_m = -R_f/R_i = -2$이므로 저항 $R_f = 2R_i = 2[\mathrm{k\Omega}]$이다. 이와 같이 설계한 BPF의 전달함수는 다음과 같다.

$$H_B(s) = A_m \times \left(-\frac{\omega_{c2}}{s + \omega_{c2}}\right)\left(-\frac{s}{s + \omega_{c1}}\right) = \frac{2 \times 10^4 s}{s^2 + 10,100s + 10^6} \tag{k}$$

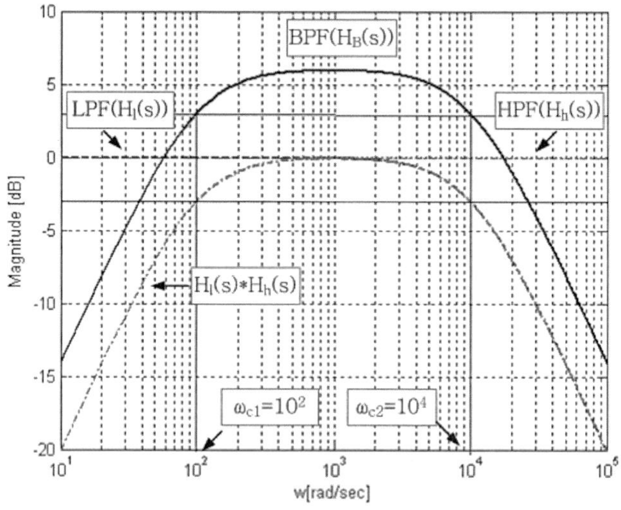

그림 6.6 설계된 대역통과 필터의 특성

(2) 이득곡선

그림 6.6은 설계된 BPF의 이득곡선이다. 여기서 LPF($H_l(s)$)는 그림 6.5에서 LPF 부분의 이득 특성(①)이고 HPF($H_h(s)$(는 HPF 회로의 특성(①)을 나타낸다. 이때 HPF 및 LPF 각각의 차단주파수는 ω_{c1}=100[rad/sec] 및 ω_{c2}=10,000[rad/sec]이다. 회로에서 Op amp A_2 출력, $H_l(s)*H_h(s)$는 $V_2(s)/V_i(s)$의 이득곡선(②)이고 이 그래프를 2배로 증폭한 필터의 특성이 BPF($H_B(s)$, ③)이다. 참고로 BPF의 감쇠 또는 증가율은 전달함수가 식 (k)와 같이 2차이므로 $\pm 20\times 2[dB/dec]$임을 알 수 있다.

Op amp는 입, 출력 사이의 선형성이 뛰어날 뿐만 아니라 부하효과 문제를 쉽게 해결할 수 있으므로 회로의 응용 분야가 다양하다. 신호들의 가감승제 등 연산 기능이 우수하며 주파수 특성도 양호하다. 이러한 특성으로 아날로그 필터에도 핵심 소자로 사용된다. 일반적으로 수동필터는 대역폭이나 차단주파수와 같은 주파수 특성의 설계가 중심이 되지만 통과대역, 즉 활성영역의 이득은 항상 1보다 감소되는 것을 보상할 수 없다. 하지만 능동필터는 차단주파수는 물론, 증폭/감쇠 기능의 2가지가 독립적으로 설계할 수 있는 특징이 있다.

그림 6.7은 수동소자와 Op amp를 사용한 능동필터로 실용적인 LPF로 자주 이용되는 회로이다. 낮은 주파수에서 커패시터는 개방회로처럼 동작되므로 이 회로의 이득은 R_2/R_1배가 되어 통과대역에서는 이 크기의 출력이 유지된다. 반면에 높은 주파수에서는 커패시터는 임피던스가 0에 가까우므로 단락회로로 동작하여 출력 역시 0으로 감쇠된다. 이와 같은 특성으로 이 회로는 전형적인 LPF로 동작하는 것이다. 물론 R_2/R_1을 이용하여 출력을 증폭하기도 한다.

이와 같이 Op amp를 이용한 능동필터는 수동회로 필터와 같은 특성은 물론, 필터의 설계 방법도 다양하다. 또한 기본 필터들을 종속 또는 병렬접속으로 설계가 단순해지지만 필터 특성은 오히려 개선된다. 능동필터는 수동소자인 RLC 소자와 Op amp의 구성이므로 아날로그 필터의 일반적인 형태라 할 수 있다. 결국 아날로그 필터의 설계와 응용은 능동필터가 핵심인 것이다.

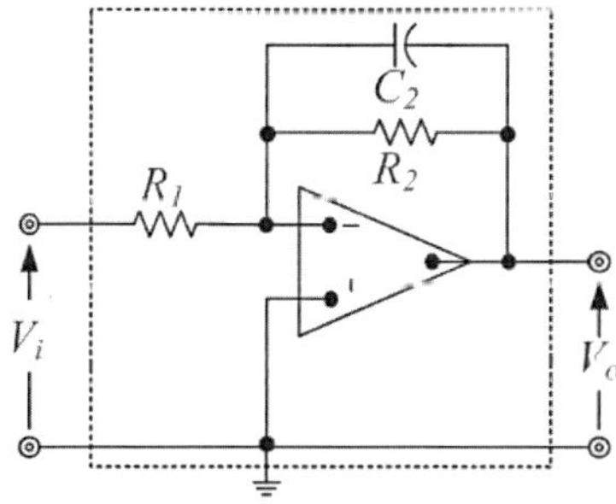

그림 6.7 능동회로 저역통과 필터

6.2 능동필터의 기본형

6.2.1 반전 증폭기형 필터

Op amp는 그 명칭처럼 연산 및 증폭이 중요한 기능이다. Op amp를 사용한 증폭기는 매우 다양하다. 하지만 기본 형태는 (1) 반전 증폭기(inverting amplifier) 회로와 (2) 비반전 증폭기(non-inverting amplifier, 또는 궤환 증폭기(feedback amplifier))가 주로 사용된다.

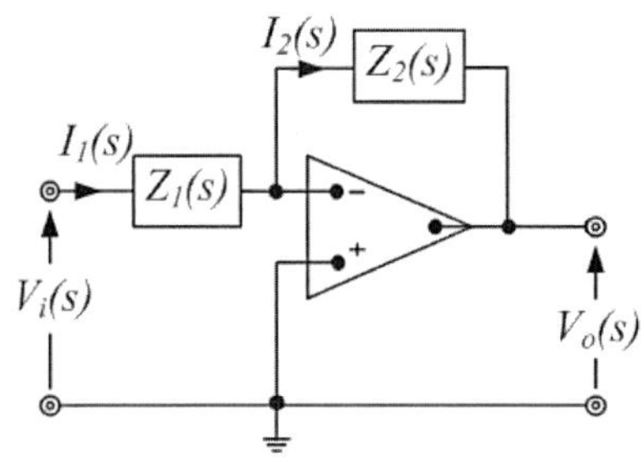

그림 6.8 반전 증폭기형 필터

그림 6.8은 반전 증폭기의 전형적인 예이다. 이 회로가 정상적인 영역에서 동작한다고 가정한다. 이러한 반전 증폭기형 필터의 전달함수는 다음 식으로 구한다.

$$\frac{V_o(s)}{V_i(s)} = H(s) = -\frac{Z_2(s)}{Z_1(s)} \tag{6.10}$$

회로의 구성에 따라 필터 전달함수 형태는 다양하다. 따라서 필터 특성에 따라 회로소자를 선택, 설계하면 된다. 일반적으로 전달함수의 유형에 따라 필터의 특성을 판단할 수 있다. 설계 목적과 관계없이 주어진 회로의 주파수 전달함수나 이득 및 위상의 일반적인 정의는 동일하다. 즉,

$$\frac{V_o(j\omega)}{V_i(j\omega)} = H(j\omega) = -\frac{Z_2(j\omega)}{Z_1(j\omega)} \tag{6.11}$$

$$H(j\omega) = |H(j\omega)| \angle H(j\omega) \ = g(\omega) \angle \phi(\omega) \tag{6.12}$$

이 절에서는 그림 6.8과 같은 회로에 대하여 기본적인 LPF 및 HPF에 대한 특성을 기술한다.

6.2.2 실용적인 저역통과 필터

그림 6.9에서 $H(s)=-Z_2(s)/Z_1(s)$이므로

$$Z_1(s)=R_1,\quad Z_2(s)=\frac{R_2\times\frac{1}{C_2s}}{R_2+\frac{1}{C_2s}}=\frac{R_2}{R_2C_2s+1}$$

를 대입하여 정리하면 전달함수는 다음과 같다.

$$H(s)=-\frac{R_2}{R_1}\frac{1}{R_2C_2s+1}=\frac{K\omega_c}{s+\omega_c} \tag{6.13}$$

여기서 $K=-R_2/R_1$이고 직류이득 $H(0)$와 같다. 또한 ω_c는 차단주파수로

$$\omega_c=\frac{1}{R_2C_2} \tag{6.14}$$

이다. 식 (6.13)와 같은 형태의 전달함수는 1차 LPF이다. 또한 1차 필터의 절점주파수는 차단주파수와 같고 대역폭은 BW=ω_c이다.

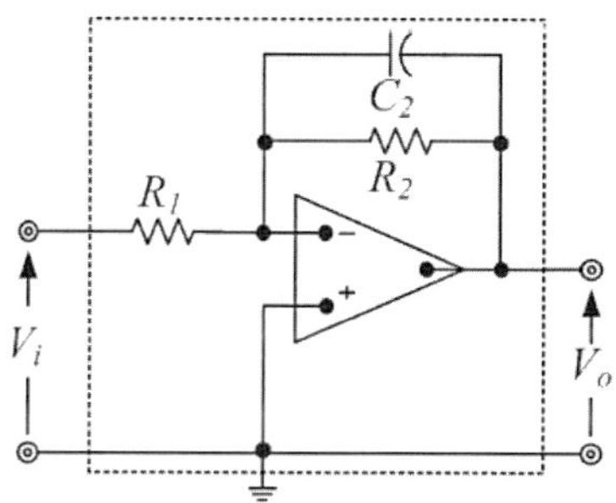

그림 6.9 실용적인 저역통과 필터

만약 회로에서 $R_1=R_2\equiv R$로, $C_2=C$ 라 선택하면

$$H(s)=-\frac{1/RC}{s+1/RC}=-\frac{\omega_c}{s+\omega_c} \tag{6.15}$$

이다. 이 전달함수의 이득 특성은 5.2절의 수동회로 LPF와 동일하다. 따라서 근사화 이득곡선의 작도나 주파수응답 특성도 유사한 방법으로 구할 수 있다. 이때, 전달함수의 이득은 같고 위상만 180° 차가 날 뿐이다. 이것은 그림 6.9의 회로가 반전 증폭기로 출력이 입력보다 180° 지연, 즉, 반전됨을 의미한다. 식 (6.15)의 이득과 위상은 다음과 같다.

$$H(j\omega)=-\frac{1/RC}{j\omega+1/RC}=-\frac{\omega_c}{j\omega+\omega_c}=g(\omega)\angle\phi(\omega) \tag{6.16}$$

$$g(\omega)=\frac{1/RC}{\sqrt{\omega^2+(1/RC)^2}}=\frac{\omega_c}{\sqrt{\omega^2+\omega_c^2}}$$

$$\phi(\omega) = 180^o - \tan^{-1}(\omega RC) = 180^o - \tan^{-1}(\frac{\omega}{\omega_c})$$

근사화 이득곡선의 점근선을 구하기 위한 절점주파수는 식 (6.14)으로 주어지므로

$$H(j\omega) = \frac{1/RC}{j\omega + 1/RC} = -\frac{\omega_c}{j\omega + \omega_c} : \quad \omega_c = \frac{1}{RC} \tag{6.17}$$

구간 ①	구간 ②

$\omega_c = 1/RC$

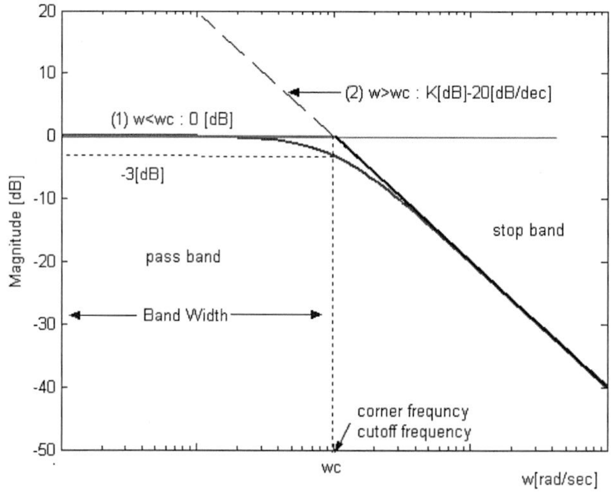

그림 6.10 $H(j\omega) = -\frac{\omega_c}{j\omega + \omega_c}$의 이득곡선

각 구간에서 이득의 점근선을 구하면 다음과 같다.

$$\text{① } \omega \ll \omega_c \text{ 구간 : } H(j\omega) = -\frac{\omega_c}{j\omega + \omega_c}\Bigg|_{\omega \ll \omega_c} \fallingdotseq -\frac{\omega_c}{\omega_c} = -1 \tag{6.18}$$

$$g(\omega) = 20\log(1) = 0\,[\text{dB}]$$
$$\phi(\omega) = \angle -1 = \pm 180^o$$

$$\text{② } \omega \gg \omega_c \text{ 구간 : } H(jw) = -\frac{\omega_c}{j\omega + \omega_c}\Bigg|_{\omega \gg \omega_c} \fallingdotseq -\frac{\omega_c}{j\omega} \tag{6.19}$$

$$g(\omega) = 20\log(\frac{\omega_c}{\omega}) = K\,[\text{dB}] - 20\,[\text{dB}/dec]$$

$$\phi(\omega) = \angle -\frac{\omega_c}{j\omega} = 90^o$$

결국 그림 6.9에 대한 이득곡선은 그림 6.10과 같이 주어진다. 또한 이득곡선에 의한 필터 특성은 LPF임을 잘 나타내고 있다.

예제 6.2 그림 6.9와 같은 능동회로 필터가 있다. 전달함수를 구하여 필터의 종류를 판정하라. $R_1 = R_2 = 1[\text{k}\Omega]$이라 할 경우에 차단주파수를 ω_c=100[rad/sec]로 하기 위한 C_2 값을 결정하고 이 경우에 근사화 이득곡선을 그려라.

[풀이] 그림 6.9의 회로에서 전달함수와 주파수 전달함수는 다음과 같다.

$$H(s) = -\frac{R_2}{R_1}\cdot\frac{1/R_2C_2}{s+1/R_2C_2} \tag{a}$$

$$H(j\omega) = -\frac{R_2}{R_1}\cdot\frac{1/R_2C_2}{j\omega+1/R_2C_2} \tag{b}$$

$\omega_c = 1/R_2C_2$=100[rad/sec]이므로 C_2는 다음과 같이 결정된다.

$$C_2 = \frac{1}{\omega_c R_2} = \frac{1}{100\times 1000} = 10[\mu\text{F}] \tag{c}$$

$R_1 = R_2$이고 결국, 주파수 전달함수와 절점주파수는

$$H(j\omega) = -\frac{100}{j\omega+100},\ \ \omega_c = 100 \tag{d}$$

구간 ①	구간 ②

ω_c=100

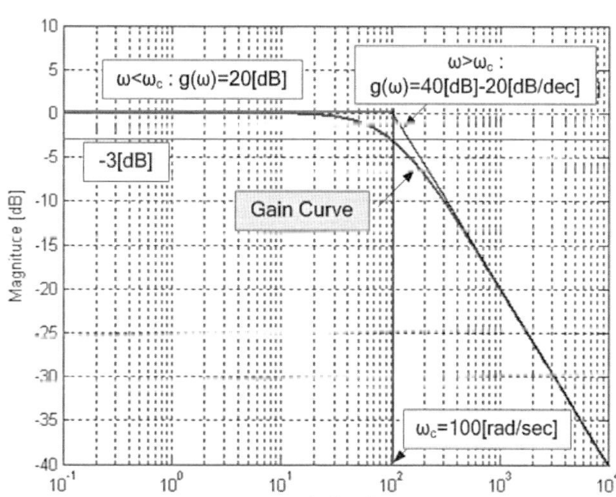

그림 6.11 예제 6.2에 대한 이득 특성

절점주파수를 경계로 하여 각 구간에서의 근사화 이득을 구하면 다음과 같다.

$$① \ \omega \ll \omega_c \text{ 구간 : } H(j\omega) = -\frac{100}{j\omega+100}\bigg|_{\omega \ll 100} \fallingdotseq \frac{100}{100} = -1 \tag{e}$$

$$g(\omega) = 20\log(1) = 0\,[\mathrm{dB}]$$

$$② \ \omega \gg \omega_c \text{ 구간 : } H(jw) = -\frac{100}{j\omega+100}\bigg|_{\omega \gg 100} \fallingdotseq -\frac{100}{j\omega} \tag{f}$$

$$\begin{aligned} g(\omega) &= 20\log\left(\frac{100}{\omega}\right) = 20\log(100) - 20\log(\omega) \\ &= 40\,[dB] - 20[dB/dec] \end{aligned}$$

이 결과들을 이용하여 이득곡선을 구하면 그림 6.11과 같다. 따라서 이 회로는 차단주파수가 ω_c=100[rad/sec]인 LPF 특성을 나타내는 것을 알 수 있다.

6.2.3 실용적인 고역통과 필터

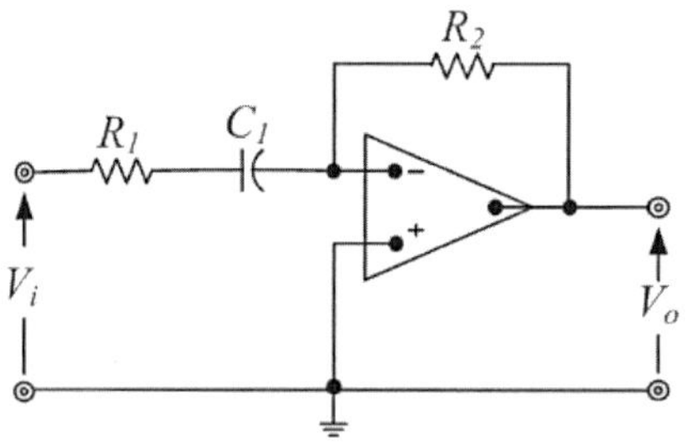

그림 6.12 실용적인 고역통과 필터

그림 6.12는 실용적인 HPF이다. 반전 증폭기 형태이므로 $H(s) = -Z_2(s)/Z_1(s)$이고 따라서

$$Z_1(s) = R_1 + \frac{1}{C_1 s}, \ Z_2(s) = R_2$$

관계를 대입하여 정리하면 전달함수는 다음과 같이 구해진다.

$$H(s) = -\frac{R_2}{R_1}\frac{s}{s+1/R_1C_1} = \frac{Ks}{s+\omega_c} \tag{6.20}$$

여기서 $K = -R_2/R_1$이고 활성영역인 통과대역의 이득, 즉 $K = H(\infty)$이다. LPF와는 달리 직류이득 $H(0)$은 0이다. 또한 차단주파수인 ω_c는

$$\omega_c = \frac{1}{R_1 C_1} \tag{6.21}$$

이다. 식 (6.20)과 같은 형태의 전달함수는 1차 HPF임을 알 수 있다. 또한 1차 필터의 차단주파수는 절점주파수와 같이 ω_c이다.

만약 회로에서 $R_1 = R_2 \equiv R$로 선택하고 $C_1 = C$라 하면 식 (6.20)는

$$H(s) = -\frac{s}{s+1/RC} = -\frac{s}{s+\omega_c} \tag{6.22}$$

이다. 이 전달함수는 5.2절의 RC로 구성된 HPF와 동일하다. 따라서 근사화 이득곡선의 작도나 주파수응답 특성의 결정 과정도 같다. 수동필터와 전달함수와 이득은 같고 다만, 반전 증폭기 필터이므로 위상만 180° 차가 날 뿐이다. 이때 주파수 전달함수와 이득 및 위상은 다음과 같다.

$$H(j\omega) = -\frac{j\omega}{j\omega+1/RC} = -\frac{\omega}{j\omega+\omega_c} = g(\omega)\angle\phi(\omega) \tag{6.23}$$

$$g(\omega) = \frac{\omega}{\sqrt{\omega^2+(1/RC)^2}} = \frac{\omega}{\sqrt{\omega^2+\omega_c^2}}$$

$$\phi(\omega) = -90^o - \tan^{-1}(\omega RC) = -90^o - \tan^{-1}(\frac{\omega}{\omega_c})$$

근사화 이득곡선 작도나 필터의 주파수응답 해석은 5.2절과 동일하므로 여기서는 반복하여 다루지 않는다. 일반적으로 Bode 선도는 주파수응답의 근사치를 구하여 필터를 설계할 목적으로 사용되었다. 따라서 지금까지는 근사화 이득곡선의 작도 과정을 통해 필터회로를 해석하거나 설계해 왔다. 사실 주파수 이득이나 위상을 계산하여 그래프로 나타내는 과정은 다소 지루한 작업이었다. Bode 선도와 근사화 작도에 대한 기본 개념은 충분히 이해했을 것으로 생각된다. 현재에는 주파수응답에 대한 수치해석 프로그램이 잘 개발되어 있으므로 이제부터는 근사화 작도과정은 가급적 생략하고 수치해석 프로그램으로 matlab를 사용하였다.

예제 6.3 그림 6.12와 같은 능동회로 필터가 있다. 이 필터의 전달함수를 구하여 필터의 종류를 판정하라. $R_1 = R_2 = 1[\text{k}\Omega]$이라 할 경우에 차단주파수를 ω_c=100 [rad/sec]로 하기 위한 C_1 값을 결정하고 이에 대한 이득곡선을 그려라.

[풀이] 전달함수와 주파수 전달함수는

$$H(s) = -\frac{R_2}{R_1}\frac{R_1C_1s}{R_1C_1s+1}$$

$$H(j\omega) = -\frac{R_2}{R_1}\frac{j\omega R_1C_1}{j\omega R_1C_1+1}$$

ω_c=100[rad/sec]이므로 C_1은

$$\omega_c R_1 C_1 = 1 \ \Leftrightarrow \ C_1 = \frac{1}{\omega_c R_1} = \frac{1}{100 \times 1000} = 10[\mu\text{F}] \qquad \text{(a)}$$

결국, 주파수 전달함수와 절점주파수는

$$H(j\omega) = -\frac{j\omega}{j\omega + 100}, \ \ \omega_c = 100 \qquad \text{(b)}$$

식 (b)에 대한 주파수응답을 구하면 그림 6.13과 같다. 전달함수 $H(s)$나 식 (b)로부터 주어진 회로는 HPF이고 차단주파수가 절점주파수인 ω_c=100[rad/sec]임을 확인할 수 있다. 또한, 위상곡선으로부터 이 회로의 입출력 사이의 위상차는 $-180^o < \phi(\omega) < -90^o$로 지연회로(phase-lag circuit)임을 알 수 있다.

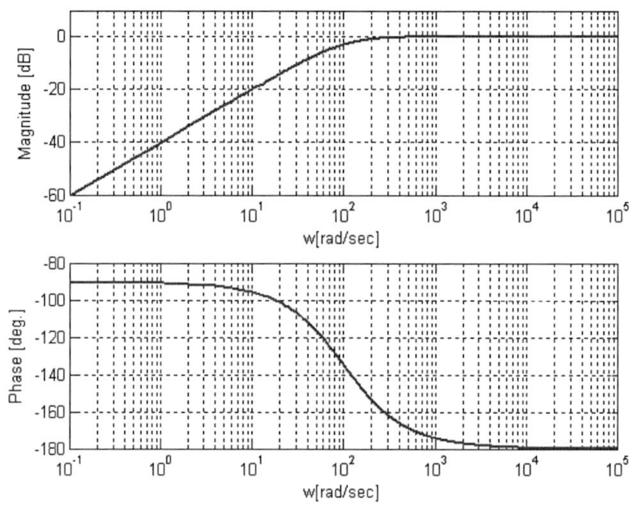

그림 6.13 예제 6.3에 대한 주파수응답

예제 6.4 그림 6.14는 궤환 증폭기형 필터이다. 이 회로의 전달함수를 구하여 필터 특성을 설명하라.

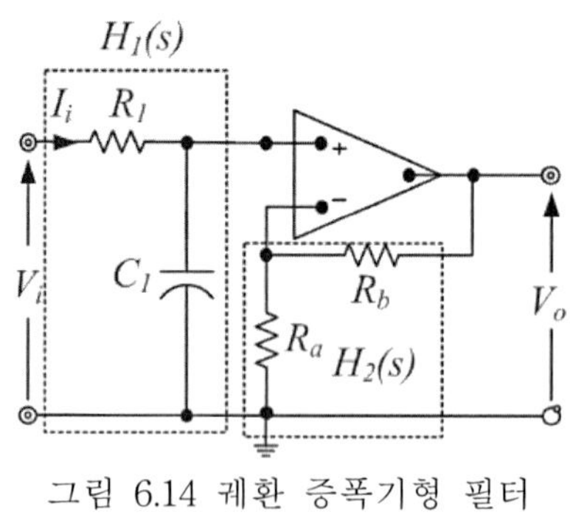

그림 6.14 궤환 증폭기형 필터

[풀이] 이 회로의 전달함수는 다음과 같다.

g $$H(s) = H_1(s)H_2(s) = \frac{Z_2(s)}{Z_1(s)+Z_2(s)} \times \frac{Z_a(s)+Z_b(s)}{Z_a(s)}$$

$$= \frac{1}{R_1C_1s+1} \times \frac{R_a+R_b}{R_s} = \frac{A_m}{R_1C_1s+1}$$

$$H(s) = A_m \times \frac{1/R_1C_1}{s+1/R_1C_1} = A_m \times \frac{\omega_c}{s+\omega_c} \quad \text{(a)}$$

여기서 A_m는 증폭기 이득으로

$$A_m = 1 + \frac{R_b}{R_a} \quad \text{(b)}$$

이고 ω_c는 차단주파수로 다음과 같다.

$$\omega_c = \frac{1}{R_1C_1} \quad \text{(c)}$$

따라서 이 회로는 증폭기형 1차 LPF이다.

6.3 대역통과 필터 및 대역차단 필터

6.3.1 대역통과 필터 설계

LPF나 HPF의 기본 필터들을 Op amp의 도입하여 종속 또는 병렬로 구성하면 BPF나 BRF와 같은 다양한 특성의 필터를 구현할 수 있다. BPF는 5.4,2절과 같이 RLC 직렬회로로도 구성이 가능하지만 6.1절에서 설명한 바와 같이, 그림 6.15와 같은 설계도 가능하다. 이 구조의 필터 설계조건은 다음과 같다.

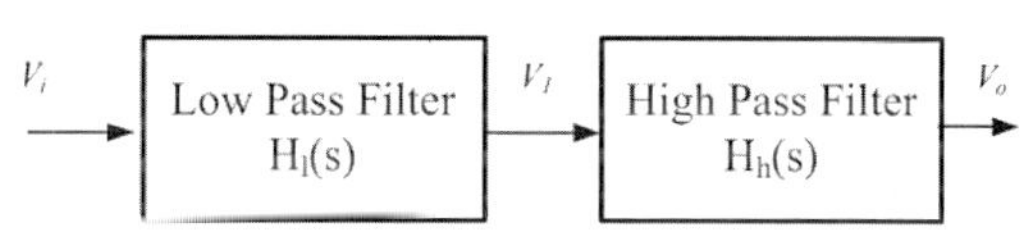

그림 6.15 대역통과 필터의 설계

※ LPF와 HPF를 이용하여 BPF를 설계하는 방안

(1) 2개의 차단주파수 중, 큰 값인 ω_{c2}를 갖는 단위이득 LPF를 설계

(2) 2개의 차단주파수 중, 작은 값인 ω_{c1}를 갖는 단위이득 HPF를 설계

(3) 필요한 경우, 통과대역이 원하는 이득을 갖기 위한 증폭기 설계

그림 6.15 및 6.16과 같은 구조의 도입 및 설계 과정 그리고 그 특징을 5.4.1절 및 6.1절에서 간단히 기술하였다. 따라서 이 절에서는 핵심 내용만 다시 정리한다.

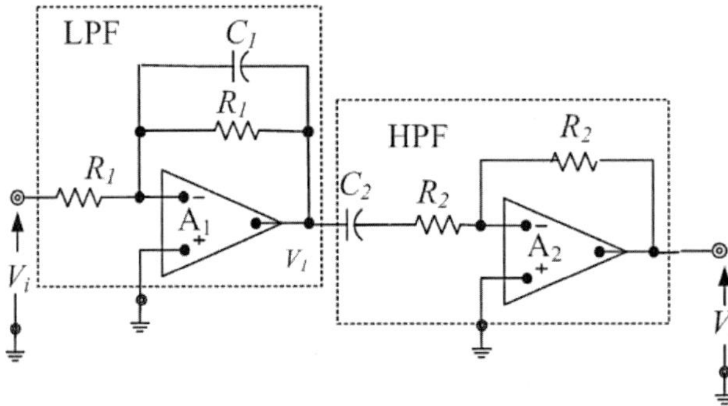

그림 6.16 능동회로 대역통과 필터의 구성

(1) 전달함수와 차단주파수

LPF와 HPF의 전달함수는 다음과 같다.

$$H_l(s) = -\frac{1/R_1C_1}{s+1/R_1C_1} = -\frac{\omega_{c1}}{s+\omega_{c1}} \tag{6.24}$$

$$H_h(s) = -\frac{s}{s+1/R_2C_2} = -\frac{s}{s+\omega_{c2}} \tag{6.25}$$

따라서 그림 6.16과 같은 회로의 전체 전달함수는 다음과 같다.

$$H_o(s) = H_l(s)H_h(s) = \left(-\frac{\omega_{c1}}{s+\omega_{c1}}\right)\left(-\frac{s}{s+\omega_{c2}}\right)$$

$$\cdot= \frac{\omega_{c1}s}{s^2+(\omega_{c1}+\omega_{c2})s+\omega_{c1}\omega_{c2}} \tag{6.26}$$

(2) 주파수 이득곡선 및 차단주파수

$$H(j\omega) = \left(-\frac{\omega_{c1}}{s+\omega_{c1}}\right)\left(-\frac{s}{s+j\omega_{c2}}\right)\Bigg|_{s=j\omega} = \frac{j\omega\,\omega_{c1}}{(j\omega+\omega_{c1})(j\omega+\omega_{c2})} \tag{6.27}$$

$$\omega_{c2}(HPF) < \omega_{c1}(LPF)\} \tag{6.28}$$

주파수 전달함수의 절점주파수는 ω_{c1} 및 ω_{c2}이다. 따라서 점근선은 3개의 절점주파수 구간으로 나누어 구하게 된다.

구간 ①	구간 ②	구간 ③

$\omega_{c2}=1$ $\omega_{c1}=10$

① $\omega < \omega_{c2} < \omega_{c1}$인 경우 :

$$H(j\omega) = \left.\frac{j\,\omega\,\omega_{c1}}{(j\omega+\omega_{c1})(j\omega+\omega_{c2})}\right|_{\omega<\omega_{c2}<\omega_{c1}} \fallingdotseq \frac{j\,\omega\,\omega_{c1}}{\omega_{c1}\omega_{c2}} = \frac{j\omega}{\omega_{c2}} \tag{6.29}$$

$$\begin{aligned} g(\omega) &= 20\log\left(\frac{\omega}{\omega_{c2}}\right) = 20\log(\omega) - 20\log(\omega_{c2}) \\ &= 20[\mathrm{dB}/dec] - K_1[\mathrm{dB}] \end{aligned}$$

② $\omega_{c2} < \omega < \omega_{c1}$인 경우 :

$$H(j\omega) = \left.\frac{j\,\omega\,\omega_{c1}}{(j\omega+\omega_{c1})(j\omega+\omega_{c2})}\right|_{\omega_{c2}<\omega<\omega_{c1}} \fallingdotseq \frac{j\,\omega\,\omega_{c1}}{\omega_{c1}\times j\omega} = 1 \tag{6.30}$$

$$g(\omega) = 20\log(1) = 0[\mathrm{dB}]$$

③ $\omega_{c2} < \omega_{c1} < \omega$인 경우 :

$$H(j\omega) = \left.\frac{j\,\omega\,\omega_{c1}}{(j\omega+\omega_{c1})(j\omega+\omega_{c2})}\right|_{\omega_{c2}<\omega_{c1}<\omega} \fallingdotseq \frac{j\,\omega\,\omega_{c1}}{j\omega\times j\omega} = \frac{\omega_{c1}}{j\omega} \tag{6.31}$$

$$\begin{aligned} g(\omega) &= 20\log\left(\frac{\omega_{c1}}{\omega}\right) = 20\log(\omega_{c1}) - 20\log(\omega) \\ &= K_2[\mathrm{dB}] - 20[\mathrm{dB}/dec] \end{aligned}$$

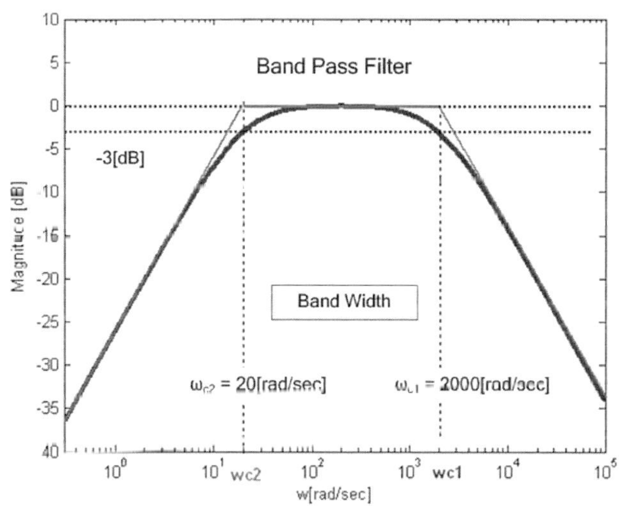

그림 6.17 $H_o(s) = \left(-\frac{2000}{s+2000}\right)\left(-\frac{s}{s+20}\right)$의 근사화 이득곡선

그림 6.17은 ω_{c1}=20 및 ω_{c2}=2000[rad/sec]으로 설계한 BPF의 한 예를 보인다. 이 경우에 중심주파수는 $\omega_o = \sqrt{\omega_{c1}\omega_{c2}}$ ≒200[rad/sec]이고 대역폭은 BW=$\omega_{c2} - \omega_{c1}$=1980[rad/sec]이다. 특히 이 형태의 필터는 식 (6.27)과 같이 2차 필터이므로 절점주파수에서 감쇠율 또는 증가율은 $\pm 20 \times 2$ [dB/dec]이다.

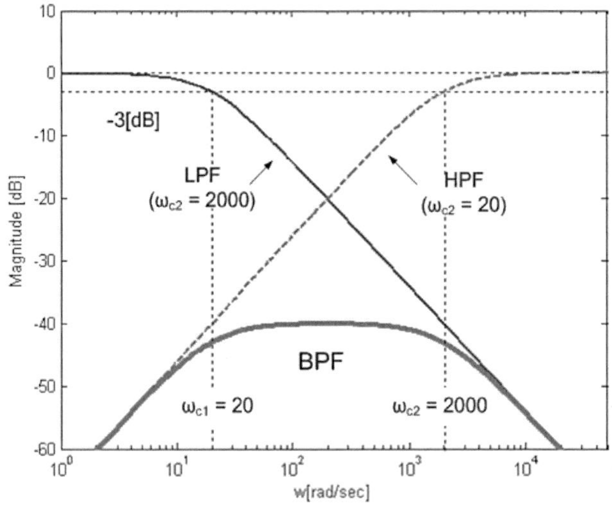

그림 6.18 $H_o(s) = \left(-\dfrac{20}{s+20}\right)\left(-\dfrac{s}{s+2000}\right)$의 근사화 이득곡선

한편, 차단주파수를 식 (6.27)에서와 달리

$$\omega_{c1}(HPF) > \omega_{c2}(LPF) \tag{6.32}$$

로 설계하면 그림 6.18과 같은 BPF 특성을 얻을 수 있다. 이 경우에는 활성영역의 이득이 약 -40 [dB]로써 $A_m = 100(40[dB])$의 선형증폭기를 그림 6.16 후단에 설계할 수 있다. 이러면 중심주파수에서의 이득은 0[dB]가 되어 그림 6.17과 유사한 BPF의 이득 특성을 얻을 수 있다. 자세한 설계 과정은 다음 예제 6.5를 참고하기 바란다.

예제 6.5 LPF와 HPF를 능동필터를 이용하여 그림 6.15와 같이 종속으로 구성하여 BPF를 설계하려고 한다. 필터의 전달함수는 식 (a)와 같다. (1) ω_{c1}=2000 및 ω_{c2}=20[rad/sec]인 경우와 (2) ω_{c1}=20 및 ω_{c2}=2000[rad/sec]인 경우의 이득곡선을 구하라.

$$H_o(s) = H_l(s)H_h(s) = \left(-\frac{\omega_{c2}}{s+\omega_{c2}}\right)\left(-\frac{s}{s+\omega_{c1}}\right) \tag{a}$$

[풀이] 각 조건을 적용하여 Bode 선도를 구하면 그림 6.17과 같다. $\omega_{c1} < \omega_{c2}$의 조건

인 그림 6.17에서는 활성영역에서 이득은 0[dB]이며 차단주파수를 경계로 감쇠율은 ±40[dB/dec] 정도로 나타난다. 반면에 차단주파수를 $\omega_{c1} > \omega_{c2}$로 선택하면 그림 6.18에서와 같이 BPF의 특성을 나타내지만 중심주파수 근방에서 이득 대략 40[dB] 정도로 감소된다. 따라서 필터의 차단특성은 그대로 유지하면서 이득을 0[dB]로 하기 위해서는 적당한 증폭기(대략 $A_m \fallingdotseq 100$정도임)를 후단에 설계해야 한다.

6.3.2 대역차단 필터 설계

일반적으로 Op amp는 입력 임피던스가 매우 크고 출력 임피던스는 작기 때문에 Op amp 전후의 응용회로 사이에는 부하효과가 크게 문제되지 않는다. 따라서 기본적인 필터회로를 적절히 구성하면 2차 이상의 다양한 성능의 필터 설계가 가능하다. 앞 절에서는 LPF와 HPF를 종속으로 접속하여 BPF를 설계하는 방법에 대해 설명하였다. 이제 동일한 기본 필터들을 그림 6.19와 같은 병렬 구조로 구성하여 BRF 특성을 가진 필터를 설계해보자. 그림 6.20은 능동회로로 구성한 BRF의 예이다.

※ LPF와 HPF를 이용하여 BRF를 설계하는 방안

(1) 2개의 차단주파수 중, 작은 값인 ω_{c2}를 갖는 단위이득 LPF 설계

(2) 2개의 차단주파수 중, 큰 값인 ω_{c1}를 갖는 단위이득 HPF의 설계

(3) 통과대역이 원하는 이득을 갖기 위한 증폭기 설계

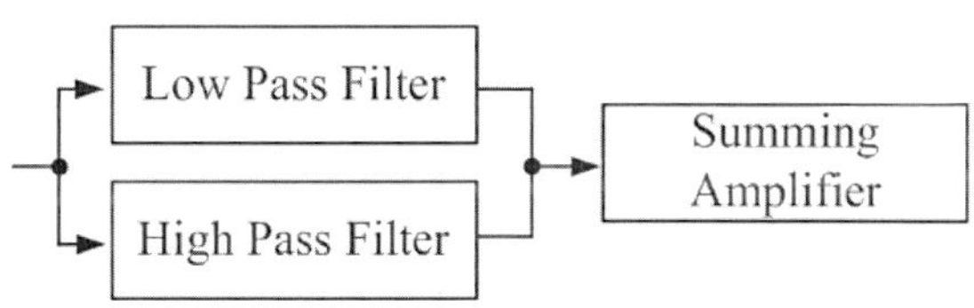

그림 6.19 대역차단 필터의 구성

여기서 LPF 및 HPF의 전달함수를 다음과 같이 가정해보자.

$$H_l(s) = -\frac{\omega_{c2}}{s+\omega_{c2}} \tag{6.33}$$

$$H_h(s) = -\frac{s}{s+\omega_{c1}} \tag{6.34}$$

따라서 그림 6.19 또는 그림 6.20의 후단에 증폭율이 $A_m = -1$인 증폭기를 설계한다고 하면 전체 전달함수는 2개의 필터 전달함수를 합한 결과와 같다. 즉,

$$H_o(s) = A_m(H_l(s) + H_h(s))$$

$$= \frac{s^2 + 2\omega_{c2}s + \omega_{c1}\omega_{c2}}{s^2 + (\omega_{c1} + \omega_{c2})s + \omega_{c1}\omega_{c2}} \tag{6.35}$$

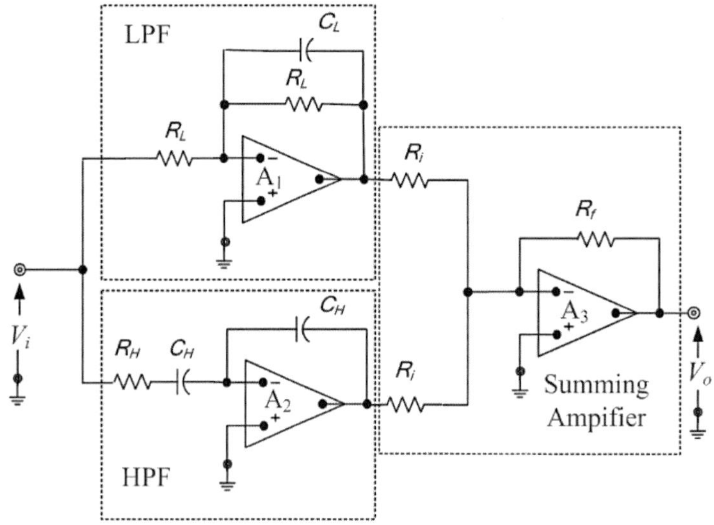

그림 6.20 대역차단 필터의 회로 예

그림 6.21은 LPF($\omega_{c2} = 100[rad/\sec]$)와 HPF($\omega_{c1} = 2000[rad/\sec]$)를 병렬로 접속한 경우에 특성을 나타낸다(참고로 종속 접속의 경우에 나타나는 BPF의 특성도 보였다). 이 결과에서 알 수 있듯이 차단영역의 대역폭은 BW=$\omega_{c2} - \omega_{c1}$=1900[rad/sec]이다.

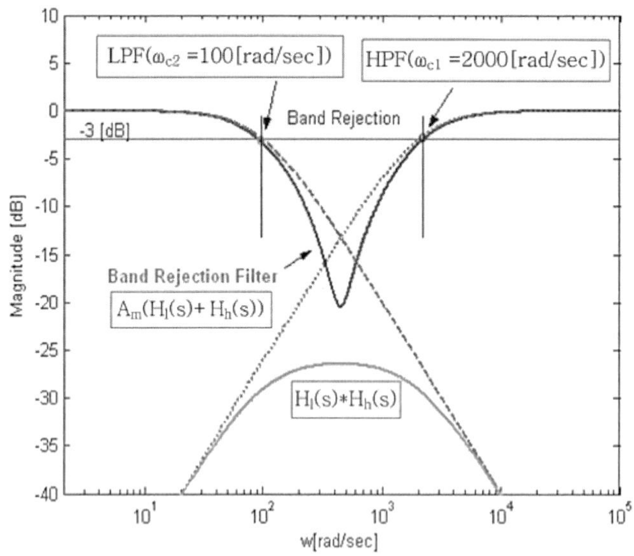

그림 6.21 LPF($\omega_{c2} = 100[rad/\sec]$와 HPF($\omega_{c1} = 2000[rad/\sec]$)의 종속 및 병렬 접속

6.4 응용 능동필터

6.4.1 원형 저역통과 필터

6.1~6.3절에서는 Op amp의 부하효과와 기본적인 LHP 및 HPF의 필터 특성을 보였다. 또한 기본적인 능동회로 LHP 및 HPF를 종속 또는 병렬 결합으로 BPF나 BRF를 설계할 수 있었다. 이러한 결과들로부터 능동필터의 설계의 다양성과 효율성을 알 수 있었다. 이제 이들 특성들을 활용하기 위하여 몇 가지 기본 필터들을 도입하고 그 응용에 대해 기술한다.

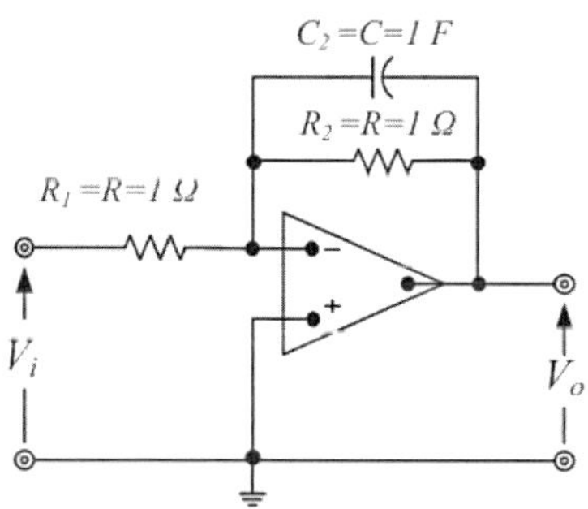

그림 6.22 원형 저역통과 필터

그림 6.22는 가장 실용적인 능동회로 필터 중 하나로 1차 LPF(6.2.2절 참조)이다. 이 회로의 전달함수는

$$H(s) = -\frac{R_2}{R_1}\frac{1/R_2C_2}{s+1/R_2C_2} \tag{6.36}$$

회로에서 $R_1 = R_2 = R = 1[\Omega]$ 및 $C_2 = C = 1[F]$로 설계하면

$$H_o(s) = -\frac{1}{s+1} \tag{6.37}$$

따라서 식 (6.37)의 차단주파수(또는 절점주파수)는 다음과 같다.

$$\omega_c = 1[rad/sec] \tag{6.38}$$

이때 식 (6.37)과 같은 전달함수로 표현되는 필터를 단위이득(unit gain)을 갖는 원형 1차 LPF(protocol 1st order low pass filter)라 한다. 여기서 단위이득이란 활성영역의 중심주파수에서의 이득이 1(또는 0[dB])임을 의미한다.

이러한 원형 필터를 그림 6.23과 같이 종속으로 접속하면, 절점주파수 이후의 이득 감쇠율은 접속된 원형 필터 수에 비례하여 $-20 \times n$[dB/dec]으로 설계된다. 일반적으로 1차 필터는 감쇠나 증가율이 ±20[dB/dec]로 차단 특성이 완만하다. 특성이 완만하다는 것은 활성영역의 이득도 일부 감소되는 경향을 다소 크게 나타남을 의미하기도 한다. 그렇지만 원형 1차 필터를 여러 개를 종속으로 접속하여 LPF의 감쇠율을 조절하는 경우에도 이용된다.

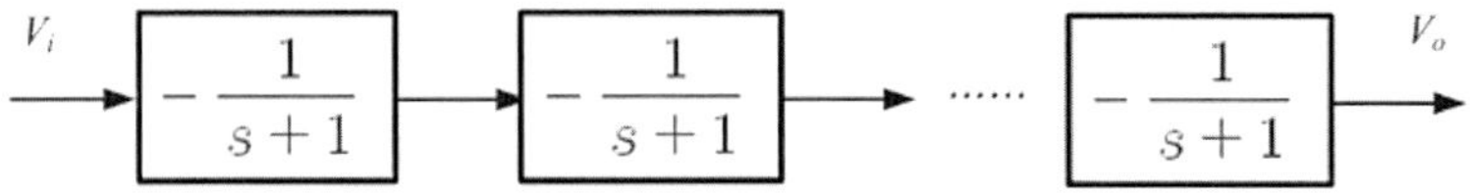

그림 6.23 원형필터의 종속접속

※ 원형 n차 저역통과 필터의 전달함수

그림 6.23과 같이 원형 1차 LPF를 n개 종속으로 접속하면 전달함수와 주파수 특성은 다음과 같다.

(1) 전달함수 및 주파수 전달함수 :

$$H(s)=\left(-\frac{1}{s+1}\right)\left(-\frac{1}{s+1}\right)\cdots\left(-\frac{1}{s+1}\right)=\frac{(-1)^n}{(s+1)^n} \tag{6.39}$$

$$H(j\omega)=\frac{(-1)^n}{(j\omega+1)^n} \tag{6.40}$$

(2) 원형 n차 필터 이득 :

$$|H(j\omega)|=\frac{1}{(\sqrt{\omega^2+1})^n} \tag{6.41}$$

(3) 차단주파수 :

$$|H(j\omega_{cn})|=\frac{1}{(\sqrt{\omega_{cn}^2+1})^n}\equiv\frac{1}{\sqrt{2}} \tag{6.42}$$

$$\omega_{cn}=\sqrt{\sqrt[n]{2}-1} \tag{6.43}$$

(4) 절점주파수 :

$$\omega_{co}=1\,[rad/\sec] \tag{6.44}$$

※ 원형 1차 LPF의 종속 접속

(1) 차수(n)가 증가할수록 차단율이 증가하여 필터특성이 개선됨

(2) 차수(n)가 증가할수록 차단주파수는 원형 1차 HPF의 차단주파수, $\omega_{c1}=1$[rad/sec]보

다 점차 감소됨 (예컨대 4차 원형 LPF 필터는 ω_{c4}=0.435[rad/sec]임)

(3) 절점주파수는 차수와 상관없이 ω_{co}=1[rad/sec]임

(4) 위상 특성은 홀수 차수와 짝수 차수의 2가지 형태로 나타남

(5) 차수와 상관없이 활성영역에서의 단위이득은 1(0[dB])임

다음 예는 원형 1차 LPF를 종속으로 접속한 경우에 주파수 특성을 설명한다.

예제 6.6 단위이득을 갖는 원형 1차 LPF를 그림 6.24와 같이 4단으로 종속 접속했을 경우에 각 단에서의 이득곡선을 구하라.

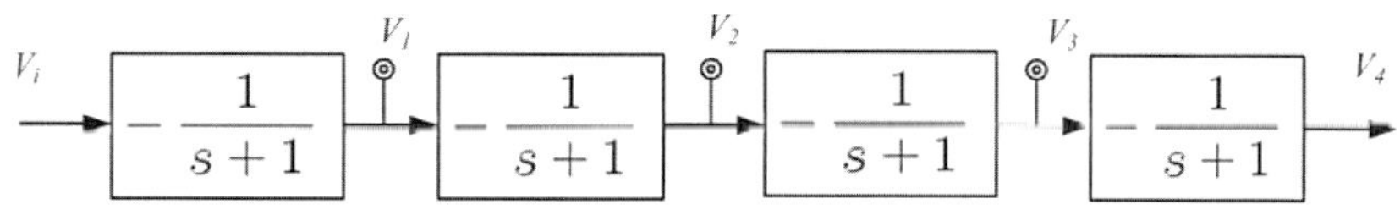

그림 6.24 원형 1차 저역통과 필터의 4단 종속 접속

[풀이] 원형 4차 LPF의 전달함수와 주파수 전달함수는

$$H_n(s) = \frac{(-1)^n}{(s+1)^n} \qquad n = 1,2,3,4 \tag{a}$$

$$H_n(j\omega) = \frac{(-1)^n}{(j\omega+1)^n} \qquad n = 1,2,3,4 \tag{b}$$

일반적으로 식 (b)의 근사화 이득곡선을 구하기 위한 절점주파수는 $\omega_{co} = 1[rad/\sec]$ 이므로

$$H_n(j\omega) =- \frac{(-1)^n}{(j\omega+1)^n}, \quad \omega_{co} = 1[rad/\sec] \tag{c}$$

구간 ①	구간 ②

ω_{co}=1

절점주파수를 경계로 하여 각 구간에서의 근사화 이득을 구하면 다음과 같다.

$$① \ \omega \ll \omega_{co} \ \text{구간} : H_n(j\omega) = \left.\frac{(-1)^n}{(j\omega+1)^n}\right|_{\omega \ll 1} \fallingdotseq (-1)^n \tag{d}$$

$$g_n(\omega) = 20\log(1) = 0 \ [dB]$$

$$② \ \omega \gg \omega_{co} \ \text{구간} : H_n(jw) = \left.\frac{(-1)^n}{(j\omega+1)^n}\right|_{\omega \gg 1} \fallingdotseq \frac{(-1)^n}{(j\omega)^n} \tag{e}$$

$$\begin{aligned} g_n(\omega) &= 20\log\left(\frac{1}{\omega^n}\right) = -20\log(\omega^n) \\ &= -20 \times n[dB/dec], \ n = 1,2,\cdots,4 \end{aligned}$$

먼저 $n=1$인 경우에 점근선에 의한 이득곡선을 그림 6.25에 나타내었다. 식 (d)와 (e)에서 보면 1차인 경우에는 절점주파수 이후의 감쇠율이 -20[dB/dec]임을 알 수 있다. 따라서 차수가 증가하면 감쇠율도 -20[dB/dec]의 n배로 증가된다. 만약 차단 특성을 증가시키려면 LPF를 종속으로 접속하면 된다.

한편, 근사화 이득곡선을 얻기 위한 절점주파수는 식 (b)에서 구해진 것으로 원형 LPF의 차수에 관계없이 모두 $\omega_{co}=1[rad/\sec]$이다. 하지만 차단주파수, ω_c는 1차 LPF인 경우에는 절점주파수와 동일하지만 원형 LPF의 차수가 증가하면 다음 식으로 주어진다.

$$\omega_{cn}=\sqrt{\sqrt[n]{2}-1} \tag{f}$$

따라서 n=1~4차까지 구해보면 다음과 같다.

$$\omega_{c1}=1.0,\ \omega_{c2}=0.6436,\ \omega_{c3}=0.5098,\ \omega_{c4}=0.4350\,[rad/\sec] \tag{g}$$

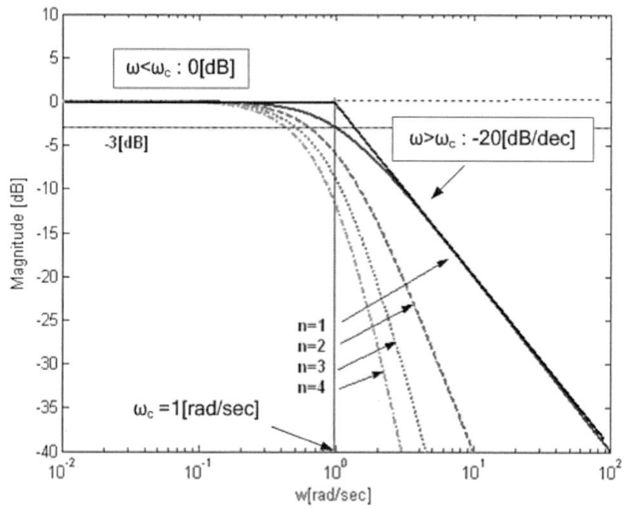

그림 6.25 원형 1차 저역통과 필터의 1~4단 접속

예제 6.7 단위이득을 가진 원형 1차 LPF를 n개 종속으로 접속하면 필터의 차단주파수는 $\omega_{cn}=\sqrt{\sqrt[n]{2}-1}$로 변한다(식 (6.42)). 이때 주파수 스케일링을 이용하여 1, 2, 3, 4차 필터의 차단주파수를 모두 원형 1차 LPF의 차단주파수와 같은 $\omega_c=1[rad/\sec]$가 되도록 2~4차 LPF의 전달함수를 설계하고 이득곡선을 구하라. 이때 그림 6.26과 같은 원형 LPF 능동회로를 이용한다고 가정한다.

[풀이] (1) 원형 1차 LPF의 전달함수

그림 6.26과 같은 회로에서 $R=1[\Omega]$ 및 $C=1[F]$인 경우에 전달함수는 다음과 같다.

$$H_{1o}(s) = H_1(s) = -\frac{1}{s+1} \tag{a}$$

이 전달함수의 차단주파수는

$$\omega_{c1} = \omega_{co} = 1[rad/\sec] \tag{b}$$

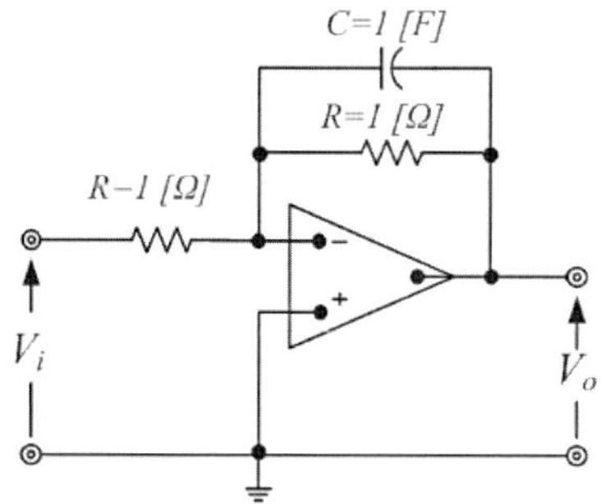

그림 6.26 원형 1차 저역통과 필터

(2) 2차 LPF의 전달함수

원형 1차 LPF를 2개 종속으로 접속한 필터는 2차 LPF가 되고 이 회로의 전달함수는

$$H_{2o}(s) = (-1)^2\left(\frac{1}{s+1}\right)^2 \tag{c}$$

이 전달함수는 2차 필터이므로 차단주파수는 다음과 같이 구해진다.

$$\omega_{c2} = \sqrt{\sqrt[2]{2}-1} = 0.6436[rad/\sec] \tag{d}$$

여기서 차단주파수, ω_{c2}가 원형 1차 LPF의 차단주파수인 식 (b)에서 정의한 $\omega_{c1} = \omega_{co}$=1[$rad$/sec]와 같지 않음으로 주파수 스케일링으로 ω_{c2}가 $\omega_{co} = 1[rad/\sec]$와 같도록 조정해야 한다. 스케일링된 2차 LPF의 전달함수는 다음과 같을 것이다.

$$H_2(s) = (-1)^2\left(\frac{a_2}{s+a_2}\right)^2 \tag{e}$$

이때 $a_2 = 1/R_2C_2$이고 $C_2 = 1[F]$라 가정한다. 이 경우에 R_2, C_2, a_2 등은 1차 LPF를 2개 종속으로 접속한 구조로 이 필터의 차단주파수가 $1[rad/\sec]$로 설계한 경우에 필터회로의 RC 소자들과 변수를 나타낸다. 따라서 다음과 같이 차단주파수를 조정하기 위한 스케일링을 한다.

$$k_f = \frac{\omega_{co}}{\omega_{c2}} = \frac{1}{0.6436} = 1.5538$$

$$k_m = \frac{1}{k_f}\frac{C}{C_2} = \frac{1}{1.5538} \times \frac{1}{1} = 0.6436$$

$$R_2 = k_m \times 1 = 0.6436[\Omega]$$

$$a_2 = 1/R_2C_2 = 1/(0.6436 \times 1) = 1.5538 \tag{f}$$

결국, 식 (f)를 식 (e)에 대입하면 설계된 2차 LPF의 전달함수는 다음과 같다.

$$H_2(s) = (-1)^2 \left(\frac{1.5538}{s+1.5538} \right)^2 \qquad \text{(g)}$$

참고로 $\omega_c = 1[rad/\sec]$로 설계된 2차 LPF는 그림 6.27과 같다.

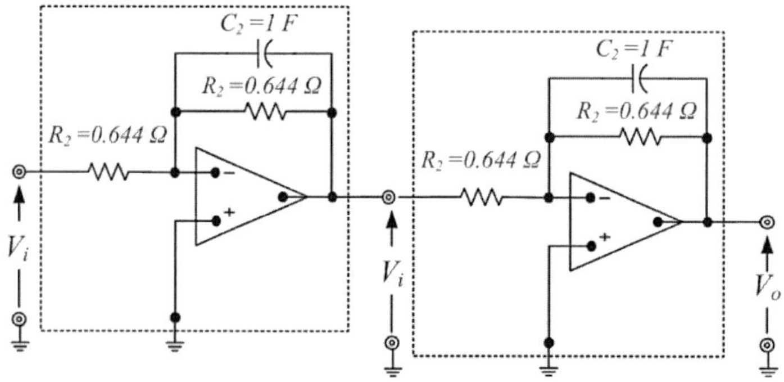

그림 6.27 차단주파수 $\omega_c = 1[rad/\sec]$로 설계한 2차 LPF

참고로 원형 1차 LPF를 2개 종속으로 접속하여 차단주파수를 $\omega_c = 1[rad/\sec]$가 되도록 설계한 2차 LPF 구조를 그림 6.27에서 보여준다.

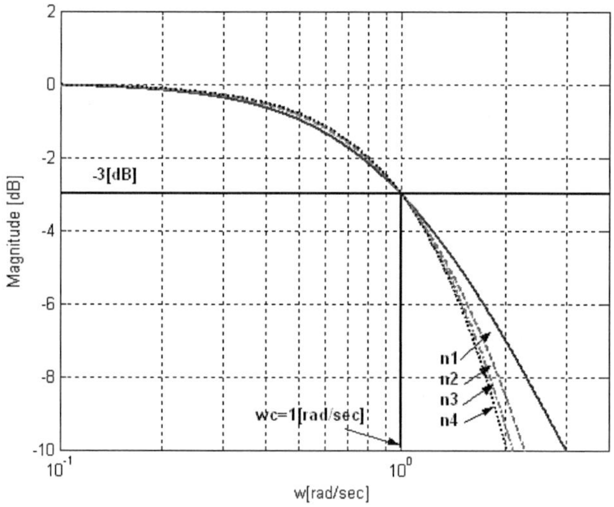

그림 6.28 원형 필터를 응용한 1~4차 저역통과 필터

(3) 3차 및 4차 LPF의 전달함수

(2)의 과정과 유사한 방법으로 차단주파수가 $\omega_c = 1[rad/\sec]$로 동일한 3차 및 4차 필터를 구하면 다음과 같다.

$$H_3(s) = -\left(\frac{1.9615}{s+1.9615}\right)^3 \quad \text{(h)}$$

$$H_4(s) = (+)\left(\frac{2.299}{s+2.299}\right)^4 \quad \text{(i)}$$

(4) 이득 특성

$H_1(s) \sim H_4(s)$에 대한 이득곡선은 그림 6.28과 같다. 이 결과에서 보면 차단주파수는 모두 $\omega_c = 1[rad/\sec]$로 동일하게 설계되었으며 차단주파수 이후 주파수영역에서의 이득은 $-20 \times n[\mathrm{dB}/dec]$의 기울기로 감쇠됨을 알 수 있다. 참고로 1~4차 LPF의 절점주파수는 변하며 그 값은 식 (b), (g), (h) 및 (i)로부터

$$\omega_{co} = 1,\ 1.5538,\ 1.9615,\ 2.299\,[rad/\sec] \quad \text{(j)}$$

임을 알 수 있다.

예제 6.8 1차 LPF를 4개 종속으로 접속하여 차단주파수 $\omega_{cn} = 500[rad/\sec]$이고 이득이 A_m =10인 4차 필터를 설계하라. 이 경우에 그림 6.26과 같은 능동회로 원형 1차 LPF(저항, 커패시터 및 차단주파수를 각각 $R_o = 1[\Omega]$, $C_o = 1[F]$ 및 $\omega_{co} = 1[rad/\sec]$라 가정한다)를 이용하고 크기 및 주파수 스케일링을 통해 설계하라. 스케일링 후, 4개의 1차 LPF 회로의 RC 소자들을 R_4, C_4라하고 이때 $C_4 = 1[\mu\mathrm{F}]$로 가정한다. 이득을 조정하기 위해 그림 6.29와 같은 선형증폭기를 사용한다.

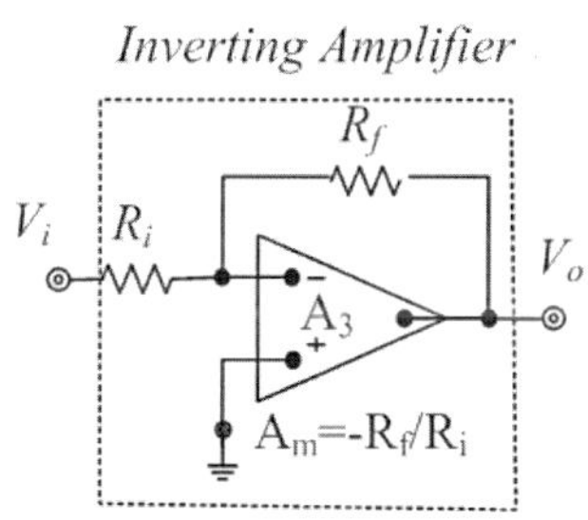

그림 6.29 비반전 선형증폭기

[풀이] 먼저 원형 LPF를 4개 종속으로 접속하면 차단주파수는 식 (6.43)에 의하여 다음과 같이 구해진다.

$$\omega_{cn} = \sqrt{\sqrt[4]{2}-1} = 0.435[rad/\sec] \quad \text{(a)}$$

따라서 주파수 스케일링 계수는

$$k_f = \frac{\omega_c}{\omega_{c4}} = \frac{500}{0.435} = 1149.4 \quad \text{(b)}$$

이때 크기 스케일링 계수 및 환산된 저항 값은

$$k_m = \frac{1}{k_f}\frac{C_o}{C_4} = \frac{1}{1149.4} \times \frac{1}{1 \times 10^{-6}} = 870 \qquad \text{(c)}$$

$$R_4 = k_m \times R_o = 870 \times 1 = 870 \ [\Omega] \qquad \text{(d)}$$

또한 이득을 A_m=10으로 설계하기 위하여 $R_i = R_4$로 하여 그림 6.29를 설계하면

$$R_f = A_m \times R_4 = 10 \times 870 = 8700 \ [\Omega] \qquad \text{(e)}$$

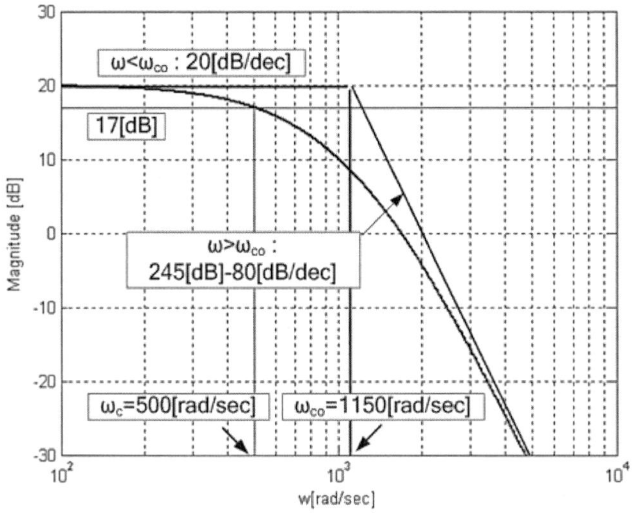

그림 6.30 $\omega_c = 500[rad/\sec]$인 4차 저역통과 필터의 설계

결국 1차 LPF 4개로 설계된 4차 LPF의 전달함수는 다음과 같다.

$$H_4(s) = -10 \times \left(\frac{1149.5}{s + 1149.5}\right)^4 \qquad \text{(f)}$$

식 (f)의 전달함수에 대해 Bode 선도는 그림 6.30과 같다. 식 (f)의 직류이득은 $20\log_{10}(10) = 20[\text{dB}]$이며 차단주파수는 직류이득에서 3[dB] 감소된 17[dB]를 나타내는 주파수로 ω_c=500[rad/sec]이다. 참고로 식 (f)의 절점주파수 ω_{co}≒1150[rad/sec]에 대한 점근선 이득을 보였다.

6.4.2 원형 고역통과 필터

원형 1차 LPF는 능동회로로 구성하기 쉽고 또한 이들을 종속으로 설계하여 차단율을 개선하는 특징이 있다. 또한 단순한 구조의 LPF를 사용하기 때문에 고차 필터의 설계도 용이하다. 마찬가지로 HPF도 원형 1차 HPF를 도입하여 사용하는 것이 설계도 쉽고 다양한 필터 특성도 얻을 수 있다. 또한 원형 LPF와 HPF를 종속 또는 병렬 결합함으로써 BPF나 BRF도 쉽게 설계할 수 있다.

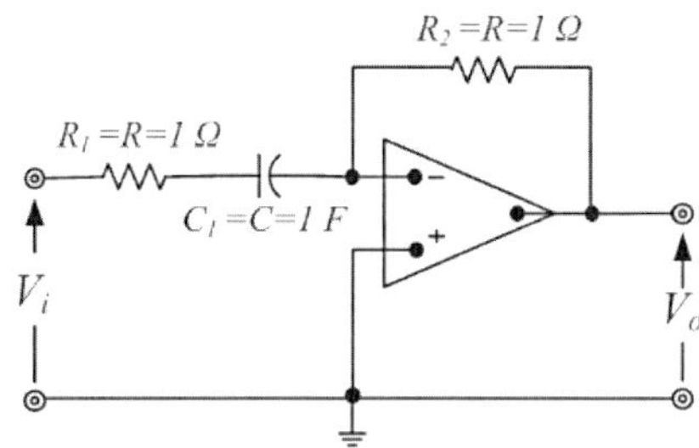

그림 6.31 능동회로 원형 1차 고역통과 필터

그림 6.31은 실용적으로 응용되는 능동회로 필터로 1차 HPF의 특성을 갖는다. 이 회로의 전달함수는

$$H(s) = -\frac{R_2}{R_1}\frac{s}{s+1/R_1C_1} \tag{6.45}$$

회로의 소자를 $R_1 = R_2 = R = 1[\Omega]$ 및 $C_2 = C - 1[\mathrm{F}]$로 설계하면

$$H_o(s) = -\frac{s}{s+1} \tag{6.46}$$

따라서 식 (6.46)의 차단주파수는 다음과 같다.

$$\omega_c = 1[\mathrm{rad/sec}] \tag{6.47}$$

식 (6.47)는 절점주파수와 같다. 이때 식 (6.46)과 같은 전달함수로 표현되는 필터를 단위이득을 가진 원형 1차 HPF(protocol 1st order high pass filter)라 한다.

이러한 원형 필터를 그림 6.32와 같이 종속으로 접속하면 차단주파수 이전의 이득 증가율이 접속된 원형 필터 수에 비례하여 $20\times n$[dB/dec]의 비율로 증가된다. 1차 필터는 감쇠나 증가율이 ±20[dB/dec]로 그 특성이 완만하게 감소 또는 증가된다. 특성이 완만하다는 것은 활성영역의 이득도 일부 감소되는 경향을 나타냄을 의미하기도 한다. 원형 1차 LPF와 마찬가지로 원형 HPF도 종속으로 여러 개를 접속하여 증가율을 조절할 수 있다

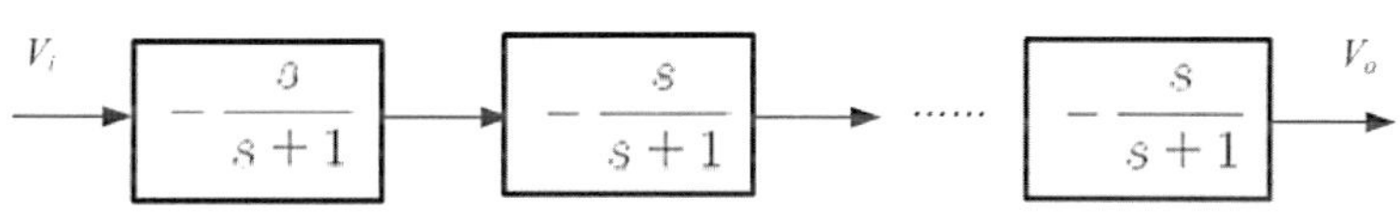

그림 6.32 원형 1차 고역통과 필터의 종속 접속

※ 원형 n차 고역통과 필터의 전달함수

그림 6.32와 같이 원형 1차 HPF를 n개 종속으로 접속하면 전달함수와 주파수 특성은 다음과 같다.

(1) 전달함수 및 주파수 전달함수 :

$$H(s)=\left(-\frac{s}{s+1}\right)\left(-\frac{s}{s+1}\right)\cdots\left(-\frac{s}{s+1}\right)=\frac{(-s)^n}{(s+1)^n} \quad (6.48)$$

$$H(j\omega)=\frac{(-j\omega)^n}{(j\omega+1)^n} \quad (6.49)$$

(2) n차 필터 이득 :

$$|H(j\omega)|=\frac{\omega^n}{(\sqrt{\omega^2+1})^n} \quad (6.50)$$

(3) 차단주파수 :

$$|H(j\omega_{cn})|=\frac{\omega_{cn}^n}{(\sqrt{\omega_{cn}^2+1})^n}\equiv\frac{1}{\sqrt{2}} \quad (6.51)$$

$$\omega_{cn}=\frac{1}{\sqrt{\sqrt[n]{2}-1}} \quad (6.52)$$

(4) 절점주파수 :

$$\omega_{co}=1\,[rad/\sec] \quad (6.53)$$

※ 원형 1차 HPF의 종속 접속

(1) 차수(n)이 증가할수록 저역의 차단율이 증가하여 필터특성 개선

(2) 차수(n)이 증가할수록 차단주파수는 원형 1차 HPF의 차단주파수 $\omega_{c1}=1[rad/\sec]$보다 점차 증가됨 (예컨대 4차 원형 HPF는 ω_{c4}=2.229[rad/sec]임)

(3) 절점주파수는 차수와 상관없이 ω_{co}=1[rad/sec]임

(4) 위상 특성은 홀수차수와 짝수차수의 2가지 형태로 나타남

(5) 차수와 상관없이 활성영역에서의 단위이득은 1(0[dB]임)

그림 6.33은 원형 1차 HPF를 1~4개를 종속으로 접속할 경우에 입력에 대한 각 출력 측 전달함수에 대한 Bode 선도를 나타낸다. 일반적으로 원형 필터는 차수가 증가할 때마다 $20\times n[dB/dec]$의 비율로 증가하므로 필터를 종속으로 설계하여 차단 특성을 개선할 수 있다. 이 경우에 차단주파수는 식 (6.52)로 변화되는데 원형 1~4차 HPF에서는 다음과 같이 구해진다.

$$\omega_{c1}=1.0,\ \omega_{c2}=1.5538,\ \omega_{c3}=1.9615,\ \omega_{c4}=2.2990\,[rad/\sec] \quad (6.54)$$

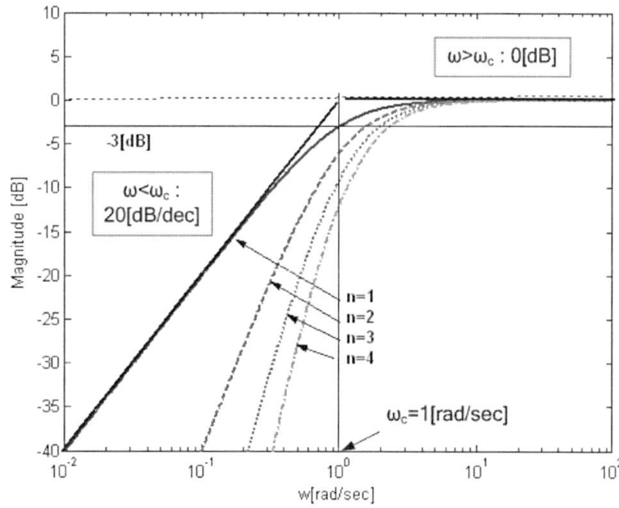

그림 6.33 원형 1차 고역통과 필터의 1~4단 접속

예제 6.9 원형 1차 HPF를 4개 종속으로 접속하여 차단주파수 $\omega_{cn}=1000[rad/\sec]$인 필터를 설계하라. 이 경우에 원형 1차 HPF를 이용하고 크기 및 주파수 스케일링을 통해 필터를 구성하라. 여기서 설계된 회로의 $C=0.1[uF]$라 가정한다.

[풀이] 먼저 원형 LPF를 4개 종속으로 접속하면 차단주파수는 식 (6.52)에 의하여

$$\omega_{c4}=\frac{1}{\sqrt{\sqrt[4]{2}-1}}=2.299\ [\text{rad/sec}] \tag{a}$$

따라서 주파수 스케일링 계수는

$$k_f=\frac{1000}{2.299}=435 \tag{b}$$

이때 진폭 스케일링 계수 및 저항 값은

$$k_m=\frac{1}{k_f}\frac{C}{C'}=\frac{1}{1149.4}\frac{1}{1\times10^{-6}}=23{,}000 \tag{c}$$

$$R=k_m\times R_o=23000\times1=23\ [\text{k}\Omega] \tag{d}$$

설계된 4차 HPF의 전달함수는

$$H(s)=\left(\frac{23000}{s+23000}\right)^4 \tag{e}$$

이며 Bode 선도는 그림 6.34와 같다.

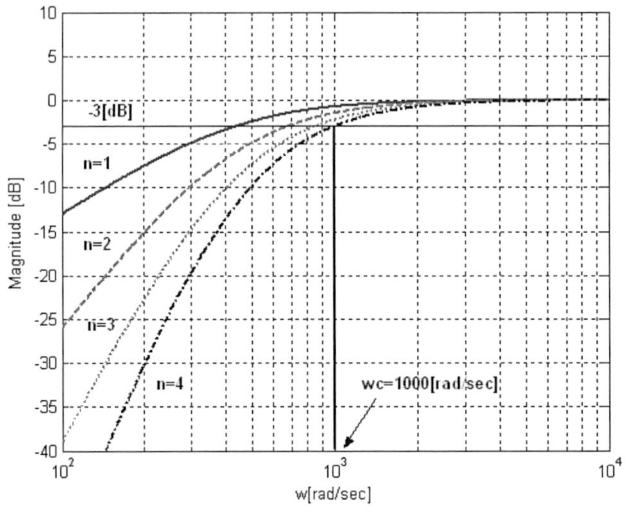

그림 6.34 원형 1차 HPF를 이용한 4차 HPF의 설계

6.5 Butterworth 필터

6.5.1 정규화 Butterworth 필터

동일한 전달함수를 가진 1차 LPF를 n개 종속으로 접속하면 차단주파수 이후의 이득 감쇠비율이 $-20\times n\,[dB/dec]$로 된다. 이 경우에 차수가 증가하면 차단주파수도 감소된다. 물론 2차 LPF를 n개 종속으로 접속하면 감소율은 $-40\times n\,[\mathrm{dB}/dec]$가 된다. 예를 들어 다음과 같은 일반적인 1차 LPF를 n개 종속으로 접속하는 경우를 고려해보자.

$$H_n(s)=\left(\frac{a}{s+a}\right)^n \tag{6.55}$$

이때 주파수 전달함수의 이득은

$$|H_n(j\omega)|=\frac{a^n}{(\sqrt{\omega^2+a^2}\,)^n} \tag{6.56}$$

이고 차단주파수는 직류이득의 $1/\sqrt{2}$ (또는 -3[dB])만큼 감쇠하는 주파수이므로 다음 조건을 만족하는 주파수이다.

$$\frac{a^n}{(\sqrt{\omega_c^2+a^2}\,)^n}\equiv\frac{1}{\sqrt{2}} \tag{6.57}$$

결국, n차 LPF의 차단주파수는 다음과 같이 구해진다.

$$\omega_{cn} = a\sqrt{\sqrt[n]{2}-1} \tag{6.58}$$

따라서 n차 LPF는 차수가 증가할수록 차단주파수는 차수에 비례하여 감소한다. 그러나 절점주파수는 변하지 않는다.

반면 n차 HPF인 경우에는

$$\omega_{cn} = \frac{a}{\sqrt{\sqrt[n]{2}-1}} \tag{6.59}$$

로 차수가 증가할수록 차단주파수도 1차인 HPF의 $\omega_{c1} = a$[rad/sec]로부터 점차 증가된 값을 나타낸다.

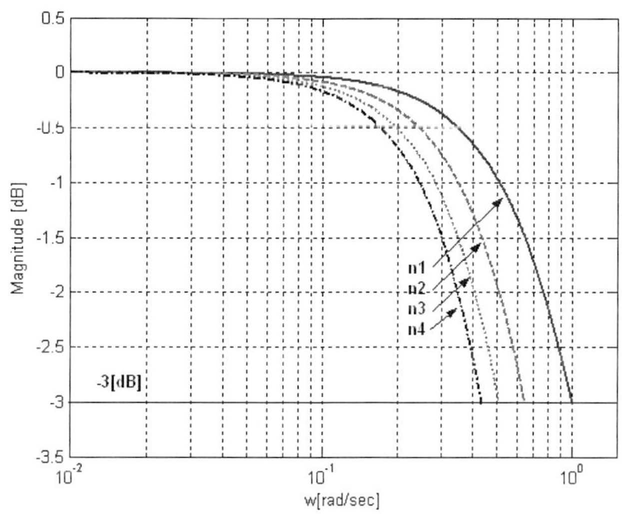

그림 6.35 원형 LHP의 4차 종속 접속 차단주파수 이하에서의 특성

원형 필터의 종속 접속에 의해 천이영역의 이득 감쇠율을 증가시키거나 차단주파수를 조절할 수 있으나 활성영역 전체 구간에서의 이득이 직류이득과 동일하지는 않는다. 즉, 수동필터나 능동필터 모두 LPF의 통과대역의 이득이 이상적인 값, $H(0)$을 나타내는 것은 아니다. 그림 6.35는 원형 1차 LHP를 4개를 종속으로 접속하는 경우에 각 차수에 대한 차단주파수 이하에서의 이득 특성을 나타낸다. 이 결과에서 알 수 있듯이 차단주파수 이하에서 이득이 $H(0)$가 아니며 적어도 $\omega = 0.1 \sim \omega_c(=1[rad/\text{sec}])$ 사이에서 완만한 감소 특성을 나타내고 있음을 확인할 수 있다.

일반적으로 단위이득을 가진 LPF를 n개 종속으로 연결한 경우에 전달함수는

$$H(s) = \frac{\omega_c^n}{(s+\omega_c)^n} \tag{6.60}$$

여기서 ω_c은 n차 LPF의 절점주파수로 차수에 관계없이 일정하다. 이때 이득은 다음과 같다.

$$|H(j\omega)| = \frac{\omega_c^n}{(\sqrt{\omega^2+\omega_c^2})^n} = \frac{1}{\left(\sqrt{(\omega/\omega_c)^2+1}\right)^n} \tag{6.61}$$

이 식에서 $\omega \ll \omega_c$인 범위의 주파수에서는 이득이 1(0[dB])과 근접하지만 주파수가 ω_c에 가까워지면 이득은 1보다 감소되어 차단주파수에서 -3[dB]에 이른다. 따라서 이러한 이득 특성을 보완하기 위해 도입된 것이 Butterworth 필터(Butterworth filter)이다.

※ 단위이득을 갖는 Butterworth LPF

(1) 전달함수 이득:

$$|H(j\omega)| = \frac{1}{\sqrt{1+(\omega/\omega_c)^{2n}}} \quad : n = \text{필터 차수} \tag{6.62}$$

(2) 차단주파수는 모든 차수(n)에 대해 $\omega_c = 1[rad/\sec]$임

(3) n이 충분히 크면 $\omega < \omega_c$에서 이득은 거의 1(0[dB])임

(4) $|H(j\omega)|$에서 ω/ω_c의 차수는 항상 짝수임

(5) 홀수 차수의 Butterworth LHP는 1개의 1/(s+1)의 부회로를 갖음

(6) 차수에 상관없이 활성영역의 단위이득은 1(0[dB])임

일반적인 Butterworth 필터의 전달함수를 구하기 위하여 식 (6.62)에서 $\omega_c = 1$로 가정하고 정규화 필터를 구해보자. 식 (6.62)에서

$$|H(j\omega)|^2 = H(j\omega)H(-j\omega) = H(s)H(-s) \tag{6.63}$$

※ n차 Butterworth 필터의 전달함수 결정 과정

(1) 다음 식의 특성근을 구한다.

$$1+(-1)^n s^{2n} = 0 \tag{6.64}$$

(2) 근의 실수가 (-)인 근을 $H(s)$에, (+)인 근을 $H(-s)$에 할당한다.

(3) 1차 및 2차 인수로 분모를 인수분해한다.

한편 다음 관계식

$$|H(j\omega)|^2 = \frac{1}{1+\omega^{2n}} = \frac{1}{1+(\omega^2)^n} = \frac{1}{1+(-s^2)^n} = \frac{1}{1+(-1)^n s^{2n}}$$

$$H(s)H(-s) = \frac{1}{1+(-1)^n s^{2n}}$$

을 이용한다. 즉, n차 Butterworth 필터는 다음과 같은 과정으로 구한다.

주목할 것은 정규화 Butterworth 필터(normalized Butterworth filter)의 차단주파수는 필터 차수와 관계없이 ω_c=1[rad/sec]로 동일하다는 점이다. 차단주파수가 동일한 조건 하에서 필터의 차수만 변하면 이에 대응하여 정규화 Butterworth 필터 전달함수, $H_B(s)$의 분모다항식, $D(s)$이 변화된다. 표 6.2는 n=6차까지의 $D(s)$를 계산한 결과이다.

$$H_B(s) = \frac{N(s)}{D(s)} \tag{6.65}$$

이때 필터가 LPF이면 $N(s)=1$이고 HPF이면 $N(s)=s^n$이고 n은 필터의 차수를 나타낸다.

Butterworth 필터이 전달함수를 구하는 경우, 전달함수 이득, 식 (6.62)과 유사하게 식 (6.66)과 같은 Chebyshev 형태의 필터를 설계하기도 한다.

$$|H(j\omega)| = \frac{1}{\sqrt{1+\beta C_n^2(\omega/\omega_c)^{2n}}} \tag{6.66}$$

여기서 β는 리플 값(ripple factor)이고 $C_n(\omega/\omega_c)$는 n차 Chebyshev 다항식이다. Chebyshev 다항식도 표 6.2처럼 정리되어 필터 설계에 이용된다. 실제로 Butterworth나 Chebyshev 필터들이 그 특징이 다르다. 모두 실용필터 설계에 잘 이용되나 본 저서에서는 Chebyshev 필터에 대해서는 다루지 않았다.

표 6.2 Butterworth 필터 전달함수의 정규화 분모다항식

차수 n	n차 분모다항식 : $D(s)$
1	$(s+1)$
2	$(s^2+\sqrt{2}s+1)$
3	$(s+1)(s^2+s+1)$
4	$(s^2+0.765s+1)(s^2+1.848s+1)$
5	$(s+1)(s^2+0.618s+1)(s^2+0.618s+1)$
6	$(s^2+0.518s+1)(s^2+\sqrt{2}s+1)(s^2+1.932s+1)$

일반적으로 Butterworth 필터의 분모다항식들을 보면 1차 원형 필터와 2차 필터로 구성되어 있다. 따라서 원형 1차 LPF나 HPF는 6.4.1 및 6.4.2절의 회로로 설계 가능하고, 2차 Butterworth 필터도 전형적인 회로들을 이용하면 된다.

그림 6.36은 정규화 Butterworth 2차 및 4차 LPF와 원형 2차 및 4차 LPF 필터의 이득곡선을

나타낸다. Butterworth 2차 및 4차 LPF의 차단주파수는 차수와 관계없이 $\omega_c = 1$[rad/sec]로 동일한 반면에 원형 LPF의 차단주파수는 LPF 차수가 증가할수록 조금씩 감소한다. 또한 Butterworth는 차단주파수 이하에서의 이득 특성은 수평으로 나타나지만 원형 LPF는 이득 감쇠가 발생한다. 더구나 4차 Butterworth 필터는 차단주파수 근방의 천이영역에서 수직에 가까운 감쇠 특성을 보인다. 이러한 성질은 아날로그 필터의 설계에 다양성을 확보하고 양호한 특성을 얻는 역할을 한다. 참고로 그림 6.37은 정규화 Butterworth 2차 및 4차 HPF와 원형 2차 및 4차 HPF 필터의 이득곡선이다.

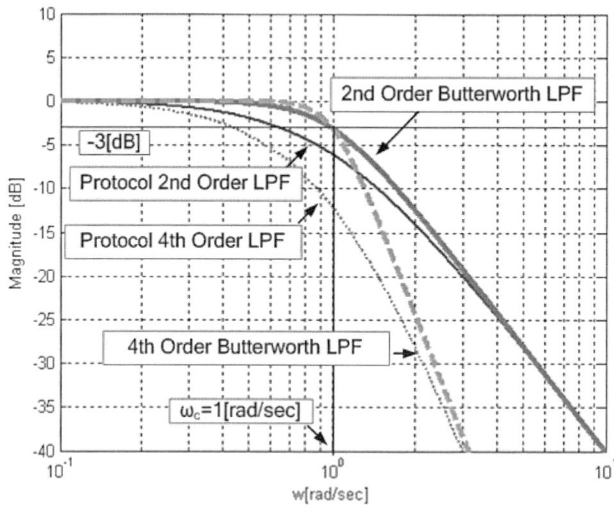

그림 6.36 Butterworth LPF 및 원형 저역통과 필터의 비교

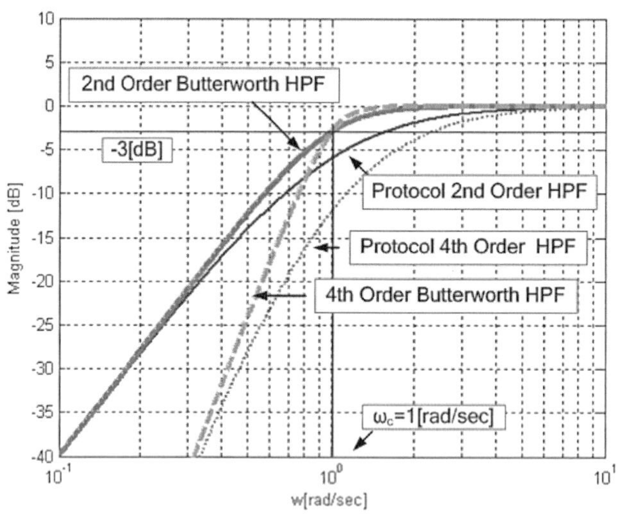

그림 6.37 Butterworth HPF 및 원형 HPF의 비교

예제 6.10 (1) 원형 1차 LPF 4개를 종속으로 접속하여 구성한 4차 필터를 차단

주파수 $\omega_{co}=1\,[rad/\sec]$로 주파수 스케일링한 후 얻은 전달함수와 (2) 4차 Butterworth LPF 필터의 전달함수를 구하라. (3) 이득 곡선을 비교하여 차단주파수 및 감쇠율을 설명하라.

[풀이] (1) 원형 LPF를 이용한 4차 필터

먼저 그림 6.22와 같은 능동필터 원형 1차 LPF($R_o=1[\Omega]$, $C_o=1[F]$)를 4개 종속으로 접속한 필터의 전달함수는

$$H_p(s)=\left(\frac{-1}{s+1}\right)^4 \tag{a}$$

원형 1차 LPF의 차단주파수는 ω_{co}=1[rad/sec]이지만 식 (a)로 주어진 4차 전달함수의 차단주파수는 다음과 같이 변화된다.

$$\omega_{cn}=\sqrt{\sqrt[4]{2}-1}=0.435[\text{rad/sec}] \tag{b}$$

따라서 주파수 스케일링으로 회로소자를 변경해야 한다. 우선 $C=1[F]$라 가정한다. 이때 주파수 스케일링 계수는

$$k_f=\frac{\omega_{co}}{\omega_{c4}}=\frac{1}{0.435}=2.99 \tag{c}$$

그러므로 크기 스케일링 계수 및 저항 값은

$$k_m=\frac{1}{k_f}\frac{C_o}{C}=\frac{1}{2.99}\times\frac{1}{1}=0.435 \tag{d}$$

$$R=k_m\times R_o=0.435\times 1=0.435[\Omega] \tag{e}$$

$$a=\frac{1}{RC}=\frac{1}{0.435\times 1}=2.299 \tag{f}$$

결국, 설계된 4차 LPF의 전달함수는 다음과 같다.

$$H_p(s)=\left(\frac{1/RC}{s+1/RC}\right)^4=\left(\frac{2.299}{s+2.299}\right)^4 \tag{g}$$

주목할 것은 식 (g)의 차단주파수는 $\omega_c=1[rad/\sec]$이지만 이득곡선의 절점주파수는 $2.299[rad/\sec]$이라는 점이다.

(2) 정규화 4차 Butterworth LPF

4차 필터의 전달함수는 표 6.2에 의해 다음과 같이 설계되어야 한다.

$$H_b(s)=\left(\frac{1}{s^2+0.765s+1}\right)\left(\frac{1}{s^2+0.848s+1}\right) \tag{h}$$

정규화 Butterworth 필터의 차단주파수는 항상 $\omega_c=1[rad/\sec]$이다.

(3) 주파수 특성

식 (g)와 (h)의 Bode 선도를 구하면 그림 6.38과 같다. 이 결과로부터 2 종류의 필터들의 차단주파수는 모두 $\omega_c = 1[rad/\sec]$이라는 것을 알 수 있다. 원형 LPF 필터를 4개 종속으로 접속하면 절점주파수(2.299$[rad/\sec]$임) 이후의 감쇠율은 대략 -80 [dB/dec]로 증가되나 활성영역에서의 이득은 0[dB]를 보장하지 못한다. 하지만 차단주파수와 절점주파수가 모두 $\omega_c = 1[rad/\sec]$인 4차 Butterworth LPF를 구성하면 차단주파수 이후의 감쇠율은 원형 LPF 필터와 같은 -80[dB/dec]이나 대역폭에서도 이득의 감쇠는 그다지 크지 않아 0[dB]를 유지한다. 즉, 활성영역에서의 주파수 특성은 평활형이 되는 것으로 원형 필터에 비해 Butterworth 필터가 갖는 장점 중 하나이다.

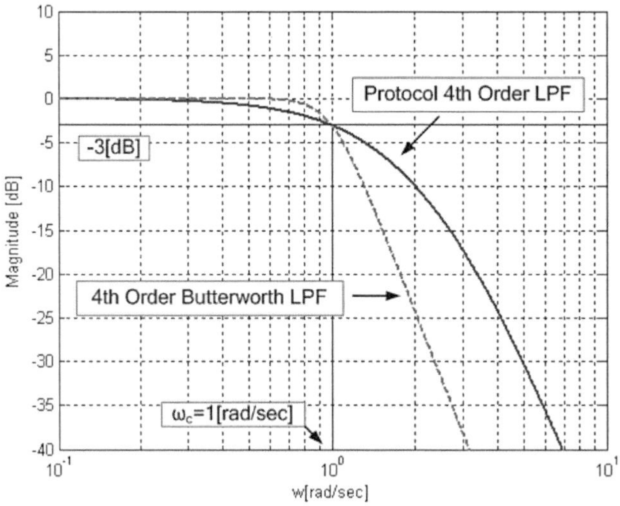

그림 6.38 4차 원형 필터와 Butterworth 필터 특성

6.5.2 Butterworth 필터의 설계

일반적으로 Butterworth 필터의 정규화 분모다항식인 표 6.2를 살펴보면 분모다항식들은 1차 원형 필터와 2차 필터들로 구성되어 있음을 알 수 있다. 1차 다항식은 원형 1차 LPF나 HPF로 6.4.1 및 6.4.2절의 회로들로 설계가 가능하다. 따라서 2차 다항식으로 표현되는 Butterworth 필터도 전형적인 기준 회로들을 응용한다. 본 절에서는 2차 Butterworth LPF 및 HPF의 기본형을 설계하고 그 응용 과정을 살펴보기로 하자.

(1) 2차 Butterworth 저역통과 필터

표 6.2를 참고해보면, 정규화 2차 Butterworth LPF 필터의 전달함수는 다음과 같은 형태로 주어진다.

$$H(s) = \frac{1}{s^2 + \beta s + 1} \tag{6.67}$$

따라서 이러한 전달특성을 가진 회로를 설계하여야 한다.

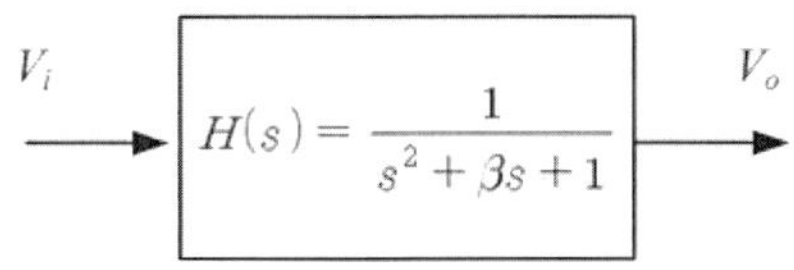

그림 6.39 정규화 2차 Butterworth 저역통과 필터의 전달함수

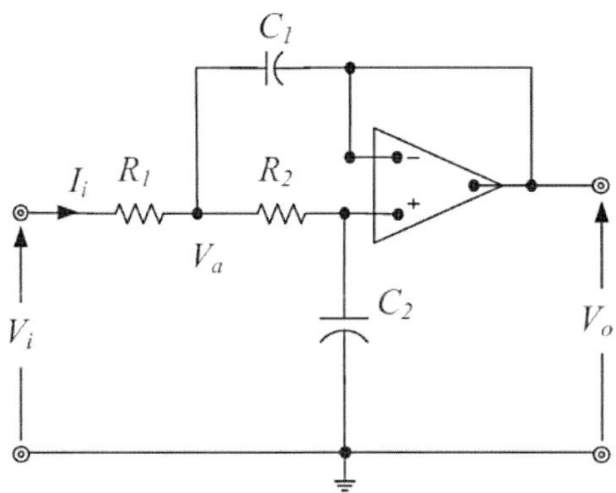

그림 6.40 정규화 2차 Butterworth 저역통과 필터회로

그림 6.40은 정규화 2차 Butterworth LPF 필터로 이용하는 전형적인 능동필터회로이다. 이 회로로 식 (6.67)과 같은 전달함수 특성을 갖도록 설계해보자. 이 회로에서 증폭기의 (+) 단자와 관련된 2개의 마디에서 마디방정식을 세우면 다음과 같다.

$$\frac{V_a - V_i}{R_1} + \frac{V_a - V_o}{1/C_1 s} + \frac{V_a - V_o}{R_2} = 0 \tag{6.68}$$

$$\frac{V_o}{1/C_2 s} + \frac{V_o - V_a}{R_2} = 0$$

이 2 식에서 입·출력 사이의 전달함수를 구하면

$$\frac{V_o(s)}{V_i(s)} = H(s) = \frac{\frac{1}{R_1 R_2 C_1 C_2}}{s^2 + \left(\frac{1}{R_1 C_1} + \frac{1}{R_2 C_1}\right)s + \frac{1}{R_1 R_2 C_1 C_2}} \tag{6.69}$$

2차 Butterworth LPF 필터로 이용하기 위하여 우선 $R_1 = R_2 = R$로 설계한다. 따라서

$$H(s) = \frac{\frac{1}{R^2 C_1 C_2}}{s^2 + \frac{2}{RC_1}s + \frac{1}{R^2 C_1 C_2}} = \frac{1}{s^2 + \beta s + 1} \tag{6.70}$$

따라서 식 (6.70)과 식 (6.67)의 관계로부터

$$RC_1 = \frac{2}{\beta},\ R^2 C_1 C_2 = 1 \tag{6.71}$$

식 (6.71)은 2개의 방정식이므로 결정할 3개의 변수(R, C_1 및 C_2) 중에 임의로 1개의 변수 값을 가정하면 나머지 소자의 값들을 결정할 수 있다. 흔히 사용하는 방법이 R 값을 임의 선택하는 방식이다. 만약 $R=1[\Omega]$이라 가정하면 식 (6.71)은 다음과 같다.

$$C_1 C_2 = 1,\ C_1 = \frac{2}{\beta} \tag{6.72}$$

따라서 예를 들어 $s^2+\sqrt{2}s+1$의 다항식을 가진 LPF를 설계할 목적이라면 식 (6.71) 및 (6.72)의 관계로부터 소자 값들을 다음과 같이 결정할 수 있다. 즉, $R=1[\Omega]$으로 가정 하에

$$C_1 = \sqrt{2}\,[F],\ C_2 = \sqrt{2}\,[F] \tag{6.73}$$

다른 예로 R 대신 $C_1 = 1[F]$로 가정하면 식 (6.71)로부터

$$R = \sqrt{2}\,[\Omega],\ C_2 = 0.5[F] \tag{6.74}$$

식 (6.67)에서 분모다항식이 $s^2+0.765s+1$이라면 $R=1[\Omega]$으로 가정 하에

$$C_1 = 2/0.765 = 2.6144\,[F],\ C_2 = 1/C_1 = 0.6536\,[F]$$

등으로 설계할 수 있다. 일반적으로 다음 식

$$H(s) = \frac{1}{s^2+\beta s+1} \tag{6.75}$$

을 단위이득 2차 Butterworth LPF(unit gain 2nd order Butterworth LPF) 전달함수라 한다. 이 필터는 활성영역에서 단위이득, 1(0[dB])를 나타내기 때문이다.

(2) 2차 Butterworth 고역통과 필터

그림 6.40의 회로는 2차 Butterworth LPF이고 그 전달함수는 식 (6.75)으로 주어진다. 이와 유사하게 2차 Butterworth HPF의 설계도 가능하다. 일반적으로 단위이득 2차 Butterworth HPF(unit gain 2nd order Butterworth HPF)의 기본형은 다음과 같다.

$$H(s) = \frac{s^2}{s^2+\beta s+1} \tag{6.76}$$

이 필터는 활성영역에서 단위이득, 1(0[dB])를 갖는다. 이와 같은 유형의 모든 전달함수는 그림 6.42와 같은 능동회로로 설계 가능하다.

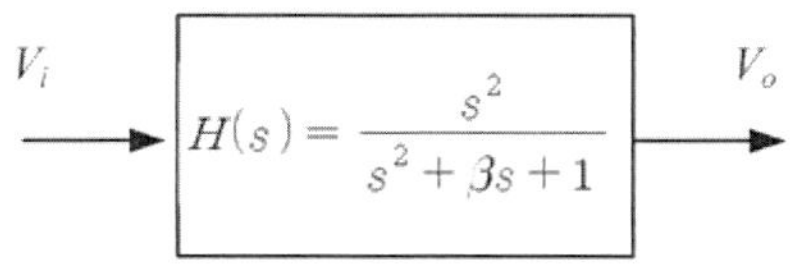

그림 6.41 원형 2차 Butterworth HPF의 전달함수

그림 6.40의 회로에서 증폭기의 (+) 단자 관련된 2개의 마디에서 마디방정식을 세우면 다음과 같다.

$$\frac{V_a - V_i}{1/C_1 s} + \frac{V_a - V_o}{R_1} + \frac{V_a - V_o}{1/C_2 s} = 0 \tag{6.77}$$

$$\frac{V_o}{R_2} + \frac{V_o - V_a}{1/C_2 s} = 0$$

이 2 식에서 입출력 사이의 전달함수를 구하면

$$\frac{V_o(s)}{V_i(s)} = H(s) = \frac{s^2}{s^2 + \left(\dfrac{1}{R_1 C_1} + \dfrac{1}{R_1 C_2}\right)s + \dfrac{1}{R_1 R_2 C_1 C_2}} \tag{6.78}$$

식 (6.76)과 같은 2차 Butterworth HPF 필터를 구현하기 위하여 $C_1 = C_2 = C$로 설계한다. 따라서 식 (6.78)의 전달함수는 다음과 같다.

$$H(s) = \frac{s^2}{s^2 + \dfrac{2}{R_1 C}s + \dfrac{1}{R_1 R_2 C^2}} = \frac{s^2}{s^2 + \beta s + 1} \tag{6.79}$$

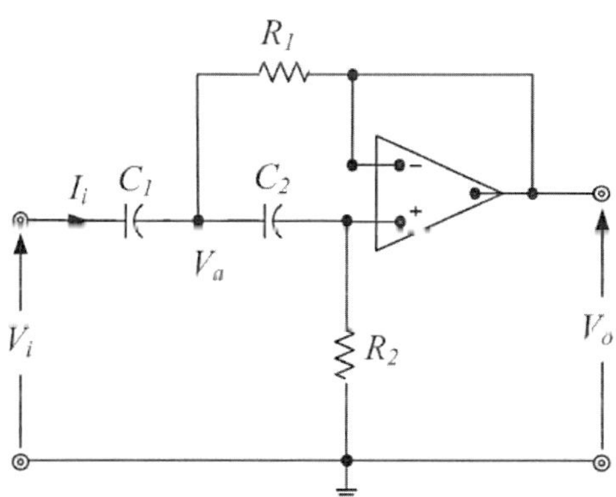

그림 6.42 원형 2차 Butterworth HPF 회로

이 식으로부터

$$R_1 C = \frac{2}{\beta}, \quad R_1 R_2 C^2 = 1 \tag{6.80}$$

식 (6.80)은 미지수가 3개이나 방정식은 2개이다. 따라서 결정할 3개의 변수(R_1, R_2 및 C) 중에 임의로 1개의 변수 값을 가정하면 나머지 소자의 값들도 결정할 수 있다. 식 (6.80)에서 $C=1[F]$이라 가정하면 다음 관계식을 얻는다.

$$R_1 = 2/\beta,\ R_2 = \beta/2 \tag{6.81}$$

예로 $s^2+\sqrt{2}s+1$의 다항식을 가진 Butterworth HPF를 설계할 경우에 식 (6.81)의 관계를 이용하면 소자 값들을 다음과 같이 결정할 수 있다.

$$C=1[F],\ R_1=\sqrt{2}\,[\Omega],\ R_2=\sqrt{2}\,[\Omega] \tag{6.82}$$

$s^2+\sqrt{2}s+1$의 다항식을 구현하기 위하여 식(6.81)을 사용하고 이 경우에 $R_1=1[\Omega]$으로 가정한다면

$$R_1=1[\Omega],\ C=\sqrt{2}\,[F],\ R_2=1/(R_1C^2)=0.5\,[\Omega] \tag{6.83}$$

으로 설계할 수 있다.

예제 6.11에서는 4차 Butterworth LPF 및 HPF의 설계 과정을 소개한다. 일반적으로 LPF와 HPF를 종속으로 접속하면 BPF(6.3.1절)를, 병렬로 접속하면 BRF를(6.3.2절) 설계할 수 있다. 따라서 예제에서는 LPF 및 HPF의 설계결과들을 사용하여 BPF를 설계하는 과정을 보인다.

예제 6.11 (1) 차단주파수가 ω_{c2}=1000[rad/sec]인 Butterworh 4차 LHP와 (2) 차단주파수가 ω_{c1}=100[rad/sec]인 Butterworh 4차 HPF을 설계하여 전달함수를 구하라. (3) 이들 2 종류의 필터를 종속으로 결합한 BPF를 설계하여 전달함수를 구하고, (4) 이득곡선을 구해 그 특성이 BPF임을 설명하라.

[풀이] (1) Butterworh 4차 LHP(ω_{c2}=1000[rad/sec])의 설계

우선 차단주파수가 ω_c=1[rad/sec]인 4차 Butterworth의 정규화 분모다항식을 표 6.2에서 구하면 다음과 같다.

$$(s^2+0.765\,s+1)(s^2+1.848\,s+1) \tag{a}$$

4차 필터이므로 Butterworth 2차 LPF 그림 6.40과 같은 회로 2개를 그림 6.43과 같이 종속으로 구성한다.

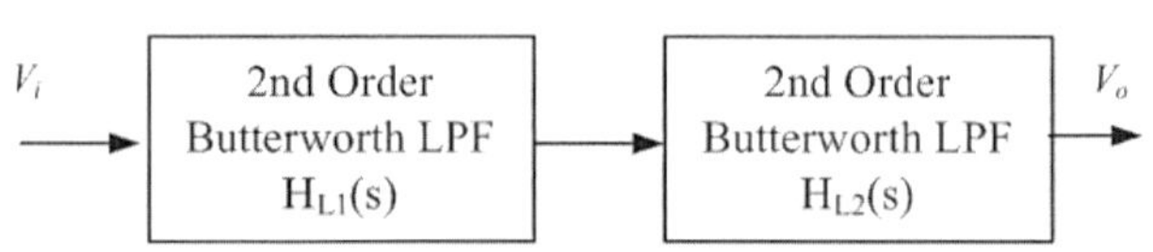

그림 6.43 Butterworth 4차 저역통과 필터의 구성

여기서 정규화 2차 Butterworth 필터의 전달함수

$$H_{L1o}(s)=\frac{\frac{1}{R_o^2C_{1o}C_{2o}}}{s^2+\frac{2}{R_oC_{1o}}s+\frac{1}{R_o^2C_{1o}C_{2o}}}=\frac{1}{s^2+0.765s+1} \quad \text{(b)}$$

에서 $R_o=1[\Omega]$으로 가정하여 소자 값을 구하면

$$C_{1o}=2.6144[F],\ C_{2o}=0.3825[F] \quad \text{(c)}$$

차단주파수를 ω_{c2}=1000[rad/sec]로 설계하기 위하여 임의로 $R=1000[\Omega]$으로 선택하고 주파수 스케일링을 하면

$$k_f=\frac{\omega_{c2}}{\omega_{co}}=\frac{1000}{1}=1000 \quad \text{(d)}$$

$$k_m=\frac{R}{R_o}=\frac{1000}{1}=1000 \quad \text{(e)}$$

$$C_2=\frac{C_{2o}}{k_mk_f}=\frac{0.3825}{1000\times1000}=0.3825\,[\mu F] \quad \text{(f)}$$

$$C_1=\frac{C_{1o}}{k_mk_f}=\frac{2.6144}{1000\times1000}=2.6144\,[\mu F] \quad \text{(g)}$$

따라서 결정된 소자 값들을 사용하면 주파수 스케일링한 2차 Butterworth LPF의 전달함수는 다음과 같다.

$$H_{L1}(s)=\frac{\frac{1}{R^2C_1C_2}}{s^2+\frac{2}{RC_1}s+\frac{1}{R^2C_1C_2}}=\frac{10^6}{s^2+765s+10^6} \quad \text{(h)}$$

한편 식 (a)에서 분모다항식 $s^2+1.848s+1$에 대한 전달함수는 다음과 같이 가정할 수 있다.

$$H_{L2o}(s)=\frac{\frac{1}{R_o^2C_{1o}C_{2o}}}{s^2+\frac{2}{RC_{1o}}s+\frac{1}{R_o^2C_{1o}C_{2o}}}=\frac{1}{s^2+1.848s+1} \quad \text{(i)}$$

이때도 $R_o=1[\Omega]$으로 가정하여 소자 값을 구하면

$$C_{1o}=1.0823[F],\ C_{2o}=0.924[F],\ R_o=1[\Omega] \quad \text{(j)}$$

앞에서와 유사한 과정으로 주파수 스케일링을 수행하여 소자 값을 구하면

$$C_1=1.0823[\mu F],\ C_2=0.924[\mu F],\ R=1000[\Omega] \quad \text{(k)}$$

따라서 그림 6.43의 후단 2차 LHP의 전달함수는 다음과 같이 구해진다.

$$H_{L2}(s) = \frac{\frac{1}{R^2 C_1 C_2}}{s^2 + \frac{2}{RC_1}s + \frac{1}{R^2 C_1 C_2}} = \frac{10^6}{s^2 + 1848\,s + 10^6} \tag{i}$$

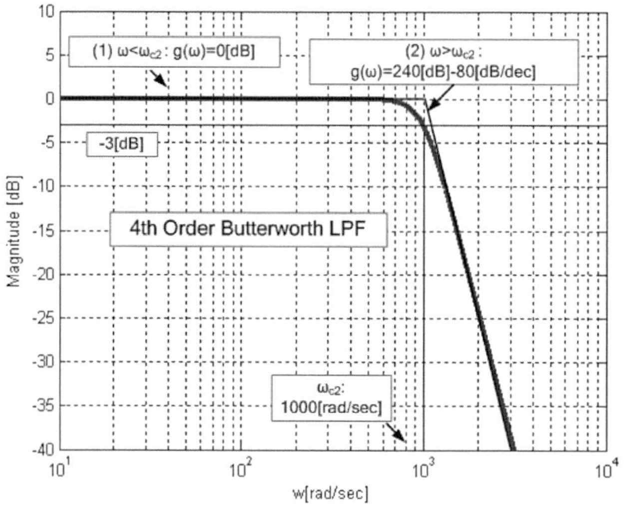

그림 6.44 Butterworh 4차 저역통과 필터

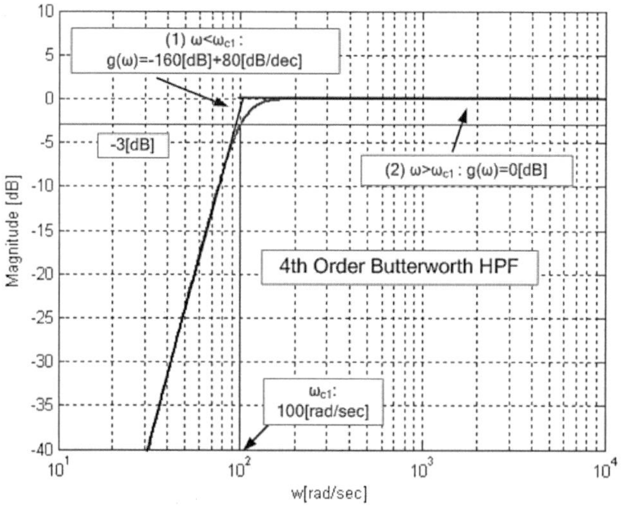

그림 6.45 Butterworh 4차 HPF(ω_{c1}=100[rad/sec])의 이득곡선

결국 차단주파수가 ω_c=1000[rad/sec]인 4차 LPF의 전달함수는 식 (h)와 (i)로부터 다음과 같이 구해진다.

$$H_L(s) = H_{L1}(s)H_{L2}(s) = \frac{10^6}{s^2 + 765\,s + 10^6} \times \frac{10^6}{s^2 + 1848\,s + 10^6} \tag{j}$$

그림 6.44는 식 (j)로 설계된 Butterworh 4차 LHP의 이득곡선을 나타낸다. 절점주

파수는 $\omega_{co}=\omega_{c2}$=1000[rad/sec]로 이득의 점근선을 나타내었다.

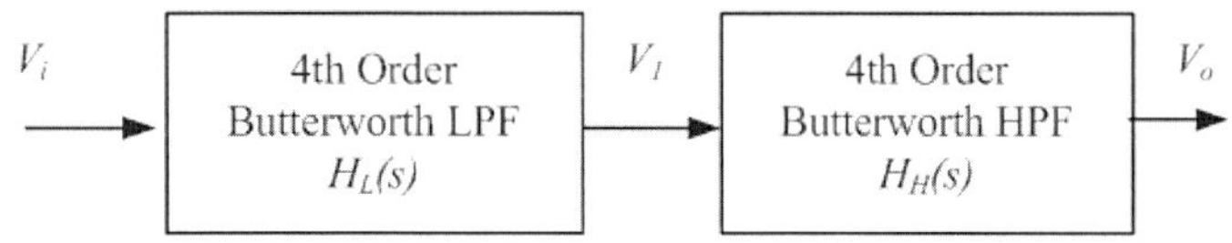

그림 6.46 대역통과 필터의 구성

(2) Butterworh 4차 HPF(ω_{c1}=100[rad/sec])의 설계

Butterworth 2차 HPF도 그림 6.42의 HPF 회로를 이용한다. 설계 과정은 앞의 (1)의 LHP에서와 유사하므로 HPF 설계에서는 자세한 유도과정은 생략한다. 먼저 ω_{co}=1[rad/sec]인 경우에 전달함수를 구하고, 이를 다시 ω_{c2}=100[rad/sec]로 주파수 스케일링을 한다. 구해진 전달함수는 다음과 같다.

$$H_H(s)=H_{H1}(s)H_{H2}(s)=\frac{s^2}{s^2+76.5s+10^4}\times\frac{s^2}{s^2+184.8s+10^4} \quad \text{(k)}$$

그림 6.45는 식 (k)로 설계된 Butterworh 4차 HPF의 이득곡선을 나타낸다. 절점주파수는 $\omega_{co}=\omega_{c1}$=100[rad/sec]로 이득의 점근선을 나타내었다.

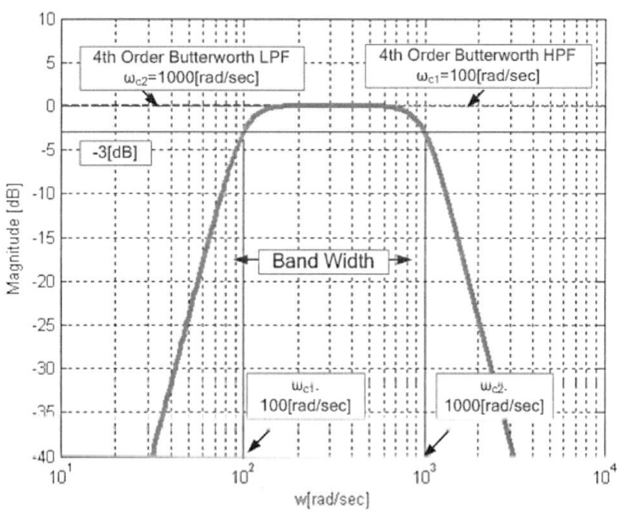

그림 6.47 설계한 Butterworh 4차 대역통과 필터

(3) BPF의 설계

한편, 식 (j)의 LPF와 식 (k)의 HPF를 종속으로 그림 6.46과 같이 접속하면 하한 차단주파수 $\omega_{c1}=100[rad/\sec]$ 및 상한 차단주파수 $\omega_{c2}=1000[rad/\sec]$인 BPF가 얻어진다. 즉, 대역폭은 BW=$\omega_{c2}-\omega_{c1}=900\,[rad/\sec]$이다. 이때 BPF의 전달함수는

$$H_B(s) = H_L(s)H_H(s) \tag{l}$$

여기서 $H_L(s)$는 식 (j)로, $H_H(s)$는 식 (k)로 주어진다.

(4) 이득곡선과 그 특징

식 (j)와 (k)의 이득을 구하여 대수합으로 처리하면 그림 6.47과 같은 이득곡선이 구해진다. 이 그래프에서 보면 차단주파수를 경계로 이득의 감쇠 또는 증가율은 ±80[dB/dec]임을 알 수 있다. 대역폭 이내에서는 이득 특성이 거의 0[dB]라는 것을 확인할 수 있다.

---

(3) Sallen Key 필터

능동회로로 설계된 2차 Butterworth LPF나 HPF, 그림 6.40 및 6.42는 활성영역에서 이득이 1(0[dB])인 단위이득 필터이다. 이러한 필터들을 종속 또는 병렬로 구성하는 경우에도 단위이득을 나타낸다. 그러나 필터 설계에 따라 활성영역의 이득이 1 이하로 감쇠되는 경우도 있다. 만약 활성영역에서 이득을 증폭할 필요가 있는 경우에는 이러한 2차 필터회로에 별도의 증폭기 회로를 설계하여 이용해야 한다. 2차 Butterworth LPF나 HPF 자체에 증폭기능을 설계한 회로가 그림 6.48과 같은 Sallen Key 증폭기 회로(Sallen Key amplifier)이다.

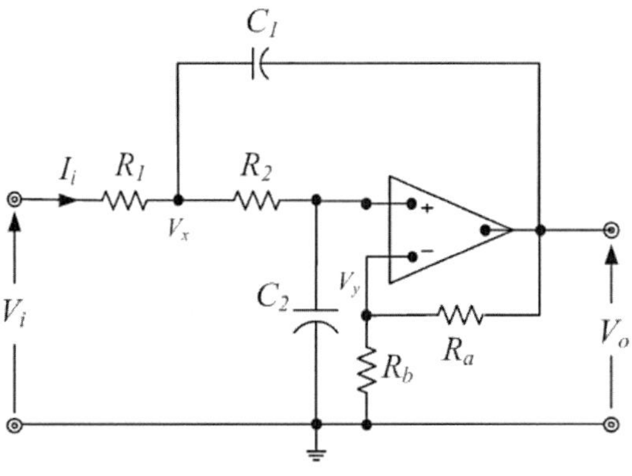

그림 6.48 2차 Sallen Key 저역통과 필터회로

Sallen Key 회로에 대해 각 마디에 대한 방정식을 구하면

$$V_y = \frac{1}{R_2C_2s+1}V_x$$

$$V_o = \frac{R_a+R_b}{R_a}V_y = A_m V_y$$

이 3식으로부터 입출력 사이의 전달함수, $H(s) = V_o(s)/V_i(s)$는 다음과 같이 구해진다.

$$H(s) = \frac{\dfrac{A_m}{R_1R_2C_1C_2}}{s^2 + \left(\dfrac{1}{R_1C_1} + \dfrac{1}{R_2C_1} + \dfrac{1-A_m}{R_2C_2}\right)s + \dfrac{1}{R_1R_2C_1C_2}} \tag{6.84}$$

여기서 A_m은 궤환부의 증폭율로써

$$A_m = \frac{R_a + R_b}{R_a} = 1 + \frac{R_b}{R_a} \tag{6.85}$$

이다. 이때 A_m=1이면 식 (6.84)는 정규화 2차 Butterworth LPF의 전달함수 식 (6.70)과 일치한다. 만약 $R_1 = R_2 = R$이라 가정하면

$$H(s) = \frac{\dfrac{A_m}{R^2C_1C_2}}{s^2 + \left(\dfrac{2}{RC_1} + \dfrac{1-A_m}{RC_2}\right)s + \dfrac{1}{R^2C_1C_2}} \tag{6.86}$$

결국 그림 6.48의 2차 Sallen Key LPF 회로는 다음과 같은 전달함수 형태를 갖는다.

$$H(s) = \frac{\alpha}{s^2 + \beta s + 1} \tag{6.87}$$

식 (6.86)을 식 (6.87)의 전달함수로 구현하려면 우선, A_m은 식 (6.85)을 참고하여 독립적으로 설계한다. 다음 나머지 소자 R_1, R_2, C_1 및 C_2는 식 (6.86)의 3개의 계수 방정식들로부터 구해야 한다. 4개 소자 중 1개의 값을 가정하여 나머지를 구할 수 있다.

만약, $R = 1[\Omega]$라 하면 식 (6.86)은

$$H(s) = \frac{\dfrac{A_m}{C_1C_2}}{s^2 + \left(\dfrac{2}{C_1} + \dfrac{1-A_m}{C_2}\right)s + \dfrac{1}{C_1C_2}} \tag{6.88}$$

결국 식 (6.88)과 (6.87)을 비교해보면 다음 조건을 만족한다.

$$C_1C_2 = 1,\ \alpha = A_m,\ \beta = C_1(1-A_m) + 2C_2 \tag{6.89}$$

따라서 이 식들로부터

$$(1-A_m)C_1^2 - \beta C_1 + 2 = 0 \tag{6.90}$$

$$C_2 = 1/C_1 \tag{6.91}$$

예를 들어 다음과 같은 직류이득이 $H(0)$=10인 2차 Butterworth LPF를 설계한다고 가정해보자.

$$H(s) = \frac{10}{s^2 + \sqrt{2}\,s + 1} \tag{6.92}$$

따라서 분모다항식을 가진 LPF를 설계할 경우에는 식 (6.88)과 (6.90), (6.91)의 관계로부터 소자 값들을 다음과 같이 결정할 수 있다.

$$R = 1[\Omega],\ C_1 = 0.4[F],\ C_2 = 2.5[F] \tag{6.93}$$

이때 $C_1C_2 = 1$이다. 그림 6.48의 궤환 증폭부에서의 전압증폭율은 $A_m = 10$이므로 식 (6.85)에 의해 실용적인 저항 값으로 $R_a = 1[\text{k}\Omega]$(가정)이면 $R_b = 9[\text{k}\Omega]$로 설계하면 된다.

한편 Sallen Key HPF 회로도 LPF와 유사한 방법으로 설계한다. 그림 6.48의 Sallen Key LPF 회로에서 커패시터를 저항으로, 저항을 커패시터로 대치하면 HPF가 얻어진다. 따라서 2차 Sallen Key HPF의 전달함수는 다음과 같은 전달함수 형태를 갖는다.

$$H(s) = \frac{\alpha s^2}{s^2 + \beta s + 1} \tag{6.94}$$

HPF 회로에서 모든 키패시디를 $C = 1[F]$라 가정하면

$$H(s) = \frac{\dfrac{A_m}{R_1R_2}s^2}{s^2 + \left(\dfrac{2}{R_1} + \dfrac{1-A_m}{R_2}\right)s + \dfrac{1}{R_1R_2}} \tag{6.95}$$

결국 식 (6.94)와 (6.95)을 비교해보면 다음 식을 얻는다.

$$R_1R_2 = 1,\ \alpha = A_m,\ \beta = R_1(1-A_m) + 2R_2 \tag{6.96}$$

따라서 이 식들로부터 다음 관계를 얻는다.

$$(1-A_m)R_1^2 - \beta R_1 + 2 = 0 \tag{6.97}$$

$$R_2 = 1/R_1 \tag{6.98}$$

이들 식들로부터 $R_1 > 0$ 및 R_2를 구한다.

예제 6.12 차단주파수가 ω_c=100[rad/sec]이고 이득이 A_m=10인 2차 Butterworth LPF를 그림 6.48과 같은 Sallen Key 회로로 구현할 경우에 전달함수를 구하고 이득곡선을 그려라. 여기서 $C = 1[\mu\text{F}]$라 가정한다.

[풀이] 이득이 10인 2차 Butterworth LPF를 Sallen Key 회로의 전달함수는 다음과 같다.

$$H(s) = \frac{\alpha}{s^2 + \beta s + 1} = \frac{10}{s^2 + \sqrt{2}\,s + 1} \tag{a}$$

먼저 $R = 1[\Omega]$라 가정하면 $A_m = 10$이므로 식 (6.89)에 의하여 각 소자 값은 다음

과 같이 구해진다.

$$R=1[\Omega],\ C_1=0.4[F],\ C_2=2.5[F] \tag{b}$$

식 (a)로 주어지는 2차 Butterworth LPF의 전달함수, 식 (a)에 대한 차단주파수는 ω_c=1[rad/sec]이므로 차단주파수 설계치 $\hat{\omega}_c$=100[rad/sec]에 대한 주파수 스케일링이 필요하다. 즉, 주파수 스케일링 계수는

$$k_f=\frac{\hat{\omega}_c}{\omega_c}=\frac{100}{1}=100 \tag{c}$$

여기서 스케일링될 회로의 저항을 $R=1000[\Omega]$으로 선택하면 크기 스케일링 계수나 C 소자들은 다음과 같이 구해진다.

$$k_m=\frac{R'}{R}=\frac{1000}{1}=1000 \tag{d}$$

$$C_2'=\frac{C_2}{k_m k_f}=\frac{2.5}{1000\times1000}=2.5\,[\mu\mathrm{F}] \tag{e}$$

$$C_1'=\frac{C_{1o}}{k_m k_f}=\frac{0.4}{1000\times1000}=0.4\,[\mu\mathrm{F}] \tag{f}$$

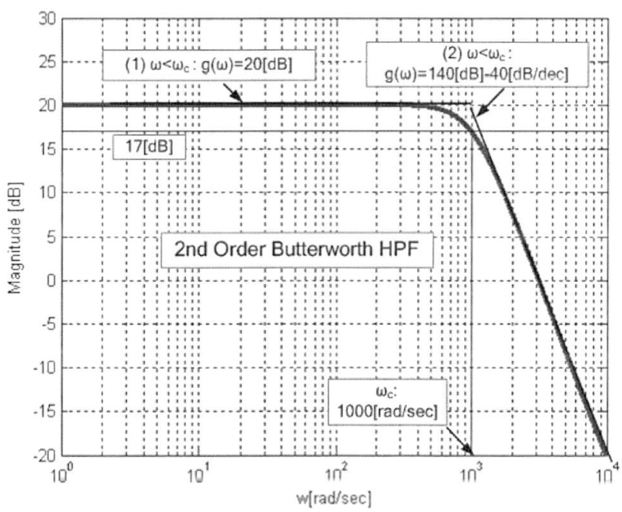

그림 6.49 Sallen Key 필터 식 (b)의 이늑 특성

따라서 설계된 회로의 전달함수는 다음과 같다.

$$H(s)=\frac{\dfrac{A_m}{R^2C_1C_2}}{s^2+\left(\dfrac{2}{RC_1}+\dfrac{1-A_m}{RC_2}\right)s+\dfrac{1}{R^2C_1C_2}}=\frac{10^7}{s^2+\sqrt{2}\times10^2s+10^6} \tag{g}$$

결국 식 (g)의 이득곡선은 그림 6.49와 같다.

제6장 연습문제

[문제 6.1] 그림 P6.1과 같은 능동필터가 있다. (1) 전달함수를 구하고 전달함수의 형태로부터 필터의 종류를 판정하라. (2) $R_1 = R_2 = 1[k\Omega]$, C_2=10[μF]이라 할 경우에 주파수 전달함수와 차단주파수를 구하라. (3) $R_1 = R_2 = 10[\Omega]$으로 교체하고 차단주파수를 ω_c=50[rad/sec]로 변경하기 위한 C_2 값을 결정하라. (4) 차단주파수 변경 전·후의 필터에 대한 근사화 이득곡선을 그려라.

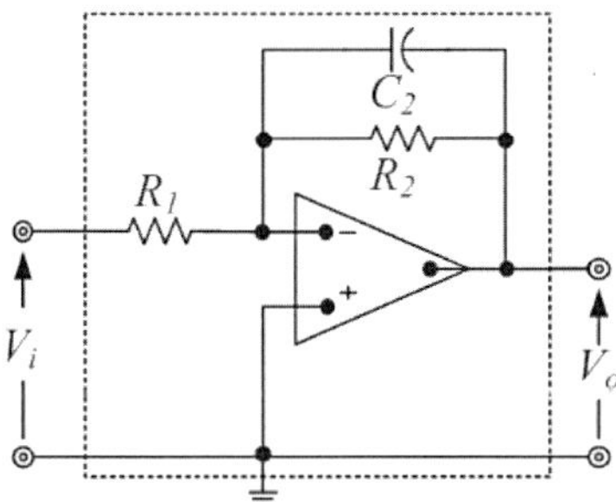

그림 P6.1 실용적인 반전 증폭기형 필터

[문제 6.2] 그림 P6.2와 같은 수동회로 LPF가 있다. (1) 이 회로에서 $L = 1[H]$, $R = 2[\Omega]$, 및 $C = 1[F]$이라할 경우에 전달함수와 차단주파수를 구하라. (2) 차단주파수를 ω_c=100[rad/sec]로 설계하기 위하여 주파수 스케일링을 하였다. $C = 1[\mu F]$로 가정한 경우에 수정된 회로의 전달함수와 이득곡선을 구하라.

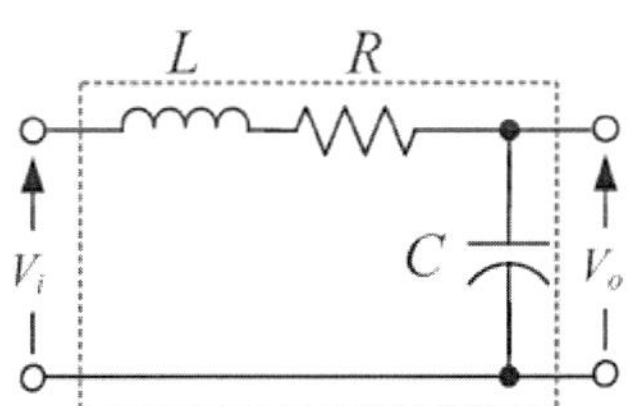

그림 P6.2 RLC 저역통과 필터회로

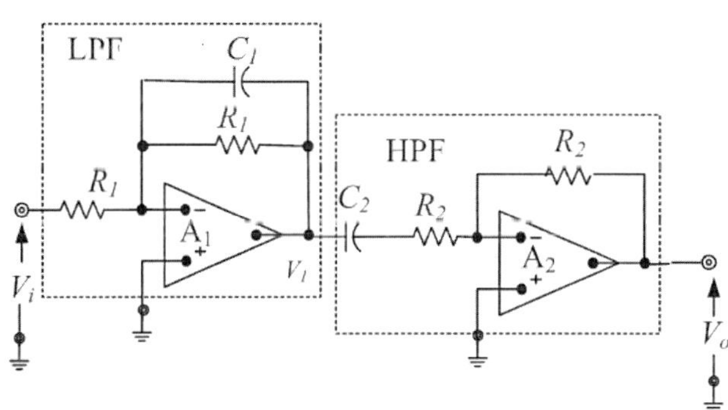

그림 P6.3 대역통과 필터의 설계

[문제 6.3] LPF와 HPF를 능동필터를 이용하여 그림 P6.3과 같은 BPF를 구성하였다. 이 회로에서 $R_1 = R_2$=500[Ω]이고 $C_1 = 1[\mu F]$, $C_2 = 100[\mu F]$이다. (1) 전달함수, 절점주파수와 근사화 이득곡선을 구하라. (2) 이 필터의 중심주파수, 대역폭과 상, 하한 차단주파수를 구하라.

[문제 6.4] (1) 능동회로 원형 1차 LPF(저항, 커패시터 및 차단주파수를 각각 $R_o = 1[\Omega]$, $C_o = 1[F]$ 및 $\omega_{co} = 1[rad/\sec]$라 가정한다)를 4개 종속으로 접속한 경우에 전달함수와 차단주파수를 구하라. (2) 크기 및 주파수 스케일링을 통해 차단주파수 $\omega_c = 500[rad/\sec]$이고 이득이 10인 필터를 설계하라.

[문제 6.5] (1) 차단주파수가 ω_{c2}=1000[rad/sec]인 Butterworh 3차 LHP과 (2) 차단주파수가 ω_{c1}=100[rad/sec]인 Butterworh 3차 HPF을 설계하여 전달함수를 구하라. (3) 이들 2종류의 필터를 종속으로 결합한 BPF의 설계하여 전달함수를 구하고, (4) 이득곡선을 구해 그 특성을 설명하라.

[문제 6.6] 차단주파수가 ω_c=1000[rad/sec]이고 이득이 A_m=20[dB]인 4차 Butterworth LPF를 Sallen Key 회로를 이용하여(그림 6.48 참고) 설계하려고 한다. 구현될 전달함수를 구하고 이득곡선을 그려라. $R = 10[k\Omega]$라 가정한다.

[문제 6.7] 그림 P6.8과 같은 회로를 이용하여 중심주파수가 ω_o=1000[rad/sec]이고 Q 계수가 $Q_o = 5$ 그리고 대역폭이 BW=10[rad/sec]인 BPF를 설계하라. 여기서 $C = 0.01[\mu F]$로 가정한다.

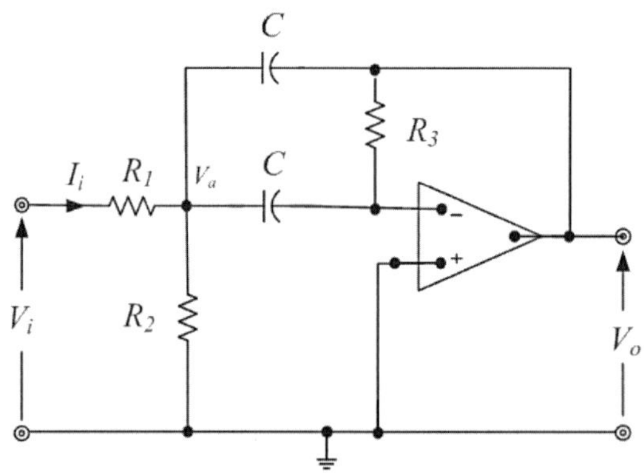

그림 P6.8 대역통과 필터

[문제 6.8] 그림 6.48의 Sallen Key LPF 회로를 참고하여 Sallen Key HPF 회로를 제시하라. 제시된 회로에 대해 차단주파수가 ω_c=100[rad/sec]이고 이득이 10인 2차 Butterworth HPF를 Sallen Key 회로를 이용하여 전달함수를 구하고 이득곡선을 그려라. 이때 $C = 1[uF]$라 가정한다.

[문제 6.9] 그림 P6.9는 상태변수 필터(state variable filter)라 한다. 이 회로 1개의 회로로써 출력의 선택에 따라 LPF, HPF 및 BPF의 기능을 갖는다. 입력 $V_i(s)$에 대한 $V_L(s)$, $V_H(s)$ 및

$V_B(s)$ 사이의 전달함수를 유도하고 그 특징을 설명하라.

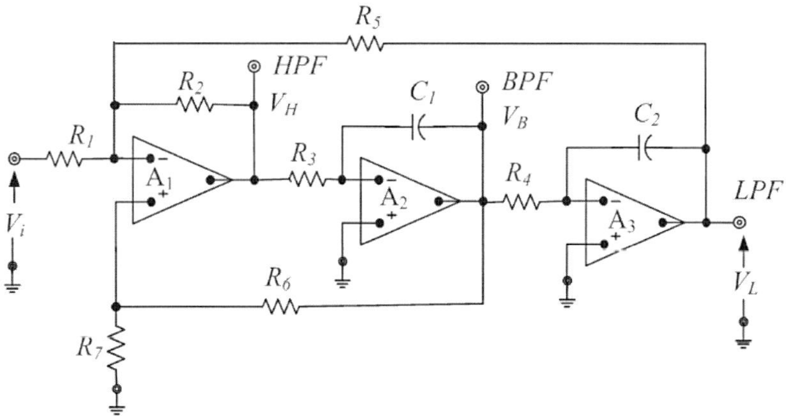

그림 P6.9 상태변수 필터

[문제 6.10] 그림 P6.10은 오디오의 베이스 영역의 음량을 제어하는 회로이다. 이 회로의 전달함수를 구하라. 가변저항 R_2로 $\alpha = 0, 0.4, 0.8, 1.0$인 경우에 전달함수와 $f = 1000$[Hz]까지의 이득곡선을 구하라. 구해진 이득곡선으로부터 필터의 주파수 특성을 설명하라.

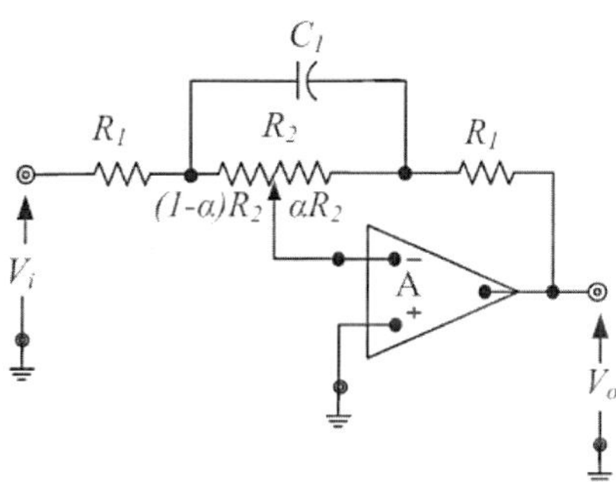

그림 P6.10 베이스 음량제어 필터

찾 아 보 기

필터 해석 및 설계

발 행 일 | 2014년 12월 22일
저 자 | 김성덕
발 행 인 | 문정임
발 행 처 | 학산미디어
기 획 | 이덕선
표지 | 부광아트
주 소 | 서울특별시 노원구 동일로245가길 41
전 화 | 02-935-0670 / 010-3223-7340
팩 스 | 02-932-0670
이 메 일 | sorgento2000@hanmail.net
등록번호 | 제 25100-2011-000001호
편 집 | 학산미디어
ISBN 979-11-85294-07-0 93560
정가 | 18,000원

국립중앙도서관 출판예정도서목록(CIP)

필터 해석 및 설계 = Filter analysis and design / 저자: 김성덕. -- 서울 : 학산미디어, 2014
p. ; cm

ISBN 979-11-85294-07-0 93560 : ₩18000

필터[filter]
신호 처리[信號處理]

567.013-KDC5
621.38223-DDC21 CIP2014036157